工业和信息化精品系列教材

Linux 系统管理及应用项目式教程

RHEL 7.4/CentOS 7.4 | 微课版

孙灿 李斌 崔学鹏 ◉ 主编

MANAGEMENT AND
APPLICATION OF LINUX SYSTEM

人 民 邮 电 出 版 社
北 京

图书在版编目（CIP）数据

Linux系统管理及应用项目式教程 : RHEL 7.4/CentOS 7.4 : 微课版 / 孙灿，李斌，崔学鹏主编. -- 北京 : 人民邮电出版社，2021.9(2023.7重印)
工业和信息化精品系列教材
ISBN 978-7-115-56696-6

Ⅰ. ①L… Ⅱ. ①孙… ②李… ③崔… Ⅲ. ①Linux操作系统－教材 Ⅳ. ①TP316.85

中国版本图书馆CIP数据核字(2021)第116929号

内容提要

本书以 Red Hat Enterprise Linux 7.4/CentOS 7.4 为平台，遵从学生的认知规律，从理解 Linux 基础知识，到学会基本命令的应用，再到掌握综合性较强的服务器配置，层层递进，共分成了 14 个项目。内容包括安装 Linux 系统，使用 Linux 命令，管理文件与目录，管理文本文件，配置网络功能，管理软件包与进程，管理用户与用户组，管理权限与所有者，管理磁盘分区与文件系统，编写 shell 脚本，配置 DHCP、DNS、FTP、Samba 服务器，使用 LNMP 架构部署网站。

本书可作为职业院校、应用型本科院校云计算、计算机网络技术、计算机应用技术、软件技术、大数据技术等相关专业的 Linux 课程教材，也可以作为 1+X 云计算平台运维与开发认证考试中 Linux 系统与服务构建运维模块的辅导教材，此外，期望从事 Linux 服务器运维的人员也可将此书作为自学参考资料。

◆ 主　　编　孙　灿　李　斌　崔学鹏
　责任编辑　马小霞
　责任印制　王　郁　彭志环

◆ 人民邮电出版社出版发行　　北京市丰台区成寿寺路 11 号
　邮编　100164　　电子邮件　315@ptpress.com.cn
　网址　https://www.ptpress.com.cn
　三河市君旺印务有限公司印刷

◆ 开本：787×1092　1/16
　印张：18.25　　　　2021 年 9 月第 1 版
　字数：464 千字　　　2023 年 7 月河北第 6 次印刷

定价：59.80 元

读者服务热线：(010)81055256　印装质量热线：(010)81055316
反盗版热线：(010)81055315
广告经营许可证：京东市监广登字 20170147 号

前言 PREFACE

Linux 系统自诞生至今逐步发展并日渐完善，因其具有开源、安全、稳定等特性，成为众多企业与政府部门搭建服务器的首选平台。此外，Linux 在桌面应用、软件开发、移动应用和嵌入式开发领域也被广泛采用。近年来，随着新一代信息技术的发展，Linux 更是成为了构建云计算和大数据平台备受青睐的操作系统。

为全面贯彻党的教育方针，落实立德树人根本任务，培养德智体美劳全面发展的社会主义建设者和接班人，本书从党的二十大报告中充分汲取奋进之力，将坚持自信自立、增强自主创新、鼓励自由探索、维护国家安全等精神融入教材，内容上坚持弘扬社会主义核心价值观、团队合作意识、精益求精的工匠精神，更好地体现时代性、把握规律性、富于创造性，培养学生能以科学的态度对待科学，以真理的精神追求真理，努力培养更多大国工匠，为建设社会主义文化强国添砖加瓦。

本书基于 Linux 系统与服务器运维等工作岗位的技术技能需求，遵循应用型技术人员的学习和发展规律，将知识传授与技术技能培养并重，强化学生职业素质的养成及专业技术的积累，采用将职业精神和工匠精神融入教材内容的设计思路，参照《云计算平台运维与开发职业技能等级标准》（初级）要求，将其中涉及的核心基础课程“Linux 系统与服务构建运维”的内容，以项目化的结构组织各章节，以任务驱动的方式展开教学内容，既适合常规教学，又能满足 1+X 证书培训的需求，是一本具有“课证融合”功能的新形态教材，也是一本基于校企“双元”合作开发的理实一体化教材。

本书采用情境导入→任务分解→任务实施→思维导图→项目实训→课后提升的六段式教学方法，将职业标准、岗位需求、专业知识、1+X 证书要求进行了有机整合，各个知识点环环相扣，浑然一体。

- **情境导入**：每个项目中，以员工实际工作场景为切入点，以学生的实习历程为学习情境，引入教学主题，并将每个主题划分成若干个由浅入深的任务单元，将各知识点的讲解嵌入任务中，从而达到让学生在真实的情境中主动学习和灵活运用相关技能知识点的目的。本书情境设置如下。

  北京青苔数据科技有限公司（简称青苔数据）是一家互联网公司，目前正在招实习生。

  乔安妮：昵称小乔，是软件与计算机相关专业的应届毕业生，渴望到一家知名的互联网企业实习。

  路天行：昵称大路，青苔数据的技术骨干，大数据平台及运维部经理，实习生小乔的职业导师。
- **任务分解**：以来源于职场实际工作中的任务为主线，将小乔的职场工作引入每个任务中。
- **任务实施**：为了加深学生对知识的理解，在每个学习任务中，配备了精彩的同步案例及综合案例，先由教师演示任务，再由学生模仿完成类似任务，在“做中学，学中做，学以致用”的教学理念下，不断提升学生的动手实践能力。在知识点的学习过程中，穿插“注意”“提示”“素养提示”等小栏目，既能拓展学生的知识面，又能提醒学生注意一些细节。

- **项目实训**：每个项目配套一个项目实训，主要培养学生分析和解决实际问题的能力，因此在项目实训中，只提供主要的操作思路和步骤提示，要求学生独立完成整个项目，充分训练学生的动手能力和综合能力。
- **思维导图**：利用思维导图工具将整个项目的知识点进行串联、总结和提升。在小结中，将知识与素养有机整合，育人于潜移默化中。
- **课后提升**：结合项目内容给出难度适中的理论题和上机操作题，让学生强化和巩固所学知识点。

在全面、系统的知识讲解基础上，本书提供了丰富的教学资源。

（1）全部章节的知识点微课都可以扫描书中二维码获取。

（2）教学课件、电子教案、授课计划、项目实训、课程标准、习题及答案、题库等。

（3）提供教材案例所需的所有软件包。

本书由山东信息职业技术学院的孙灿、李斌、崔学鹏主编，徐媛（潍坊职业学院）、张磊副主编，王晓辰、杨晓莹、郭文文、李司敏、王思艳参编。北京青苔数据科技有限公司和北京传智播客教育科技有限公司为本书提供了大量优秀的案例，在这里一并表示感谢。

为了方便阅读，对于需要读者自己输入的命令，均采用加粗字体。

订购教材后，如发现本书的疏漏和欠缺之处，请您联系作者提出宝贵的意见，作者 QQ 号为350677916、331298365。

编者

2023 年 3 月

目录 CONTENTS

项目 1

安装 Linux 系统…………………… 1

任务 1-1　初识 Linux……………………1

【任务目标】……………………………………1

1.1.1　了解 Linux 的发展历程………………1

1.1.2　理解 Linux 系统的组成………………2

1.1.3　熟悉 Linux 系统的版本………………3

任务 1-2　安装 Linux 系统……………… 4

【任务目标】……………………………………4

1.2.1　安装与创建虚拟机……………………4

1.2.2　安装 Red Hat Enterprise Linux 7.4……………………8

任务 1-3　备份 VMware 虚拟机……14

【任务目标】……………………………………14

1.3.1　拍摄虚拟机快照………………………14

1.3.2　克隆虚拟机……………………………15

小结…………………………………………17

项目实训　制作最小化安装的模板虚拟机……………………17

习题…………………………………………19

项目 2

使用 Linux 命令……………… 20

任务 2-1　认识 Linux 字符操作界面……………………… 20

【任务目标】……………………………………20

2.1.1　使用字符操作界面……………………20

2.1.2　认识 bash shell 与 Linux 命令格式…………………………………22

2.1.3　显示屏幕上的信息：echo 命令……24

2.1.4　设置默认启动的目标………………… 24

任务 2-2　获取和设置系统基本信息…26

【任务目标】…………………………………… 26

2.2.1　获取计算机和操作系统的信息：uname 命令……………………………… 26

2.2.2　获取内存信息：free 命令………… 27

2.2.3　显示和修改主机名：hostname、hostnamectl 命令…………………… 27

任务 2-3　获取命令的帮助…………28

【任务目标】…………………………………… 28

2.3.1　命令行自动补全……………………… 28

2.3.2　使用 man 显示联机帮助手册……… 29

2.3.3　使用--help 选项……………………… 29

2.3.4　使用 info 命令………………………… 29

任务 2-4　管理日期和时间…………30

【任务目标】…………………………………… 30

2.4.1　显示日历信息：cal 命令…………… 30

2.4.2　显示和设置系统日期、时间：date 命令……………………………… 30

2.4.3　显示和设置硬件日期、时间：hwclock 命令…………………………… 32

小结…………………………………………32

项目实训　远程登录服务器并配置主机名称…………………33

习题…………………………………………36

项目 3

管理文件与目录……………… 37

任务 3-1　了解文件类型与目录结构…37

【任务目标】…………………………………… 37

3.1.1　了解 Linux 系统的文件类型……… 37

3.1.2 了解 Linux 系统的目录结构 ………… 40
任务 3-2 文件和目录的基本操作 …… 41
【任务目标】 ………… 41
3.2.1 显示工作目录与更改工作目录：pwd、cd 命令 ………… 41
3.2.2 列出目录内容：ls 命令与通配符的使用 ………… 42
3.2.3 创建空文件、修改文件时间：touch 命令 ………… 44
3.2.4 创建目录：mkdir 命令 ………… 45
3.2.5 删除文件或目录：rmdir、rm 命令 …… 45
3.2.6 复制文件或目录：cp 命令 ………… 47
3.2.7 移动文件或目录、重命名：mv 命令 ………… 48
3.2.8 显示文本文件：cat、more、less、head、tail 命令 ………… 49
3.2.9 创建链接文件：ln 命令 ………… 50
3.2.10 显示文件或目录的磁盘占用量：du 命令 ………… 51
任务 3-3 查找文件内容或文件位置 …… 52
【任务目标】 ………… 52
3.3.1 查找与条件匹配的字符串：grep 命令 ………… 52
3.3.2 查找命令文件：whereis、which 命令 ………… 52
3.3.3 列出文件系统中与条件匹配的文件：find 命令 ………… 53
3.3.4 在数据库中查找文件：locate 命令 ………… 54
任务 3-4 管理 tar 包 ………… 54
【任务目标】 ………… 54
3.4.1 认识 tar 包 ………… 54
3.4.2 使用和管理 tar 包 ………… 55
3.4.3 压缩命令：gzip、bzip2、xz ………… 56
3.4.4 tar 包的特殊使用 ………… 57
小结 ………… 58
项目实训 使用命令操作目录 ………… 60
习题 ………… 60

项目 4

管理文本文件 ………… 62
任务 4-1 使用 Vim 编辑器编辑文件 … 62
【任务目标】 ………… 62
4.1.1 Vim 编辑器的工作模式 ………… 62
4.1.2 使用 Vim 编辑器编辑文件 ………… 63
4.1.3 末行模式下的操作 ………… 65
任务 4-2 处理文本内容 ………… 67
【任务目标】 ………… 67
4.2.1 文件内容排序：sort 命令 ………… 67
4.2.2 去除重复行：uniq 命令 ………… 68
4.2.3 截取字符串：cut 命令 ………… 69
4.2.4 比较文件内容：comm、diff 命令 …… 69
4.2.5 文件内容统计：wc 命令 ………… 72
任务 4-3 重定向 ………… 73
【任务目标】 ………… 73
4.3.1 标准输入/输出与重定向 ………… 73
4.3.2 输出重定向 ………… 73
4.3.3 输入重定向 ………… 74
4.3.4 错误重定向 ………… 74
4.3.5 同时实现输出和错误重定向 ………… 75
小结 ………… 75
项目实训 使用 Vim 编辑器和重定向完成日常文档的编辑和输出 ………… 76
习题 ………… 77

项目 5

配置网络功能 ………… 79
任务 5-1 了解 VMware 的网络工作模式 ………… 79
【任务目标】 ………… 79
5.1.1 了解 VMware 的 3 种网络工作模式 ………… 79
5.1.2 配置 VMware 虚拟网络 ………… 82
任务 5-2 配置网络功能 ………… 83

【任务目标】……83
5.2.1 打开有线连接……84
5.2.2 编辑网卡配置文件……84
5.2.3 配置主机名查询静态表：/etc/hosts 文件……85
5.2.4 常用网络命令：ifconfig、ip、nmcli、nmtui 等……86
5.2.5 管理网络服务与 systemctl 命令……92
任务 5-3 配置和使用 SSH 服务……93
【任务目标】……93
5.3.1 远程连接 Linux 主机……93
5.3.2 安全密钥验证及免密登录……94
5.3.3 远程复制操作：scp 命令……96
5.3.4 介绍 SSH 客户端工具……97
小结……97
项目实训 配置双网卡负载均衡的 Linux 服务器……98
习题……100

项目 6

管理软件包与进程……101
任务 6-1 使用 RPM 管理软件包……101
【任务目标】……101
6.1.1 了解 rpm 软件包……101
6.1.2 管理 rpm 软件包：rpm 命令……102
任务 6-2 使用 yum 管理软件包……105
【任务目标】……105
6.2.1 了解 yum 工具及仓库配置文件……106
6.2.2 搭建本地 yum 仓库……106
6.2.3 使用 yum 命令管理软件包……107
6.2.4 搭建网络 yum 仓库……108
任务 6-3 管理进程……110
【任务目标】……110
6.3.1 了解 Linux 系统中的进程……110
6.3.2 查看进程：ps、top 命令……111
6.3.3 停止进程：kill、killall 命令……113
小结……114
项目实训 使用 yum 命令安装 gcc 和 jdk 软件包……115
习题……115

项目 7

管理用户与用户组……117
任务 7-1 认识用户与用户组……117
【任务目标】……117
7.1.1 了解用户与用户组的分类……117
7.1.2 理解用户账号文件：/etc/passwd 与 /etc/shadow……118
7.1.3 理解用户组账号文件：/etc/group 与 /etc/gshadow……120
任务 7-2 管理用户账号……121
【任务目标】……121
7.2.1 新建用户：useradd 命令……121
7.2.2 用户切换与查看信息：su 命令……122
7.2.3 维护用户信息：id、usermod、passwd 命令……123
7.2.4 删除用户：userdel 命令……125
7.2.5 批量添加用户……125
任务 7-3 管理用户组账户……126
【任务目标】……126
7.3.1 新建用户组：groupadd 命令……127
7.3.2 维护用户组及其成员：groups、groupmod、gpasswd 命令……127
7.3.3 删除用户组：groupdel 命令……128
7.3.4 编辑与验证用户（组）文件……128
小结……128
项目实训 使用命令完成用户及用户组的配置……129
习题……131

项目 8

管理权限与所有者……132
任务 8-1 理解文件和目录的权限……132

【任务目标】…………………………………… 132
8.1.1 了解文件和目录的权限 …………… 132
8.1.2 理解 ls -l 命令获取的权限信息 … 133
任务 8-2 管理文件和目录的权限 … 134
【任务目标】…………………………………… 134
8.2.1 设置文件和目录的基本权限……… 134
8.2.2 设置文件和目录的特殊权限……… 135
8.2.3 设置文件和目录的默认权限……… 137
8.2.4 文件访问控制列表 ……………… 138
任务 8-3 管理文件和目录的所有者 … 139
【任务目标】…………………………………… 139
8.3.1 提升普通用户权限：sudo 命令 … 140
8.3.2 更改文件和目录的所有者：chown 命令 …………………………………… 141
小结 ……………………………………… 141
项目实训 设置用户及用户组的权限 ……………………… 142
习题 ……………………………………… 143

项目 9

管理磁盘分区与文件系统 ……144

任务 9-1 创建磁盘分区 …………… 144
【任务目标】…………………………………… 144
9.1.1 了解磁盘分区的概念和原则……… 144
9.1.2 了解物理设备的命名规则 ………… 145
9.1.3 查看系统中的块设备与分区：lsblk 命令 ……………………………… 146
9.1.4 磁盘分区命令：fdisk 命令 ……… 147
任务 9-2 创建与检查文件系统 …… 150
【任务目标】…………………………………… 150
9.2.1 了解常见的文件系统……………… 151
9.2.2 为分区创建文件系统：mkfs 命令 … 151
9.2.3 检查文件系统：fsck 命令 ……… 152
任务 9-3 手动挂载与卸载文件系统……………………… 153
【任务目标】…………………………………… 153
9.3.1 挂载文件系统：mount 命令……… 153
9.3.2 卸载文件系统：umount 命令 …… 154
9.3.3 查看挂载情况：df 命令 ………… 154
9.3.4 在新的分区上读写文件…………… 154
任务 9-4 开机自动挂载文件系统 … 155
【任务目标】…………………………………… 155
9.4.1 认识/etc/fstab 文件………………… 155
9.4.2 设置开机自动挂载文件系统……… 156
任务 9-5 管理磁盘配额…………… 156
【任务目标】…………………………………… 156
9.5.1 了解磁盘配额功能………………… 157
9.5.2 设置磁盘配额……………………… 157
9.5.3 测试磁盘配额……………………… 160
任务 9-6 管理逻辑卷 ……………… 161
【任务目标】…………………………………… 161
9.6.1 了解 LVM 的概念………………… 161
9.6.2 创建逻辑卷 ……………………… 161
9.6.3 扩容和缩小逻辑卷………………… 163
9.6.4 删除逻辑卷 ……………………… 165
小结 ……………………………………… 165
项目实训 管理磁盘配额及逻辑卷 … 167
习题 ……………………………………… 167

项目 10

编写 shell 脚本 ………………169

任务 10-1 创建 shell 脚本 ………… 169
【任务目标】…………………………………… 169
10.1.1 创建并运行第一个 shell 脚本 …… 169
10.1.2 定义 shell 变量、接收用户输入：read 命令 ………………………… 171
任务 10-2 条件测试与分支结构 ……173
【任务目标】…………………………………… 173
10.2.1 条件测试…………………………… 173
10.2.2 if 语句 …………………………… 175
10.2.3 case 语句………………………… 178
任务 10-3 循环结构……………… 179
【任务目标】…………………………………… 179
10.3.1 for 循环语句 ……………………… 179

10.3.2 while 循环语句……180
10.3.3 until 循环语句……181
小结……182
项目实训 批量创建新员工账号和密码……183
习题……183

项目 11

配置 DHCP 服务器…… 184

任务 11-1 了解 DHCP 服务的工作原理……184
【任务目标】……184
11.1.1 认识 DHCP 服务……184
11.1.2 熟悉 DHCP 服务的工作过程……185
任务 11-2 安装与配置 DHCP 服务器……186
【任务目标】……186
11.2.1 安装 DHCP 服务器软件……187
11.2.2 配置 DHCP 服务器……189
11.2.3 DHCP 的应用与运维……191
小结……194
项目实训 使用 DHCP 动态管理客户端网络地址……194
习题……195

项目 12

配置 DNS 服务器…… 196

任务 12-1 了解 DNS 服务器的工作原理……196
【任务目标】……196
12.1.1 了解域名空间和 DNS 服务器的类型……196
12.1.2 掌握 DNS 查询模式……198
12.1.3 掌握域名解析的工作原理……199
12.1.4 理解 DNS 解析类型……199
任务 12-2 安装与配置 DNS 服务器……200
【任务目标】……200
12.2.1 安装 BIND……200
12.2.2 熟悉 DNS（BIND）服务器的配置……201
任务 12-3 配置主 DNS 服务器……209
【任务目标】……209
12.3.1 配置主 DNS 服务器……209
12.3.2 配置 DNS 客户端……213
12.3.3 使用 DNS 测试命令……214
任务 12-4 配置主、辅 DNS 服务器……216
【任务目标】……216
12.4.1 修改主 DNS 服务器的配置……216
12.4.2 配置辅助 DNS 服务器……218
小结……221
项目实训 使用 BIND 配置 DNS 服务器……222
习题……223

项目 13

配置文件共享服务器…… 225

任务 13-1 了解 FTP 服务器的工作原理……225
【任务目标】……225
13.1.1 认识 FTP……225
13.1.2 熟悉 FTP 的工作原理……226
13.1.3 掌握 FTP 的数据传输模式……226
13.1.4 了解 FTP 服务器的用户……227
任务 13-2 安装与配置 FTP 服务器……227
【任务目标】……227
13.2.1 安装 vsftpd 软件包……228
13.2.2 熟悉 vsftpd 配置文件……228
任务 13-3 配置匿名用户 FTP 服务器……231

【任务目标】…… 231
13.3.1 配置基于匿名用户访问的 FTP 服务器…… 231
13.3.2 访问 FTP 服务器…… 233
任务 13-4 配置本地用户 FTP 服务器……235
【任务目标】…… 235
13.4.1 配置基于本地用户访问的 FTP 服务器…… 236
13.4.2 使用 Linux 客户端访问 FTP 服务器…… 238
任务 13-5 了解 Samba 服务器的工作原理……238
【任务目标】…… 238
13.5.1 认识 SMB 与 CIFS 协议…… 239
13.5.2 了解 Samba …… 239
13.5.3 了解 Samba 的工作原理…… 239
任务 13-6 安装与配置 Samba 服务器……240
【任务目标】…… 240
13.6.1 安装 Samba 的软件包…… 240
13.6.2 熟悉 Samba 配置文件…… 241
任务 13-7 配置 user 验证的 Samba 服务器……244
【任务目标】…… 244
13.7.1 配置 Samba 服务器…… 245
13.7.2 访问 Samba 服务器…… 247
小结……249
项目实训 配置基于 vsftpd 的本地 yum 仓库服务器……250
习题……251

项目 14

使用 LNMP 架构部署网站… 252

任务 14-1 了解 LNMP 架构……252
【任务目标】……252
14.1.1 了解 LNMP 架构的概念……252
14.1.2 了解 Nginx 网站服务器……252
14.1.3 了解 MySQL……253
14.1.4 了解 PHP 语言……253
14.1.5 了解 LNMP 架构的工作原理……253
14.1.6 了解 LNMP 环境的部署安装方式……254
任务 14-2 安装与配置 Nginx 服务器……254
【任务目标】……254
14.2.1 安装 nginx 软件包……255
14.2.2 熟悉 nginx 的配置文件……256
任务 14-3 安装与配置 MariaDB……261
【任务目标】……261
14.3.1 安装 MariaDB……261
14.3.2 初始化 MariaDB 配置……261
14.3.3 管理 MariaDB……263
任务 14-4 安装与配置 PHP 环境…267
【任务目标】……267
14.4.1 安装 PHP 环境……267
14.4.2 熟悉 php-fpm 的配置文件……268
14.4.3 配置 Nginx 服务器对 PHP 程序的支持……270
14.4.4 测试 LNMP 服务器……271
任务 14-5 部署基于单节点 LNMP 的 WordPress 网站……273
【任务目标】……273
14.5.1 安装 LNMP 网站环境……273
14.5.2 配置 LNMP 网站环境……275
14.5.3 部署 WordPress 网站……278
小结……280
项目实训 基于 LNMP 部署 phpMyAdmin……280
习题……282

项目1 安装Linux系统

情境导入

小乔在青苔数据找到一份实习工作，她被公司安排到大数据平台与运维部实习。为了让小乔尽快适应岗位，师傅大路给她分配了第一项工作——安装 Linux 系统。

职业能力目标（含素养要点）

- 掌握 Linux 系统的组成，能根据需要选择合适的 Linux 系统发行版本（科技报国、使命担当）。
- 掌握 Red Hat Enterprise Linux 7.4 的安装（知行合一）。
- 了解 Linux 图形化界面下，用户的登录、注销，系统的重启与关闭操作。
- 会使用 VMware 的快照和克隆备份功能。

任务 1-1　初识 Linux

【任务目标】

刚开始接触 Linux 的小乔，对 Linux 很陌生，但是未来可能会从事 Linux 服务器运维工作，甚至从事基于 Linux 的大数据、云计算平台的部署与应用开发工作。作为互联网时代的 IT 人员，小乔觉得学会使用 Linux 系统很有必要。

1.1.1　了解 Linux 的发展历程

Linux 是一套自由、开放源代码的操作系统，它的诞生和发展与 UNIX 系统、GNU 计划、Minix 系统密不可分。

1. UNIX 系统

1965 年，贝尔实验室（Bell Laboratory）参与开发多路信息与计算系统（MULTiplexed Information and Computing System，MULTICS）项目，但是不幸的是，该项目没有成功运行，到 1969 年，贝尔实验室决定放弃 MULTICS 项目。

微课 1-1：Linux 的发展历程

随后，MULTICS 项目的主要开发者汤普森（Thompson）和里奇（Ritchie）等技术人员开发了一个新的多任务操作系统，取名为 UNIX。最初的 UNIX 系统是用 B 语言和汇编语言混合编写而成的，1971 年，两人在贝尔实验室共同发明了 C 语言，并于 1973 年用 C 语言重写了 UNIX 系统。

1974 年 7 月，贝尔实验室公开了 UNIX 系统，引起了学术界的广泛讨论，UNIX 系统被大量应用于教育、科研领域。随着 UNIX 系统的广泛应用，UNIX 系统走向了商业化，它由一个免费软件变成商业软件，人们需要花费高昂的许可证费用才能获得 UNIX 系统的源代码，并且 UNIX 系统对硬件性能的要求也较高，导致很多大学停止了对 UNIX 系统的研究。

2. GNU 计划

1984 年，理查德 · 斯托曼（Richard Stallman）创立自由软件体系（Gnu is Not UNIX，GNU），拟定了通用公共许可证（General Public License，GPL）协议，所有 GPL 协议下的自由软件都遵循 Copyleft（非版权）原则：自由软件允许用户自由复制、修改和销售，但是对其源代码的任何修改都必须向所有用户公开。自由软件不受任何商业软件的版权制约，全世界都能自由使用。

GNU 的目标是开发一个兼容和类似 UNIX 系统，并且是自由软件的操作系统——GNU。

3. Minix 系统

UNIX 系统的商业化使得教师和学生无法继续使用。1987 年，荷兰教授安德鲁（Andrew）开发了 Minix 系统，Minix 系统是 UNIX 系统的缩小版，在用户看来与 UNIX 系统完全兼容。但实际上，Minix 系统的内核是全新的，而且对硬件的要求不高，可以运行在廉价的 PC 上。因此，Minix 系统被广泛用于辅助教学，其他的实际应用价值却不大。

4. Linux 的诞生

1991 年，芬兰赫尔辛基大学计算机系的学生林纳斯 · 托瓦兹（Linus Torvalds）在研究 Minix 系统时，发现了许多不足，于是他想自己编写一个全新的免费操作系统。1991 年 10 月 5 日，林纳斯正式对外发布了一款名为 Linux 的操作系统内核，由此，Linux 诞生。

严格来讲，术语“Linux”只表示操作系统的内核，Linux 系统则是指基于 Linux 内核的完整操作系统，除了 Linux 内核还包括许多工具、软件包。

1.1.2 理解 Linux 系统的组成

Linux 系统一般由内核、shell、文件系统和应用程序 4 个部分组成，如图 1-1 所示。

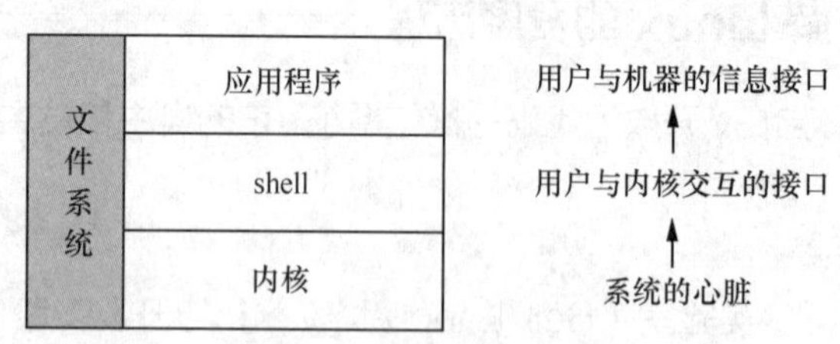

图 1-1 Linux 系统的组成

1. 内核

内核（kernel）是操作系统的核心，利用内核可以实现软、硬件的对话。启动 Linux 系统时，首先启动内核，内核是一段计算机程序，内核程序直接管理 CPU、存储器、网络、外部设备等硬件，所有的操作都要通过内核传递给硬件。

2. shell

shell 是操作系统的用户界面，是用户与内核进行交互操作的一种接口。shell 接收用户输入的命令并把它送入内核去执行，因此，shell 本质上是一个“命令解释器”。另外，shell 还可以像高级语言一样进行编程。

3. 文件系统

文件系统规定了文件在磁盘等存储设备上如何组织与存放。Linux 系统支持多种类型的文件系统，如 ext2、ext3、ext4、XFS、ISO 9660 和 swap 等类型的文件系统。

4. 应用程序

Linux 系统的发行版本一般都带有一套应用程序包，通常包括文本编辑器、编程工具、X Window、办公软件、Internet 工具和数据库等。

1.1.3 熟悉 Linux 系统的版本

Linux 系统分为两种版本：即内核（kernel）版本与发行（distribution）版本。

1. 内核版本

内核版本是 Linux 系统的内核在历次修改或增加功能后的版本号，它的版本号命名是有一定规则的，版本号的格式通常为“主版本号.次版本号.修正号”。例如，版本号 5.2.11 由用点分隔的 3 段数字组成，可以通过 Linux 内核官方网站获取最新的内核版本信息。对于内核版本的表示，需要注意以下两点。

（1）主版本号和次版本号标志着重要功能的变动，修正号表示较小功能的变更。

（2）次版本号具有特定的意义，如果是偶数数字，表示内核版本是个可用的稳定版本，如果是奇数数字，则表示该内核版本可能是加入了某些新功能的测试版本。

2. 发行版本

Linux 系统的发行版本是指由一些组织或公司，将 Linux 内核、应用软件等包装起来形成的完整操作系统。市面上 Linux 系统的发行版本有上百种，下面介绍几款较为流行的 Linux 系统发行版本。

（1）Red Hat Enterprise Linux。

红帽（Red Hat）公司将公开的 Linux 内核加上一些软件打包成发行版本，称为 Red Hat Enterprise Linux（简称 RHEL）。RHEL 侧重于安全性和合规性，主要用于服务器中，是在企业生产环境中广泛使用的发行版本。RHEL 可以从互联网中免费获得，但想使用在线升级或技术支持等服务，就必须付费。

（2）CentOS。

RHEL 在发行时，除了二进制的发行方式，还提供源代码的发行方式。开源社区获得 RHEL 的源码，再编译成操作系统重新发布，这就是 CentOS。CentOS 作为 RHEL 的克隆版本，可以免费得到 RHEL 的所有开源功能，但 CentOS 并不向用户提供商业技术支持，当然也不负任何商业责任。

素养提示 2020 年 12 月 8 日，CentOS 项目团队宣布，CentOS 8 即将停止维护（原计划为 2029 年截止），而 CentOS 7 也将于 2024 年 6 月 30 日停止维护，且不会再发行 CentOS 9 及以后的版本。CentOS 虽是国外软件，但在国内有着大量的企业用户，CentOS 项目团队的这一举动引起了社会和用户的广泛关注和担忧。但从另一方面来说，CentOS 服务终止支持时间的发布再一次推动了国产操作系统的发展，操作系统国产替代市场空间大，银河麒麟等国产操作系统迎来了更好的发展时机，诸多国内企业或将受益于国产替代和自主可控的大趋势。

（3）Debian。

Debian 是一款由社区维护的 Linux 系统发行版本，是迄今为止最遵循 GNU 计划的 Linux 系统。Debian 的软件库中有大量的软件供选择，而且都是免费的。Debian 是一个非常稳定且功能强大的操作系统。

（4）Ubuntu。

Ubuntu 是基于 Debian 的 Linux 系统，在桌面办公、服务器领域有不俗的表现，总能将最新的应用特性囊括其中。Ubuntu 包含了常用的应用软件，如文字处理软件、电子邮件、软件开发工具和 Web 服务等。用户下载、使用、分享 Ubuntu，以及获得技术支持，都无需支付任何许可费用。

（5）Oracle Linux。

Oracle Linux 针对甲骨文（Oracle）公司的数据库产品提供了更好的优化和支持，Oracle Linux 技术支持与服务的价格较 RHEL 便宜。

（6）Deepin Linux。

Deepin Linux 是一款基于 Debian 的国产 Linux 系统，专注于用户对日常办公、学习、生活和娱乐的操作体验，适用于笔记本电脑、桌面计算机。它包含了大量的桌面应用程序，如浏览器、幻灯片、文档编辑、电子表格、即时通信软件、声音和图片处理软件等。

任务 1-2　安装 Linux 系统

【任务目标】

对 Linux 系统有了初步了解后，小乔接下来要将 Linux 系统安装到计算机中。Linux 系统支持在物理机（真实的计算机）或虚拟机中安装。对于学习者来说，在虚拟机中安装和使用 Linux 系统具有安装方便、代价小等特点，安装后不会影响当前物理机中现有的操作系统。

1.2.1　安装与创建虚拟机

虚拟机软件可以在物理机中虚拟出多个计算机硬件环境，并为每台虚拟机安装独立的操作系统，实现在一台物理机中同时运行多个操作系统。目前有两款比较有名的虚拟机软件：VMware 公司的 VMware Workstation 和 Oracle 公司的 Virtual Box。

本书采用 VMware Workstation 创建虚拟机，步骤如下。

1. 安装虚拟机软件

（1）访问 VMware 公司的官方网站，下载 VMware Workstation Pro 15 软件的安装文件。

（2）运行已下载的 VMware Workstation Pro 15 软件安装文件，出现图 1-2 所示的“欢迎使用 VMware Workstation Pro 安装向导”界面，单击“下一步”按钮后，显示“最终用户许可协议”界面，勾选此界面中的“我接受许可协议中的条款”选项，然后单击“下一步”按钮。

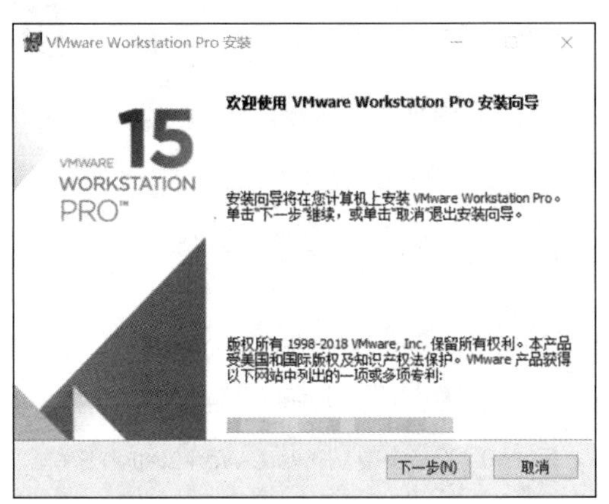

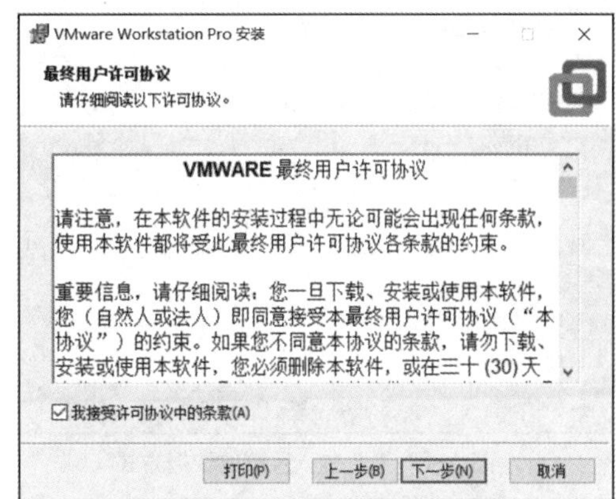

图 1-2　“欢迎使用 VMware Workstation Pro 安装向导”界面和“最终用户许可协议”界面

（3）在“自定义安装”界面中，选择软件的安装位置和“增强型键盘驱动程序”选项（增强型虚拟键盘功能可以更好地处理带有额外按键的键盘，用户可以根据需要选择安装），如图 1-3 所示。本书使用默认安装位置，单击“下一步”按钮。

（4）在“用户体验设置”界面中，取消勾选“启动时检查产品更新”和“加入 VMware 客户体验提升计划”选项，如图 1-4 所示，单击“下一步”按钮。

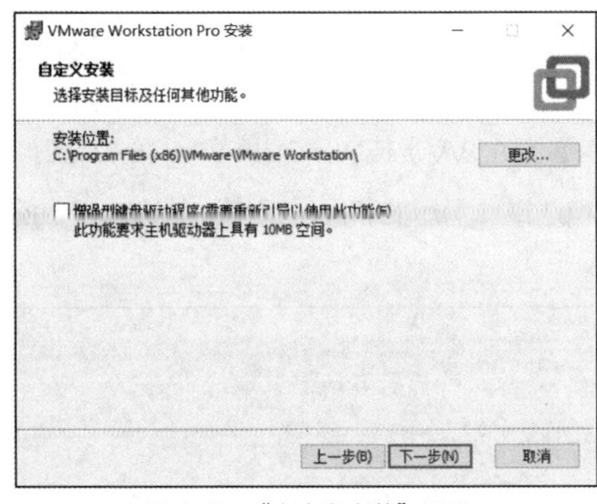

图 1-3　“自定义安装”界面

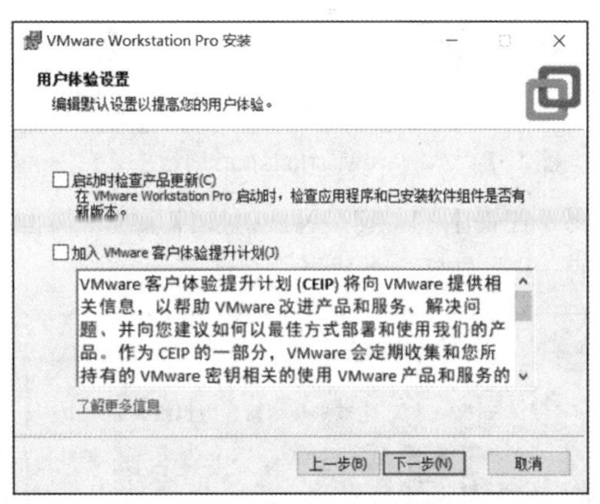

图 1-4　“用户体验设置”界面

（5）在弹出的“快捷方式”界面中，选择要放入系统的快捷方式，如图 1-5 所示，单击“下一步”按钮。

（6）在“已准备好安装 VMware Workstation Pro”界面中，单击“安装”按钮，如图 1-6 所示，开始安装 VMware Workstation Pro。安装完毕，单击“完成”按钮，如图 1-7 所示。

2. 创建与配置虚拟机

（1）运行 VMware Workstation Pro 15，主界面如图 1-8 所示。

（2）单击主界面上的“创建新的虚拟机”选项，或选择“文件”→“新建虚拟机…”菜单项，打开

“欢迎使用新建虚拟机向导”界面。在此界面中选择“典型（推荐）”单选按钮，单击“下一步”按钮，如图 1-9 所示。

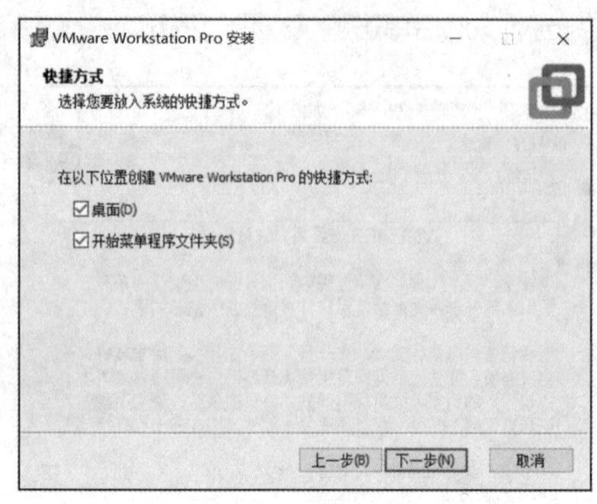

图 1-5　选择放入系统的快捷方式

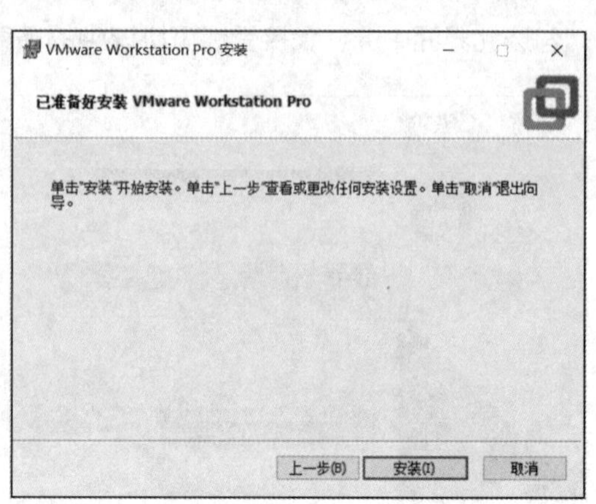

图 1-6　准备安装 VMware Workstation Pro

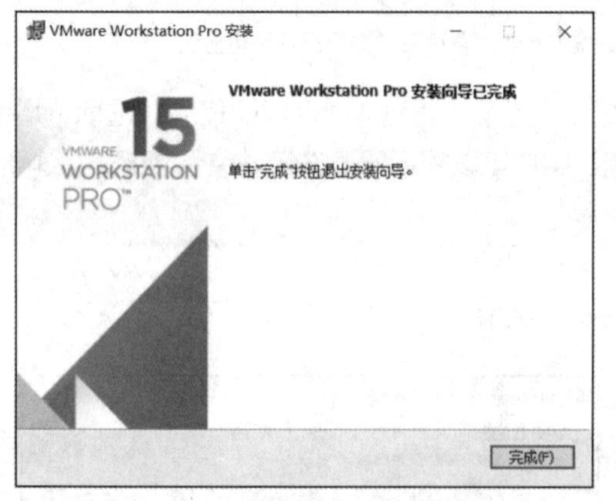

图 1-7　VMware Workstation Pro 安装完毕

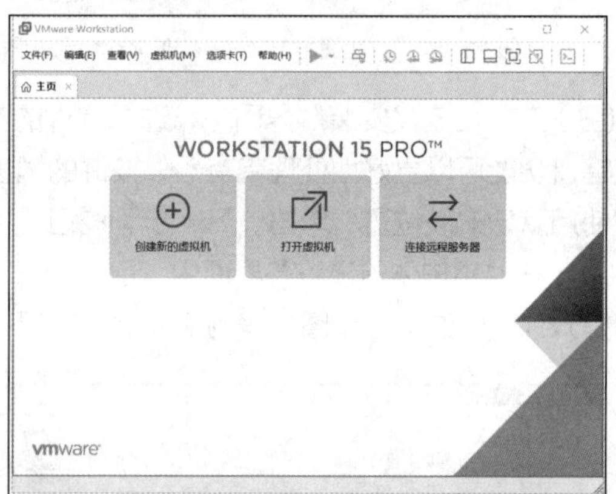

图 1-8　VMware Workstation Pro 15 主界面

（3）在弹出的“安装客户机操作系统”界面中，选择“稍后安装操作系统”单选按钮，然后单击“下一步”按钮，如图 1-10 所示。

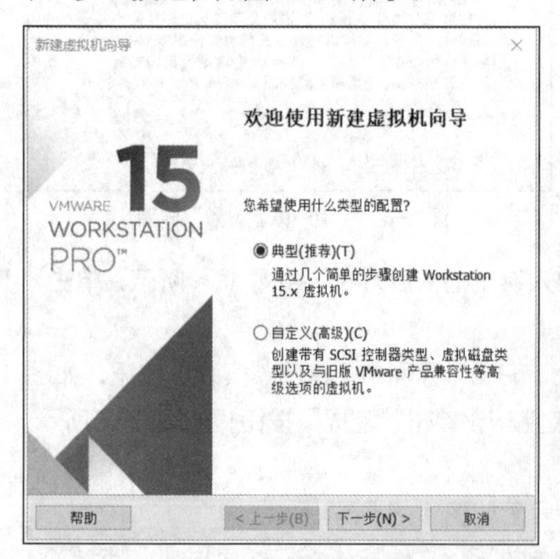

图 1-9　新建虚拟机向导

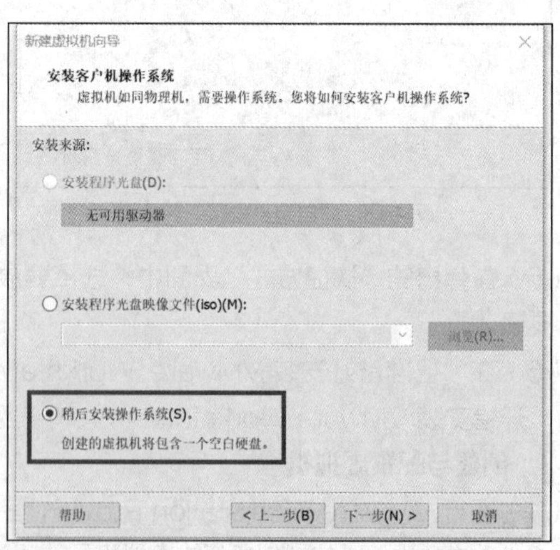

图 1-10　安装客户机操作系统

（4）选择虚拟机操作系统的类型。首先选择界面中的“Linux”单选按钮，再从下方的“版本”下拉列表框中选择 Linux 系统的发行版本。本书选择的发行版本为“Red Hat Enterprise Linux 7 64 位”，如图 1-11 所示，设置完毕，单击“下一步”按钮。

（5）为新建的虚拟机命名，并设置虚拟机文件的存放位置。虚拟机文件占用磁盘空间较大，不建议放在系统盘分区中。本书将新建的虚拟机命名为“rhel 7.4 Mother”，并将虚拟机文件存放在计算机的 D:\分区中，如图 1-12 所示，设置完毕，单击“下一步”按钮。

图 1-11　选择虚拟机操作系统类型

图 1-12　命名虚拟机

（6）设置虚拟机的磁盘容量。虚拟机磁盘文件的大小是动态增加的，随着向虚拟机中添加的文件增多而逐渐变大。设置最大磁盘大小为 20GB，并选择“将虚拟磁盘存储为单个文件”单选按钮，以便提高虚拟机磁盘的读写性能，如图 1-13 所示，设置完毕，单击“下一步”按钮。

（7）虚拟机创建完成。界面中显示新建虚拟机中的主要配置清单，如图 1-14 所示，单击“完成”按钮。

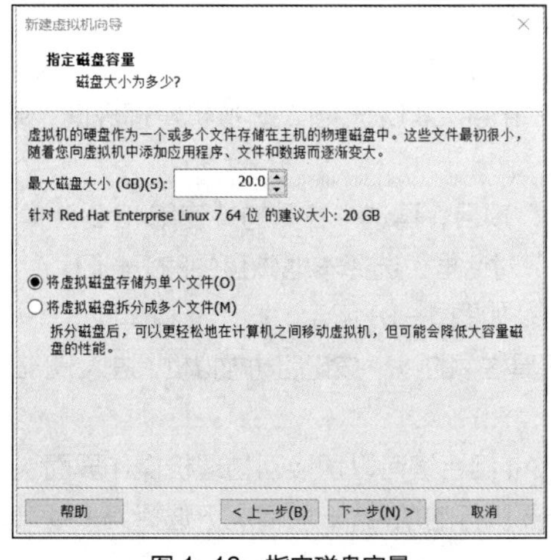

图 1-13　指定磁盘容量

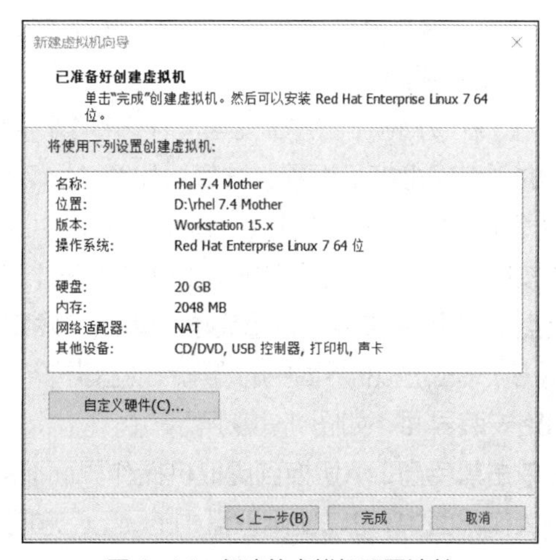

图 1-14　新建的虚拟机配置清单

（8）配置虚拟机的网络环境。VMware Workstation 软件为虚拟机提供了 3 种网络工作模式：

桥接模式、NAT 模式和仅主机模式（配置网络功能将在项目 5 中详细介绍，此处只做了解即可）。在 VMware Workstation Pro 15 主界面的菜单栏中选择“编辑”→“虚拟网络编辑器”命令，打开“虚拟网络编辑器”对话框，如图 1-15 所示。

（9）更改网络设置。单击“虚拟网络编辑器”对话框右下方的“更改设置”按钮，然后选择名称为“VMnet8”的虚拟网络（NAT 模式），勾选“将主机虚拟适配器连接到此网络”和“使用本地 DHCP 服务将 IP 地址分配给虚拟机”，配置“子网 IP”为 192.168.200.0，设置完毕，单击“应用”按钮使配置生效，如图 1-16 所示。最后，单击“确定”按钮，关闭“虚拟网络编辑器”对话框。

图 1-15 “虚拟网络编辑器”对话框

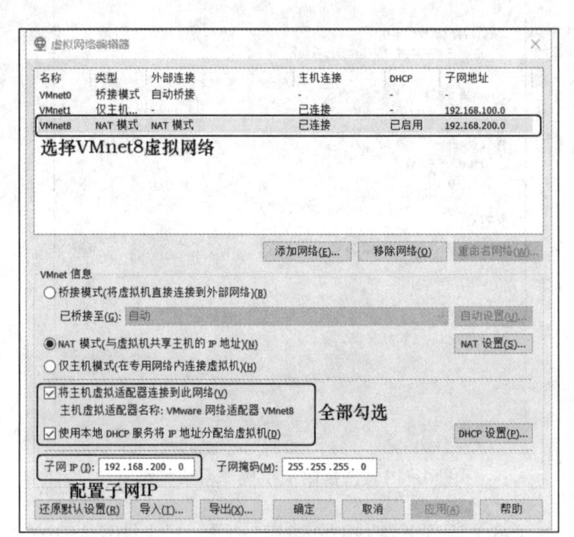

图 1-16 更改网络设置

1.2.2 安装 Red Hat Enterprise Linux 7.4

虚拟机创建和配置完毕，接下来使用 Red Hat Enterprise Linux 7.4（简称 RHEL 7.4）安装盘的 ISO 映像文件安装系统，安装完毕便可登录并使用系统。

1. 安装系统

（1）在 VMware Workstation Pro 15 中切换到“rhel 7.4 Mother”虚拟机管理界面，单击界面中的“编辑虚拟机设置”选项，如图 1-17 所示。

（2）打开“虚拟机设置”界面，选中“CD/DVD”项目，再选中右侧的“使用 ISO 映像文件”单选按钮，单击“浏览”按钮，弹出“浏览 ISO 映像”对话框，选择本地磁盘中的 RHEL 7.4 系统安装盘 ISO 映像文件，设置完毕，单击“确定”按钮，如图 1-18 所示。

（3）单击虚拟机界面中的“开启此虚拟机”选项或工具栏中的 ▶ 按钮启动虚拟机，进入 RHEL 7.4 的初始安装界面，如图 1-19 所示。

单击黑色窗口，切换到虚拟机操作界面（按 Ctrl+Alt 组合键可以切换回物理机操作界面）。在虚拟机操作界面中，可以使用键盘中的 ↑、↓ 方向键选择要执行的项目，一般情况下选择第一项“Install Red Hat Enterprise Linux 7.4”，再按 Enter 键开始安装。

若启动虚拟机时，出现 CPU 不支持虚拟化的错误提示，如图 1-20 所示，则解决方法是重启物理机，进入物理机的 BIOS 设置，开启 CPU 对虚拟化的支持。

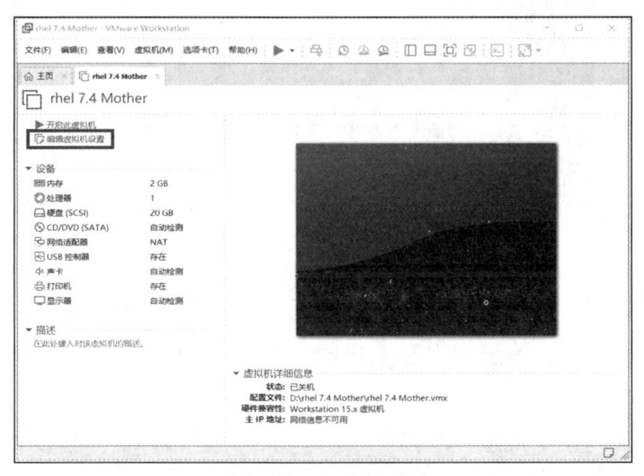

图 1-17　虚拟机界面

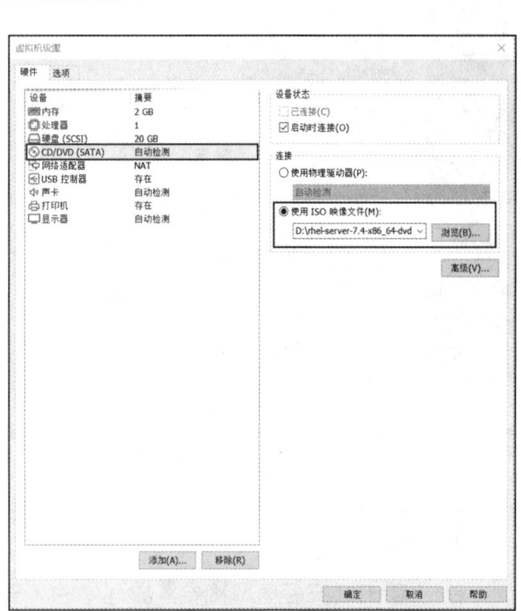

图 1 18　虚拟机设置

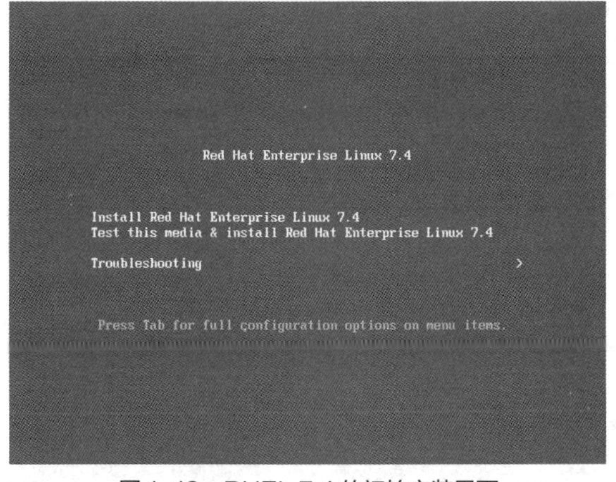

图 1-19　RHEL 7.4 的初始安装界面

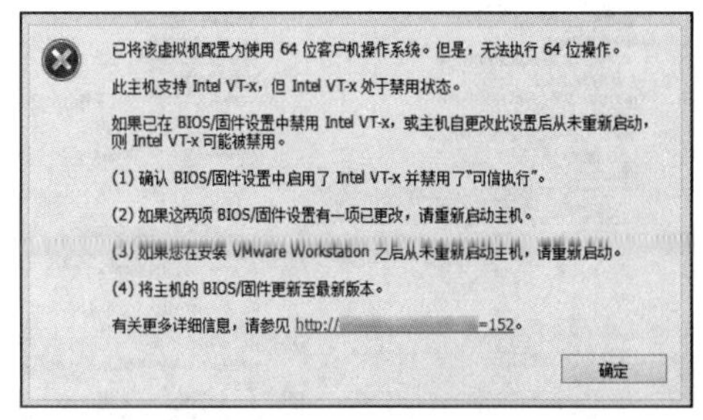

图 1-20　CPU 不支持虚拟化的错误提示

（4）选择安装操作系统过程中使用的语言，此处选择“简体中文（中国）”选项，如图 1-21 所示，单击“继续”按钮。

（5）设置本地化参数。在“安装信息摘要”界面中，单击界面中的“日期和时间”选项，将时区设置为“亚洲/上海时区”，并调整当前正确的系统时间；单击界面中的“语言支持”选项，选择当前安装系统支持的语言为“简体中文（中国）”，如图 1-22 所示。

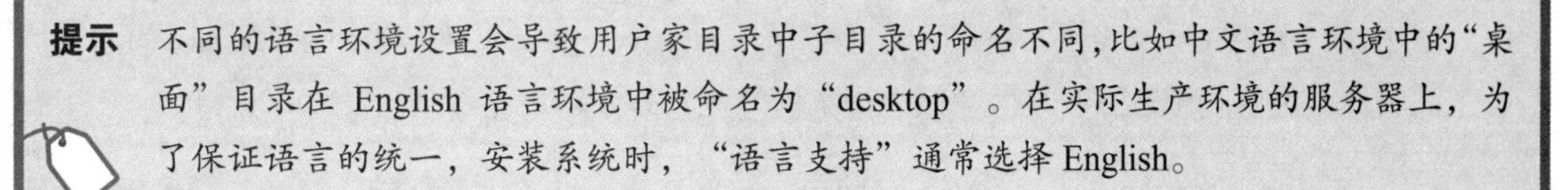

提示　不同的语言环境设置会导致用户家目录中子目录的命名不同，比如中文语言环境中的“桌面”目录在 English 语言环境中被命名为“desktop”。在实际生产环境的服务器上，为了保证语言的统一，安装系统时，“语言支持”通常选择 English。

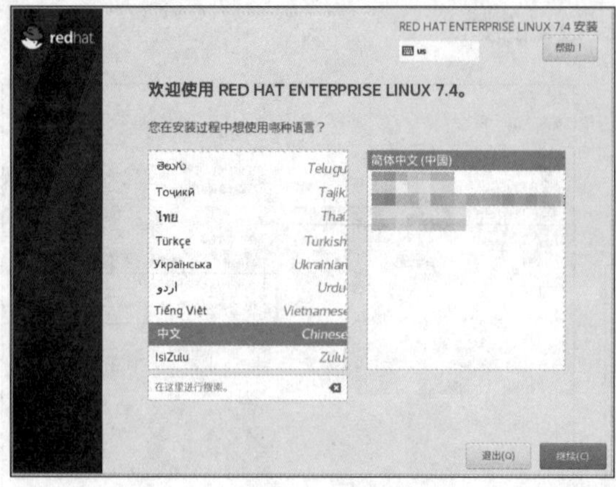

图 1-21　选择语言

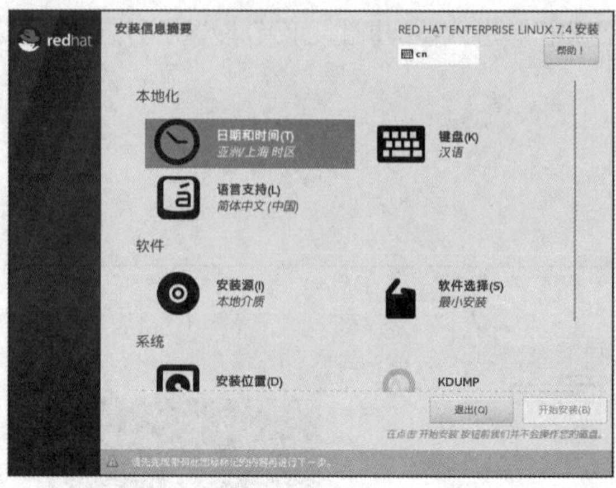

图 1-22　“安装信息摘要”界面

（6）单击“安装信息摘要”界面中的“软件选择”选项，打开“软件选择”界面，选择界面左侧的“带 GUI 的服务器”选项，如图 1-23 所示。然后单击界面左上角的“完成”按钮，返回“安装信息摘要”界面。

（7）单击“安装信息摘要”界面中的“安装位置”选项，打开“安装目标位置”界面设置操作系统的安装位置，如图 1-24 所示。在只有一块磁盘的情况下，安装程序会默认选中“自动配置分区”单选按钮。如果不需要更改设置，则直接单击左上角的“完成”按钮。

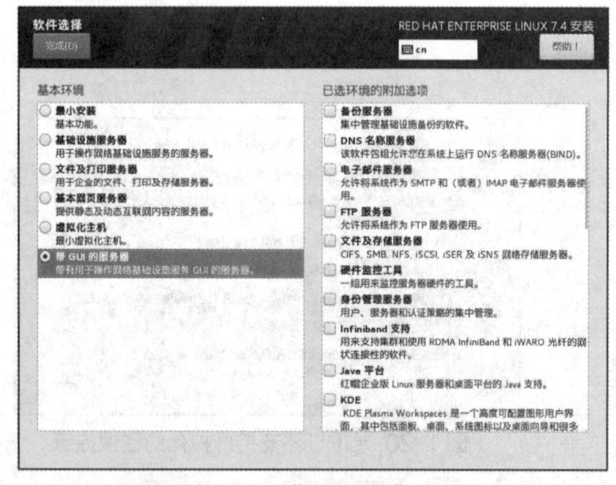

图 1-23　“软件选择”界面

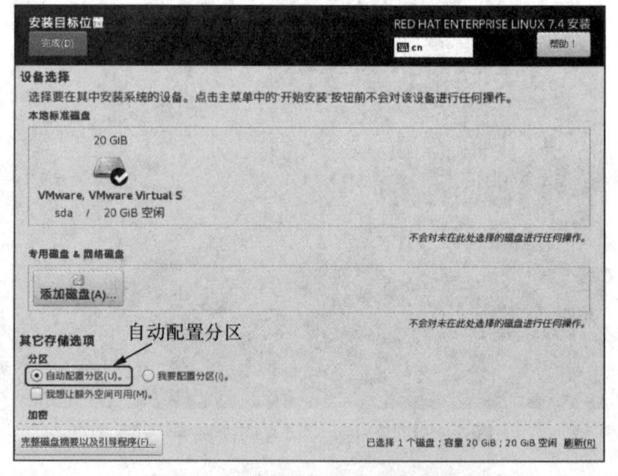

图 1-24 “安装目标位置”界面

（8）单击“安装信息摘要”界面中的“网络和主机名”选项，打开“网络和主机名”界面。单击“打开”按钮启用网卡（ens33），设置主机名为 localhost，并单击“应用”按钮，设置完毕，单击左上角的“完成”按钮，如图 1-25 所示。

> **提示**　创建虚拟机时，已经配置好虚拟机所在的网络环境（NAT 模式），在安装系统过程中，启用以太网卡（ens33）会自动获取由 DHCP 服务分配的网络地址等信息。如果无法获取网络地址，则要在系统安装完毕，重新检查网络环境的配置。

（9）上述安装参数配置完毕，单击安装界面右下角的“开始安装”按钮，如图 1-26 所示，开始安装 RHEL 7.4。

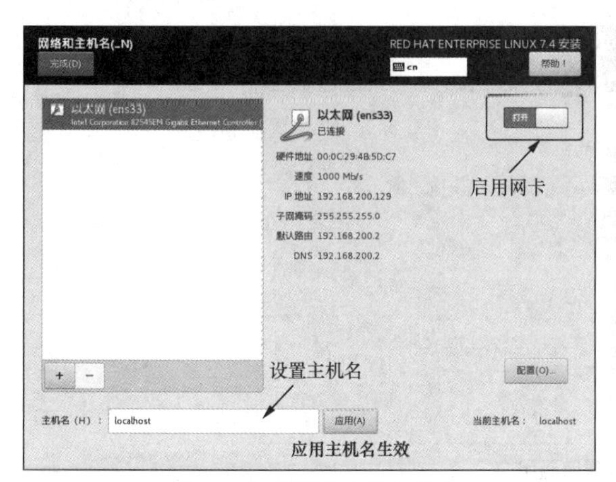

图 1-25　网络和主机名界面

图 1-26　开始安装

（10）在 RHEL 7.4 安装界面中会显示当前的安装进度，此时，可以配置 root 用户密码及创建用户，如图 1-27 所示。

（11）单击图 1-27 所示界面中的“ROOT 密码”选项，在弹出的界面中，设置 root 用户密码为 000000，如图 1-28 所示。

图 1-27　系统安装过程中的用户设置

图 1-28　设置 root 用户密码

设置 root 用户密码时，如果密码长度少于 8 位，则会出现警告信息，重新更改安全级别更高的密码后警告信息将不再提示。如果要忽视警告信息，则单击左上角的“完成”按钮两次，也能完成 root 密码设置。

root 是 Linux 系统默认的超级管理员，拥有最高的用户权限，操作不当可能导致系统损坏，因此，除 root 用户之外，还应再创建一个或多个普通用户，一般情况下使用普通用户登录系统，完成日常工作。此处创建普通用户 ops，并为该用户设置密码 000000，如图 1-29 所示。

（12）用户配置完毕，界面的右下角会出现“完成配置”按钮，单击此按钮，如图 1-30 所示。

（13）系统将应用配置，直到界面右下方出现“重启”按钮，单击该按钮，如图 1-31 所示。

（14）系统重启后自动进入初始设置界面，单击界面中的“LICENSE INFORMATION”选项，如图 1-32 所示，进入许可协议界面。

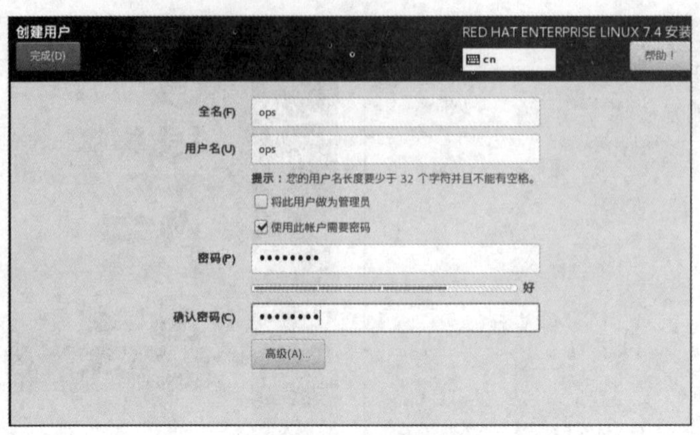

图 1-29　创建普通用户

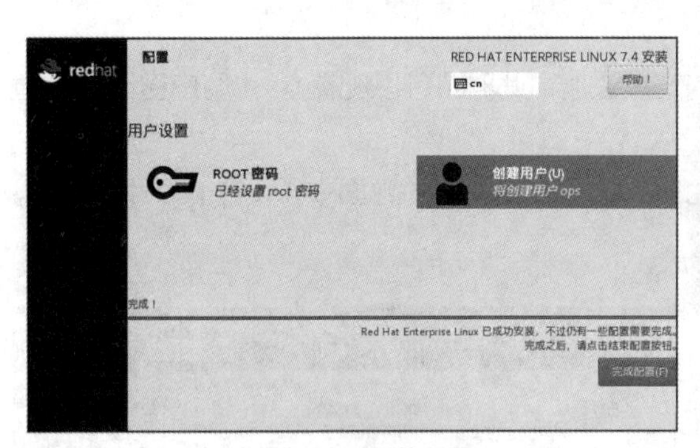

图 1-30　系统配置

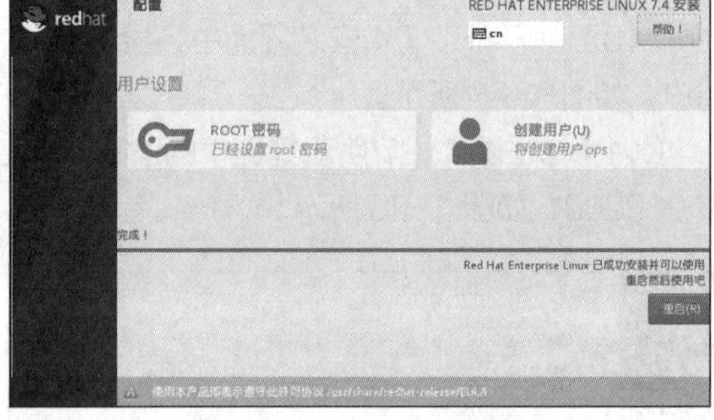

图 1-31　结束配置并重启

（15）勾选“我同意许可协议”选项接受许可证，然后单击界面左上角的“完成”按钮，如图 1-33 所示。

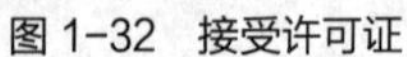

图 1-32　接受许可证

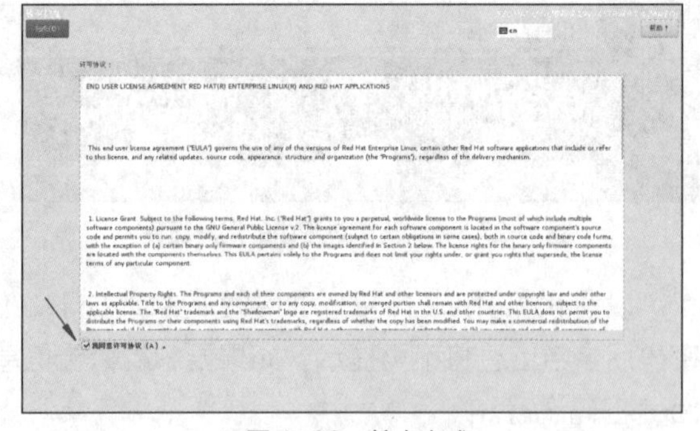

图 1-33　单击完成

（16）系统安装的最后一步，在“初始设置”界面中单击“完成配置”按钮，如图 1-34 所示，此时系统重启。

系统重启后，若出现图 1-35 所示的登录界面，则表示 RHEL 7.4 安装成功。

2. 用户登录、注销与重启系统

（1）用户登录。在登录界面中单击用户名 ops，将跳转到图 1-36 所示的界面，在“密码”文本框中输入密码，然后单击“登录”按钮验证密码，密码验证通过，便可使用 ops 用户身份登录系统。

图 1-34　完成初始配置

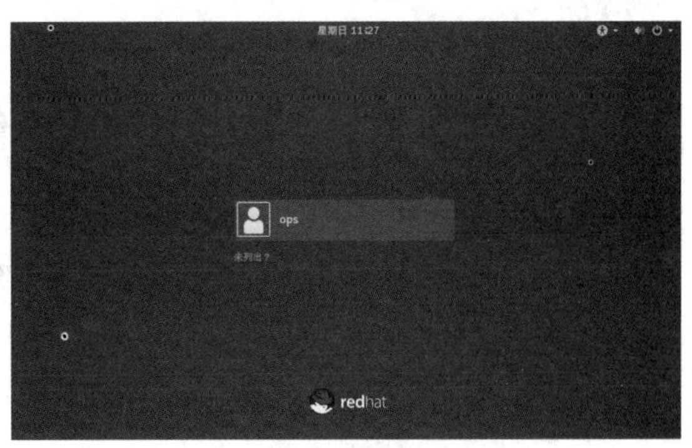

图 1-35　系统登录界面

若要使用 root 用户登录系统，用户可单击图 1-35 所示系统登录界面中的“未列出”选项，跳转到图 1-37 所示的界面，在“用户名”文本框中输入用户名 root（注意 root 全部是小写），然后单击“下一步”按钮验证密码，若密码验证通过，就可使用 root 用户身份登录系统。

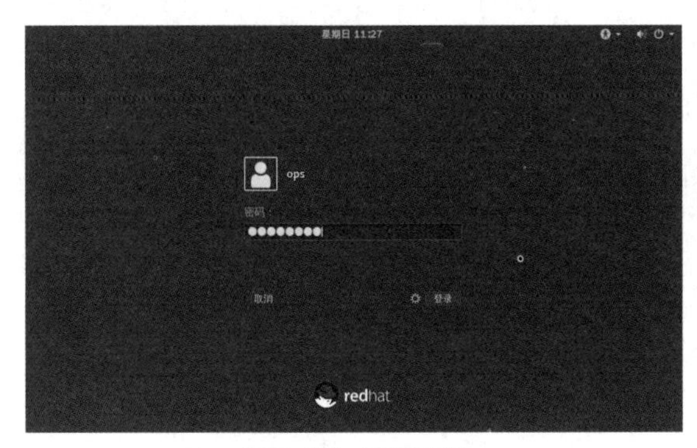

图 1-36　登录验证

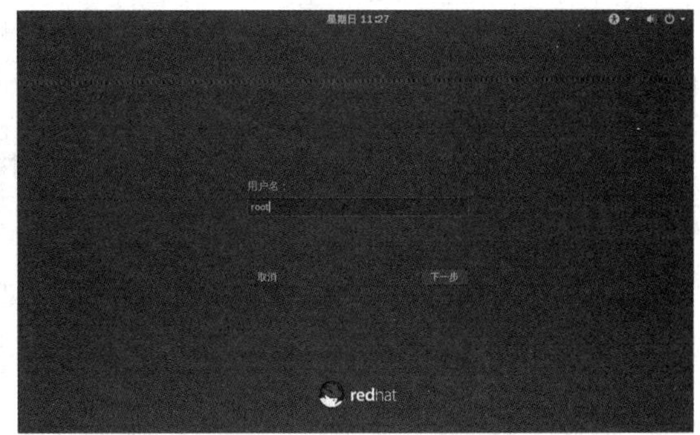

图 1-37　登录 root 用户

用户首次登录后，会自动弹出设置向导，如图 1-38 所示，用户根据提示完成设置即可。

（2）注销用户。要注销当前用户，单击桌面右上角的 按钮，弹出图 1-39 所示的下拉菜单。单击菜单中当前已登录用户名下方的“注销”菜单项，即可以注销用户。用户注销后将返回系统登录界面。

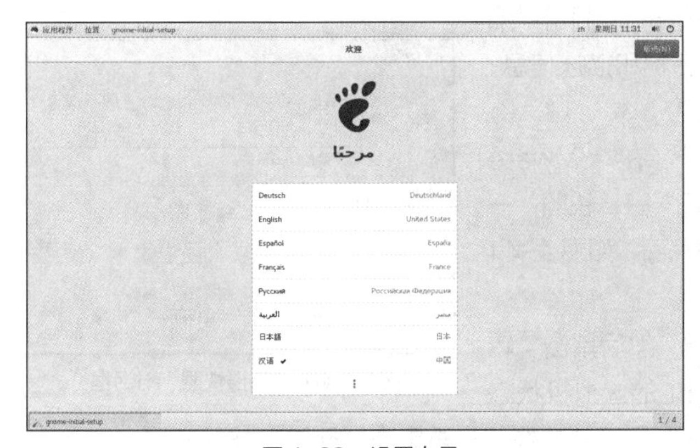

图 1-38　设置向导

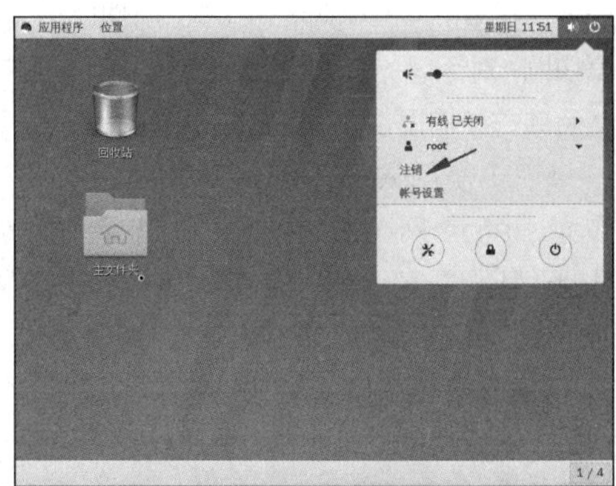

图 1-39　注销用户

（3）重启、关闭系统。在图 1-39 所示的下拉菜单中，单击按钮，用户可根据提示将系统重启或关闭。

任务 1-3 备份 VMware 虚拟机

【任务目标】

在日常工作中做好数据备份尤其重要，小乔希望在安装系统后立即做一次备份，以便系统损坏时能快速恢复。VMware 虚拟机软件提供了快照和克隆两种备份方式，这两种备份方式适用于不同的场景。在本任务中，小乔要掌握备份 VMware 虚拟机的操作方法。

1.3.1 拍摄虚拟机快照

快照是 VMware Workstation 软件的一个特色功能，当系统崩溃或系统异常时，可以通过恢复快照来将系统返回到某一正常的状态。

1. 快照的概念

“快照”又称为还原点。拍摄快照时，将虚拟机操作系统的状态保存，在以后任意时间点可以将操作系统恢复到拍摄快照时的状态。快照的分类如表 1-1 所示。

表 1-1 快照的分类

快照分类	说明
开机状态的快照	虚拟机操作系统处于运行状态，拍摄快照速度慢，占用资源多
关机状态的快照	虚拟机操作系统处于关闭状态，拍摄快速度稍慢，占用资源稍多
挂起状态的快照	虚拟机操作系统暂停运行，用户此时无法使用该虚拟机，拍摄速度快，占用资源少

快照是在原来虚拟机状态的基础上，增加该虚拟机的还原点。随着创建的快照增多，占用的磁盘空间也会越来越大，因此保留的快照不宜过多。

2. 创建和管理快照

在 VMware Workstation Pro 15 中创建和管理快照的具体操作步骤如下。

（1）拍摄快照。在 VMware Workstation Pro 15 主界面中，选择要拍摄快照的虚拟机，然后选择“虚拟机”→“快照”→“拍摄快照”菜单命令，打开“拍摄快照”对话框。在对话框中输入当前快照的名称和描述信息，然后单击“拍摄快照”按钮，如图 1-40 所示。

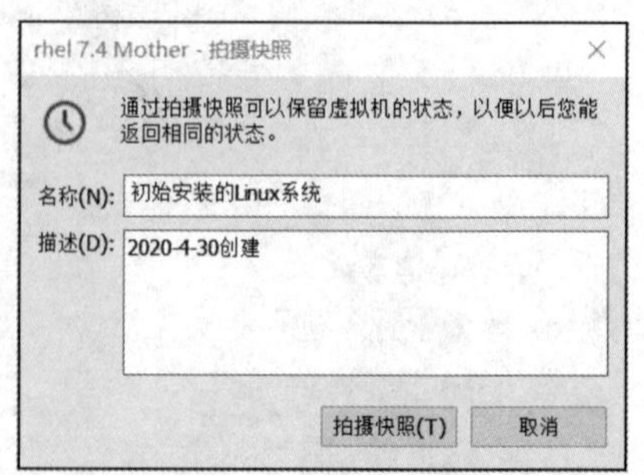

图 1-40 “拍摄快照”对话框

（2）使用快照管理器对快照进行管理。在 VMware Workstation Pro 15 主界面中，选择“虚拟机”→“快照”→“快照管理器”菜单命令，打开“快照管理器”界面，如图 1-41 所示。

如果要还原快照，首先选中要管理的快照，然后单击“转到”按钮即可还原到相应的快照状态，但是当前的虚拟机状态会被丢弃。如果要删除不需要的快照，首先选中要管理的快照，再单击“删除”按钮即可。

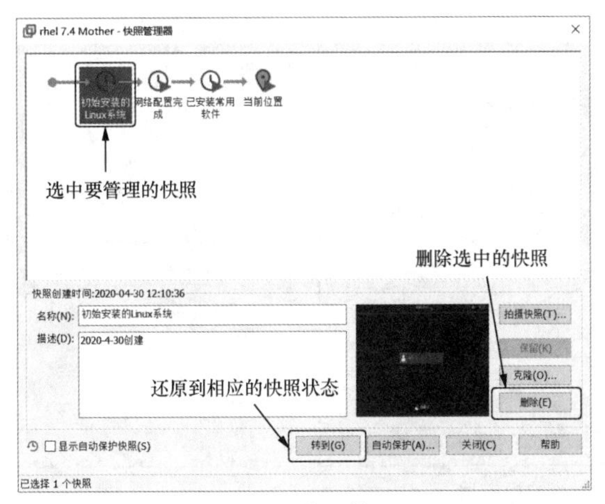

图 1-41　快照管理器

1.3.2　克隆虚拟机

克隆也是 VMware Workstation 软件的常用功能，使用克隆功能可以复制出与原始虚拟机相同的系统。

1. 克隆的概念

“克隆”相当于复制了一台虚拟机，克隆出来的虚拟机是原始虚拟机全部状态的映像复制。克隆虚拟机与原始虚拟机可以同时开机并独立运行。VMware Workstation 软件提供了两种类型的克隆，如表 1-2 所示。

表 1-2　克隆的类型

类型	说明
链接克隆	是原始虚拟机的链接引用。链接克隆虚拟机依赖于原始虚拟机，占用磁盘空间少，克隆速度快。如果原始虚拟机出现问题，就可能会影响到链接克隆虚拟机
完整克隆	是原始虚拟机的完整副本。完整克隆虚拟机相对独立，不依赖于原始虚拟机，占用资源多，克隆速度慢

2. 克隆虚拟机

在 VMware Workstation Pro 15 中克隆虚拟机的具体操作步骤如下。

（1）关闭要克隆的虚拟机。

（2）在 VMware Workstation Pro 15 主界面中，选择“虚拟机”→“管理”→“克隆”菜单命令，打开克隆虚拟机向导，如图 1-42 所示，单击“下一步”按钮继续操作。

（3）选择克隆源。克隆源是虚拟机原始状态，它可以是虚拟机中的当前状态（虚拟机要关闭系统）或者现有快照。此处选择克隆自“虚拟机中的当前状态”，然后单击“下一步”按钮继续操作，如图 1-43 所示。

（4）选择克隆类型。完整克隆是经常使用的克隆类型，所克隆的虚拟机完全独立，此处选择“创建完整克隆”，然后单击“下一步”按钮，如图 1-44 所示。

（5）设置新虚拟机名称。在图 1-45 所示的界面中，将克隆的新虚拟机命名为“MyServer”，设置克隆虚拟机的存储位置为“D:\vpc\MyServer”目录（若目录不存在，则自动创建），然后单击“完成”按钮开始执行克隆操作。

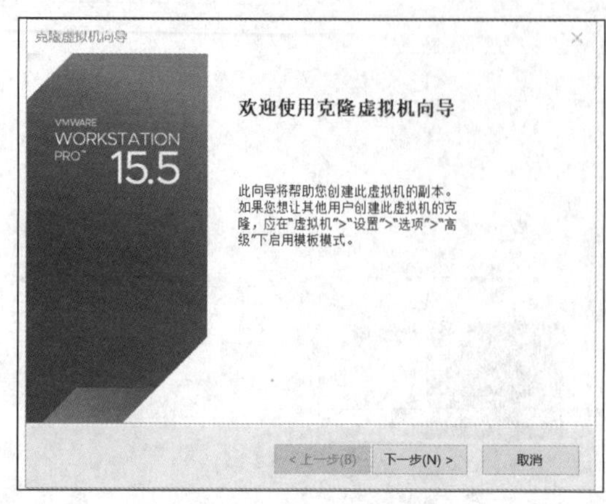

图 1-42　克隆虚拟机向导

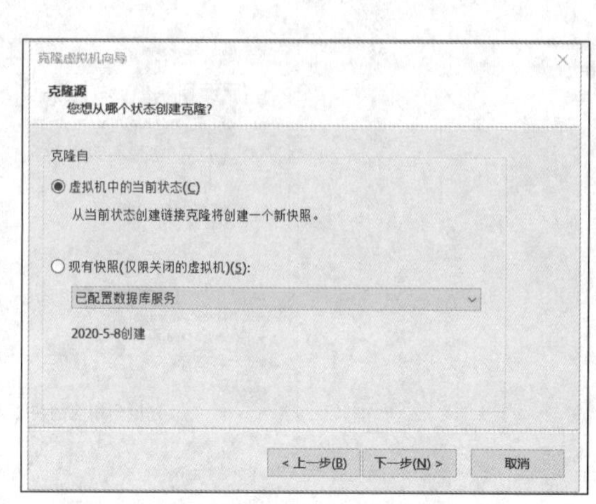

图 1-43　选择克隆源

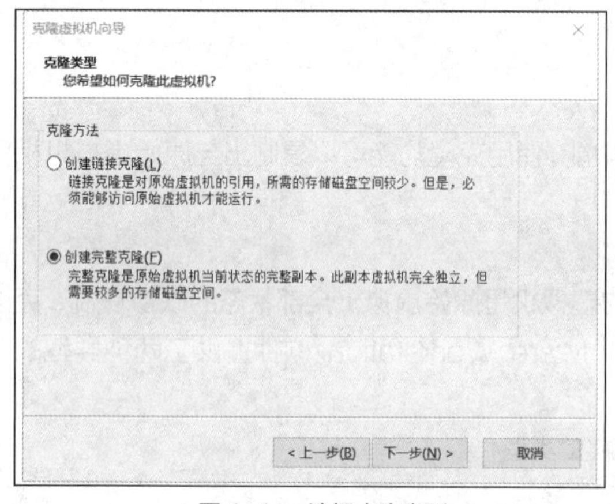

图 1-44　选择克隆类型

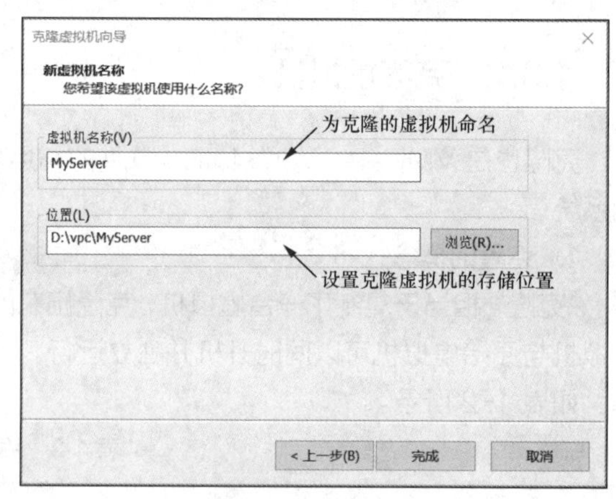

图 1-45　新虚拟机名称

（6）克隆完成，如图 1-46 所示，单击界面中的“关闭”按钮退出克隆虚拟机向导。

3. 管理克隆的虚拟机

在 VMware Workstation Pro 15 主界面中，单击菜单栏中的“选项卡”菜单，下拉菜单中显示出原始虚拟机和已克隆的虚拟机。单击菜单中的虚拟机名称，如“MyServer”，切换到相应的虚拟机选项卡，如图 1-47 所示。

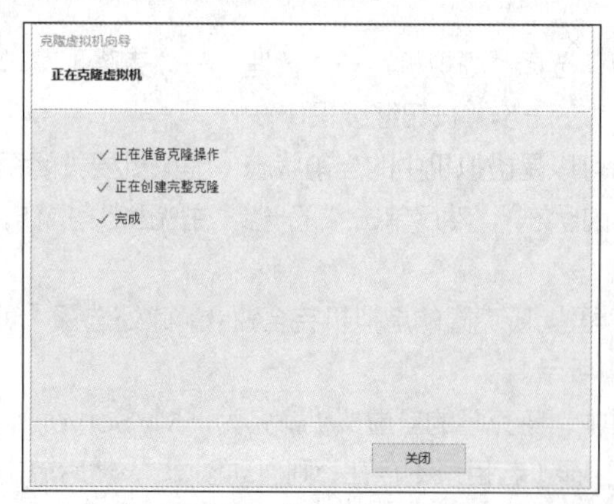

图 1-46　虚拟机克隆完成

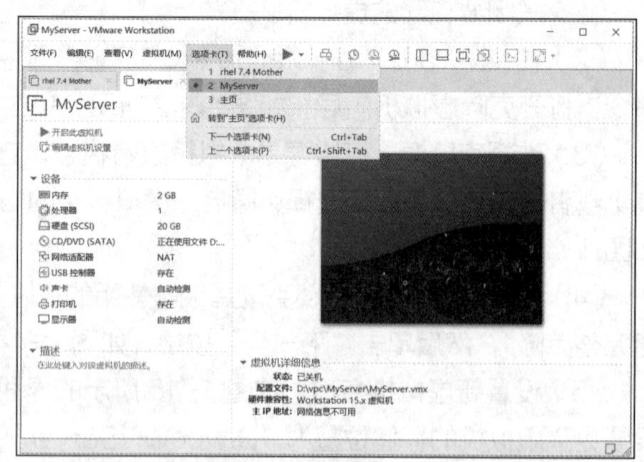

图 1-47　切换到 MyServer 虚拟机选项卡

小结

通过学习本项目，我们了解了 Linux 的诞生历史，能区分 Linux 系统的内核版本和发行版本，理解了 Linux 系统的组成和特点，掌握了 RHEL 7.4 的安装方法，并会登录和简单使用 Linux 图形化界面。

纵观国产操作系统，大多是基于开源的 Linux 内核进行二次开发的，由此看来，从零开始打造一款操作系统难度相当大。学习和使用 Linux 系统能使我们站在巨人的肩膀上，并符合未来软件开源的大趋势，是学习者的一个明智选择。但是，学好 Linux 系统不是一蹴而就的，只要坚持使用它，多动手实践，就一定会有收获。

本项目涉及的各个知识点的思维导图如图 1-48 所示。

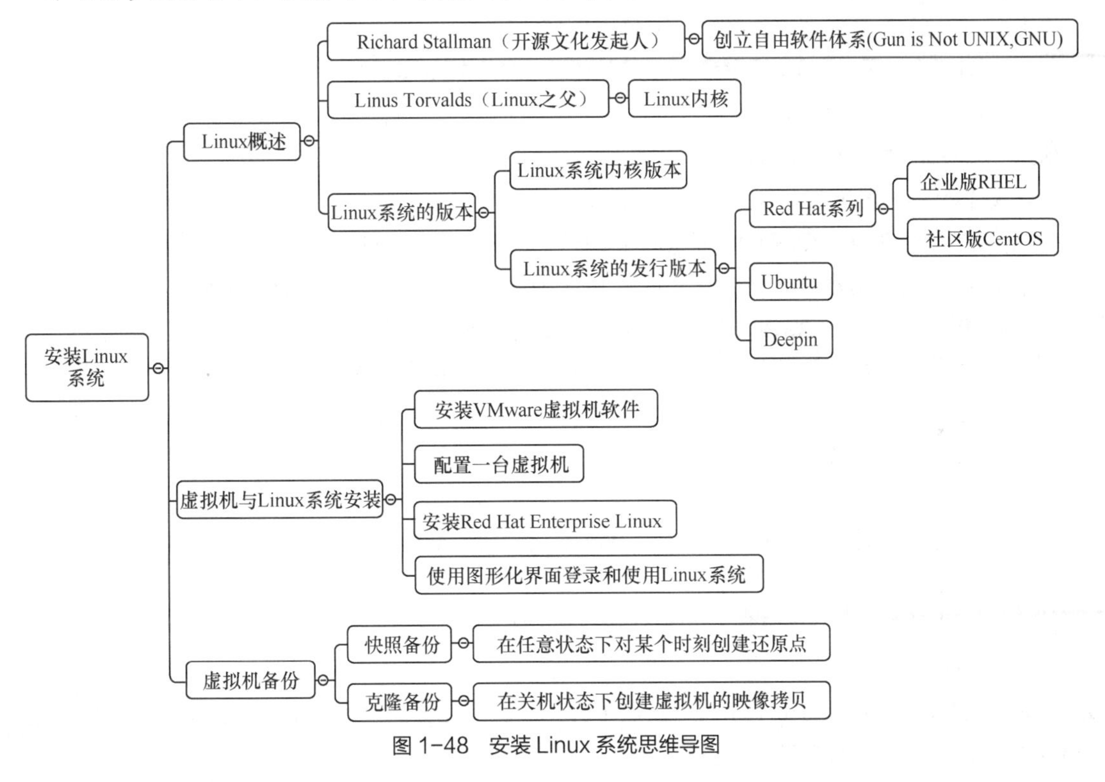

图 1-48　安装 Linux 系统思维导图

项目实训　制作最小化安装的模板虚拟机

（一）项目背景

青苔数据为了构建服务器实验环境，需要安装一批相同配置的 VMware 虚拟机。为了减少重复装机的工作量，要求在一台虚拟机（该虚拟机称为模板虚拟机）中安装 RHEL 7.4 并完成基本配置，通过模板虚拟机进行重复克隆，就可以实现批量装机。

微课 1-3：制作最小化安装的模板虚拟机

（二）工作任务

1. 创建 VMware 虚拟机

采用自定义配置的方式创建一台虚拟机，具体配置如下。

（1）硬件兼容性：Workstation 15.x。

（2）虚拟机名称：rhel 7.4 minimal mother。

（3）处理器数量：单处理器（双核）。

（4）虚拟机内存容量：2 048MB。

（5）网卡连接方式：网络地址转换（Network Address Translation，NAT）模式，并开启NAT 模式网络的 DHCP 功能。

（6）SCSI 控制器：LSI Logic 控制器。

（7）虚拟磁盘类型：SCSI。

（8）磁盘容量：40GB。

2．使用 ISO 映像安装 Linux 系统

采用最小化方式安装 Linux 系统，具体配置如下。

（1）操作系统：Red Hat Enterprise Linux 7.4（64 位）。

（2）时区：Asia-Shanghai。

（3）日期和时间：北京时间。

（4）语言支持：English（United States）。

（5）软件包：最小化安装（Minimal Install），只安装基本功能。

（6）磁盘分区：划分为 3 个分区，即 /（根分区）、/boot 分区、swap 分区，其中/boot 分区是标准分区类型，/分区和 swap 分区采用 LVM 分区，详细参数如下。

① /boot 分区：容量为 1 024MiB，文件系统为 XFS 类型文件系统。

② /分区：容量约为 36.99GiB，文件系统为 XFS 类型文件系统。

③ swap 分区：容量为 2 048MiB。

（7）主机名：Server。

（8）网卡（ens33）：开机自动启用，并设置自动获取地址。

（9）root 密码：000000。

（10）创建普通用户：用户名为 ops，密码是 000000。

3．登录系统

以最小化方式安装 RHEL 7.4 时，默认不会安装图形化界面。虚拟机系统开机后，将自动进入字符交互界面，屏幕显示的内容如下。

```
Red Hat Enterprise Linux Server 7.4(Maipo)
Kernel 3.10.0-693.el7.x86_64 on an x86_64

Server login:
```

在该界面中完成以下操作。

（1）在屏幕上“Server login:”提示符的光标位置，输入用户名 root，然后按 Enter 键。

（2）当屏幕上显示出“Password:”提示符时，输入 root 密码 000000（输入的密码不回显到屏幕），输完密码按 Enter 键。

（3）如果屏幕上显示出“[root@Server ~]#”提示符，则表示登录成功。

（4）测试网络，确保虚拟机联网。在“[root@Server ~]#”提示符的光标位置，输入命令“ping www.ryjiaoyu.com”，再按 Enter 键执行。

4．创建快照

（1）关闭虚拟机。在“[root@Server ~]#”提示符的光标位置，输入关机命令 poweroff，再按 Enter 键执行。

（2）创建 VMware 快照备份，名称为“RHEL 初始”。

习题

一、选择题

1．以下软件中，（　　）不是 Linux 系统的发行版本。

A．CentOS　　B．Ubuntu　　C．Red Hat　　D．BSD

2．下列哪一项不是 Linux 系统支持的特性？（　　）

A．多用户　　B．多任务　　C．内核源代码封闭　　D．广泛的硬件支持

二、填空题

1．Linux 系统一般由_________、_________、_________、_________4 个主要部分组成。

2．Linux 系统的版本分为_________和_________两种。

3．Linux 系统默认的系统超级管理员账号是_________。

4．VMware 虚拟机软件提供的两种备份方式为_________和_________。

项目2
使用Linux命令

情境导入

小乔在工作中发现，同事们在 Linux 系统中的大部分工作都是使用命令完成的。小乔很疑惑，向大路请教，大路告诉她："虽然图形化的操作界面简单、直观，但是在字符操作界面中使用 Linux 命令工作，占用系统资源更少，安全性和效率更高，灵活性也更强，因此技术人员通常更愿意使用 Linux 命令完成他们的工作。"

小乔恍然大悟，决定下一番功夫学习 Linux 命令的使用，更深入地了解 Linux 系统。

职业能力目标（含素养要点）

- 熟悉字符操作界面的基本使用方法。
- 掌握在 Linux 字符操作界面和图形化操作界面之间切换的方法。
- 了解 Linux 系统的运行级别与目标的概念，会配置默认目标（目标导向）。
- 掌握获取和设置系统基本信息的相关命令。
- 获取 Linux 命令的帮助（航天精神）。
- 掌握查看和设置日期时间的相关命令（时间管理）。

任务 2-1　认识 Linux 字符操作界面

【任务目标】

在 Linux 系统中，许多程序开发和运维人员都愿意借助命令来使用和管理 Linux 系统。Linux 命令需要在字符操作界面中输入和执行，在本任务中，小乔决定掌握字符操作界面的基本使用方法。

2.1.1　使用字符操作界面

使用 Linux 系统的字符操作界面常用的方式有：使用终端窗口、使用虚拟控制台、使用 Linux 纯字符界面。

1. 使用终端窗口

终端窗口简称终端（Terminal），是 Linux 系统图形化界面提供的使用字符操作界面的一种方式，用户在终端窗口中通过输入命令来管理 Linux 系统。

用户登录到 Linux 系统图形化界面中，在屏幕左上角的“应用程序”菜单中选择“系统工具”→“终端”菜单项；或者在桌面空白处单击鼠标右键，在弹出的快捷菜单中选择“打开终端”菜单项，打开终端窗口界面，如图 2-1 所示。

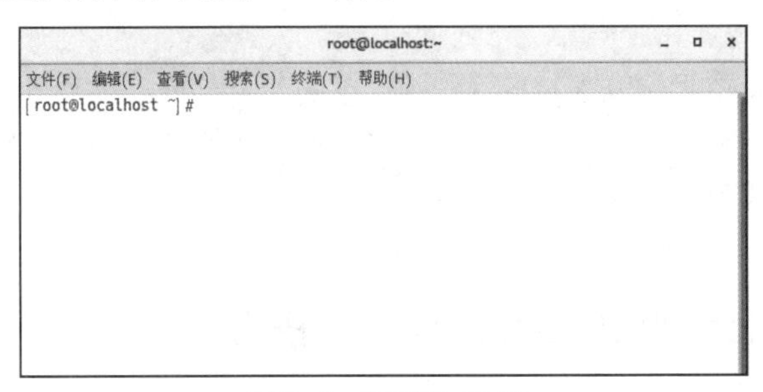

图 2-1　终端窗口界面

退出终端，可以单击终端窗口右上角的☒按钮，或在终端中输入 exit 命令，还可以使用组合键 Ctrl+d。

2. 使用虚拟控制台

基于虚拟控制台的访问方式，允许多个用户同时登录到系统，也允许一个用户在同一时间多次重复登录。

如果用户已登录到图形化界面，可以使用 Ctrl+ Alt+F2~Ctrl+Alt+F6 组合键切换至不同的字符操作界面下的虚拟控制台，使用 Ctrl+Alt+F1 组合键返回到图形化界面。

在纯字符界面下，可以使用 Ctrl+F1~Ctrl+F6 组合键在 6 个虚拟控制台之间切换。比如用户登录后，按 Ctrl+F2 组合键将看到“login:”提示符，说明用户切换到了第二个虚拟控制台，然后只需按 Ctrl+F1 组合键就可以回到第一个虚拟控制台。如果用户在某个虚拟控制台下的工作尚未完成，则可以切换到另一个虚拟控制台开始其他的工作，体现了 Linux 系统多用户的特性。

3. 使用 Linux 纯字符界面

在 Linux 终端窗口或虚拟控制台中，输入 init 3 命令可切换到纯字符界面，命令如下。

```
[root@localhost ~]# init 3
```

执行命令后，会出现图 2-2 所示的 Linux 纯字符界面登录提示。

```
Red Hat Enterprise Linux Server 7.4 (Maipo)
Kernel 3.10.0-693.el7.x86_64 on an x86_64

localhost login:
```

图 2-2　Linux 纯字符界面登录提示

在 Linux 字符操作界面登录分为两步：第一步输入登录用户名，比如要使用系统超级管理员登录，就输入 root（全部是小写）；第二步是输入该用户的密码。用户输入正确的用户名和密码，就能合法地登录系统，屏幕上会显示图 2-3 所示的登录之后的界面。

```
Red Hat Enterprise Linux Server 7.4 (Maipo)
Kernel 3.10.0-693.el7.x86_64 on an x86_64

localhost login: root
Password:
Last login: Mon Jun  1 07:10:59 on :0
[root@localhost ~]# _
```

图 2-3　登录纯字符界面

要注销当前登录的用户，可以输入并执行 logout 命令。重启系统使用 reboot 命令，关闭系统使用 poweroff 命令。

用户在字符界面登录后，也可以输入 startx 命令或 init 5 命令启动 Linux 图形化界面（前提是安装了图形化界面的软件包）。

> **提示** 在 Linux 字符界面中，输入登录密码时，系统并不会回显用户输入的内容，但实际上输入的内容已被系统接收，用户正常输入即可。输入密码时，应避免使用小键盘，防止小键盘未开启造成密码输入不上。

2.1.2 认识 bash shell 与 Linux 命令格式

1. 了解 shell

shell 俗称操作系统的"外壳"，它实际上是一个命令的解释程序，提供了用户与 Linux 内核之间交互的接口。用户在使用操作系统时，与用户直接交互的不是计算机硬件，而是 shell，用户把命令告诉 shell，shell 再传递给系统内核，接着内核支配计算机硬件去执行各种操作。

shell 通常分为两种类型：命令行 shell 与图形化 shell，顾名思义，前者提供一个基于命令行的字符操作界面，后者提供一个图形化操作界面。Windows 系统中的 shell 有命令行提示符和窗口管理器 Explorer，而 Linux 系统的 shell 也包括图形化操作界面和字符操作界面。在 Linux 系统中，通常所说的 shell 指的是字符操作界面的 shell 解释程序。

shell 会分析、执行用户输入的命令，能给出结果或出错提示。每个用户账号在创建时，都要为它指定一个 shell 程序。当用户以该账号登录后，指定的 shell 程序立即启动，用户可以在屏幕上看到 shell 的提示符并处于与 shell 交互的状态，直至注销用户，shell 程序退出，如图 2-4 所示。

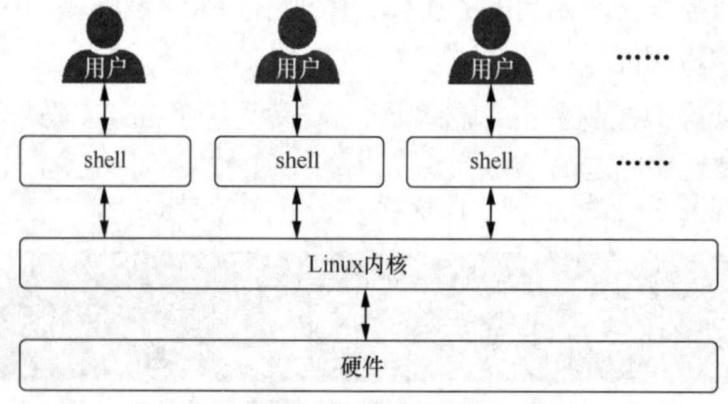

图 2-4 shell 程序

Linux 系统中的 shell 程序有很多版本，它们都有各自的风格和特点，如表 2-1 所示。

表 2-1 常见的 shell 程序版本

名称	描述	shell 程序
sh	最早的 shell 程序，支持用户交互式的命令编程	/bin/sh
csh	shell 程序使用 C 语言风格语法，交互性更强	/bin/csh
tcsh	微型的 shell 程序，常在一些小型系统中应用	/bin/tcsh
bash	Linux 系统中最常用的 shell 程序，也是 GNU/Linux 系统的默认 shell 程序	/bin/bash

2. 认识 bash shell

bash shell 是 1987 年由布莱恩 · 福克斯（Brian Fox）为 GNU 计划开发的一个 shell 程序。目前，bash 是大多数 Linux 系统默认的 shell 程序，bash 类似于 Windows 系统中的命令提示符。bash 不但支持交互操作，还可以进行批处理操作和程序设计，bash 的功能比 Windows 命令提示符更强大。

root 用户登录到 Linux 系统后，会显示 bash 的提示符，如图 2-5 所示。

图 2-5　bash 提示符

标准的 bash 提示符包含登录的用户名、登录的主机名、当前所在的工作目录路径和命令提示符信息。根据 bash 的传统，超级用户的提示符以“#”结尾，普通用户的提示符以“$”结尾，提示符中每个部分的显示格式都可以定制。“~”符号是特殊字符，表示用户的家目录（相当于 Windows 系统中的用户个人目录）。

要在 bash 中运行命令，只需在“#”或“$”命令提示符后面输入命令，再按 Enter 键。然后，bash 将搜索输入的命令，如果找到就运行，并在字符界面中输出命令执行的结果。命令执行结束后，重新显示 bash 提示符。如果 bash 找不到输入的命令，则显示出错信息“bash: 命令: 未找到命令...”，这时，应检查输入的命令是否正确。

在 Linux 系统中，命令可以分为两类：shell 内置命令和应用程序。

如果执行的是 shell 内置命令，则由 shell 负责回应；如果执行的是应用程序，那么 shell 会搜索并找到该应用程序，然后将控制权交给内核，由内核执行该应用程序，执行完成后，内核再将控制权交回给 shell。

3. bash 命令

bash 命令的一般格式如下。

```
命令 [选项] [参数]
```

微课 2-1：认识 Linux 命令格式

命令通常是表示相应功能的英文单词或单词的缩写，并区分大小写，例如，date 命令是日期命令。命令中的选项和参数都是可选的，既可以不带任何选项和参数，也允许带有多个选项和参数。选项决定该命令如何工作，参数用于确定该命令作用的目标。

【例 2-1】 执行 whoami 命令，显示当前正在使用的用户。

```
[root@localhost ~]# whoami
root
```

说明：whoami 命令后面没有带任何选项和参数。

【例 2-2】 使用 ls 命令，以列表格式显示 root 用户家目录中的所有文件。

```
[root@localhost ~]# ls -l -a /root
总用量 52
dr-xr-x---. 14 root root 4096 6月   4 00:12 .
dr-xr-xr-x. 17 root root  224 4月  26 08:45 ..
-rw-------.  1 root root 2162 4月  26 08:58 anaconda-ks.cfg
-rw-------.  1 root root  681 6月   4 00:23 .bash_history
……
```

说明：“-l”和“-a”都是 ls 命令的选项，“-l”表示以列表格式（长格式）显示文件的详细信息，“-a”表示显示包括隐藏文件内的全部文件；而“/root”作为 ls 命令的参数，表示显示/root 目录中的文件。

另外，本例中的命令还可以使用下面的形式。

```
ls -la /root
```

选项可以分为两种类型。

（1）短选项：由一个连字符和一个字母构成，如-a 选项。

（2）长选项：由两个连字符和一些大小写字母组合的单词构成，如--help 选项。

例如，使用--help 选项获取关于 ls 命令的帮助信息。

```
[root@localhost ~]# ls --help
```

2.1.3 显示屏幕上的信息：echo 命令

微课 2-2：echo 命令

echo 命令用于在计算机屏幕上显示文本信息或 shell 变量的值，命令格式如下。

```
echo [选项] [字符串|$变量名]
```

说明：字符串参数可以加引号，也可以不加引号。用 echo 命令输出加引号的字符串时，字符串将按照原样输出；用 echo 命令输出不加引号的字符串时，将字符串中的每个单词作为字符串输出，各字符串之间用一个空格分隔。

echo 命令的常用选项如表 2-2 所示。

表 2-2 echo 命令的常用选项

选项	说明
-n	输出文本后不换行

【例 2-3】 使用 echo 命令在屏幕上显示 how are you。

```
[root@localhost ~]# echo how are you
how are you
```

【例 2-4】 使用 echo 命令在屏幕上原样显示 how   are   you（单词之间有 3 个空格）。

```
[root@localhost ~]# echo "how   are   you"
how   are   you
```

说明：用 echo 命令按照原样输出字符串时，要给字符串参数加上引号，否则单词之间的多个空格将被替换为 1 个空格显示。

【例 2-5】 显示 HOME 变量的值。

```
[root@localhost ~]# echo $HOME
/root
```

说明：在变量名称前面加上“$”符号，表示提取出该变量的值。

【例 2-6】 使用 echo 命令显示用户交互的提示信息。

```
[root@localhost ~]# echo -n "请输入密码:" ; read pswd ; echo "密码是:" $pswd
```

说明：

① read 命令用于读取用户在键盘输入的内容，将输入内容存放到名为 pswd 的变量中。

② 两个命令之间的“;”表示先执行前面的命令，再执行后面的命令。

2.1.4 设置默认启动的目标

在 RHEL 7 之前的版本中，使用运行级别（runlevel）代表 Linux 系统特定的操作模式。运行级别被定义为 7 个，用数字 0~6 表示，各运行级别的含义如表 2-3 所示。

表 2-3　运行级别

运行级别	含义
0	系统停机状态，系统默认运行级别不能设为 0，否则不能正常启动
1	单用户工作状态，root 权限，用于系统维护，禁止远程登录
2	多用户状态，不支持 NFS（网络文件系统）
3	完全的多用户状态，支持 NFS，登录后进入命令行模式（字符操作界面）
4	保留
5	X Window 控制台，登录后进入 GUI 模式（图形化界面）
6	系统重启，默认运行级别不能设为 6，否则不能正常启动

常用的运行级别是级别 3 和级别 5，因为一般服务器不需要安装图形化界面，并且需要支持网络连接，所以使用级别 3；PC 通常会安装图形化界面，所以使用级别 5。

使用 runlevel 命令查看当前系统的运行级别，命令如下。

```
[root@localhost ~]# runlevel
N 5
```

执行结果显示“N 5”，表示当前运行在级别 5。

使用 init 命令可以在不同运行级别间切换。比如，当前系统运行在级别 5，要想切换到级别 3（字符界面），输入命令如下。

```
[root@localhost ~]# init 3
```

自 RHEL 7 开始，系统的运行级别改为用目标（target）来实现。目标使用目标单元文件描述，目标单元文件的扩展名为.target。例如，graphical.target 目标单元是用于启动图形化界面的系统运行方式，相当于级别 5。multi-user.target 目标对应的是字符界面的系统运行方式，相当于级别 3。

运行级别与目标的关系如表 2-4 所示。

表 2-4　运行级别与目标的关系

运行级别	目标
0	poweroff.target
1	rescue.target
2	multi-user.target
3	multi-user.target
4	multi-user.target
5	graphical.target
6	reboot.target

在 RHEL 7 中，建议使用系统管理命令 systemctl 来完成目标切换，同时支持使用 init 命令切换不同的运行级别。

在安装 Linux 系统时，选择“带 GUI 的服务器”选项安装好系统后，默认目标为 graphical.target，即系统开机默认进入图形化界面。

【例 2-7】 使用 systemctl get-default 命令查看默认目标。

```
[root@localhost ~]# systemctl get-default
graphical.target
```

【例 2-8】 使用 systemctl set-default 命令设置默认目标为 multi-user.target。

```
[root@localhost ~]# systemctl set-default multi-user.target
Removed symlink /etc/systemd/system/default.target.
Created symlink from /etc/systemd/system/default.target to /usr/lib/systemd/system/
multi-user.target.
```

默认启动目标 multi-user.target 设置完毕，使用 reboot 命令重新启动系统。

```
[root@localhost ~]# reboot
```

系统重启后，将默认进入字符操作界面。

任务 2-2 获取和设置系统基本信息

【任务目标】

小乔想要了解自己所安装 Linux 系统的内核版本号，于是大路给了她一些相关的 Linux 命令学习资料。本任务中，小乔要掌握 uname、free、hostname 等命令的使用方法，能使用 Linux 命令获取和设置有关操作系统、计算机、内存的基本信息。

2.2.1 获取计算机和操作系统的信息：uname 命令

微课 2-3：获取计算机和操作系统的信息：uname 命令

使用 uname 命令可以显示计算机和操作系统的相关信息，如内核版本号、计算机硬件架构、操作系统名称等，命令格式如下。

```
uname [选项]
```

uname 命令的常用选项如表 2-5 所示。

表 2-5 uname 命令的常用选项

选项	说明
-r	显示系统的内核版本号
-m	显示计算机硬件架构
-s	显示操作系统名称
-a	显示全部的信息

【例 2-9】 显示操作系统的内核版本号。

```
[root@localhost ~]# uname -r
3.10.0-693.el7.x86_64
```

【例 2-10】 显示计算机硬件架构。

```
[root@localhost ~]# uname -m
x86_64
```

提示 执行 cat /etc/redhat-release 命令，可以显示 RHEL 的发行版本号。

2.2.2 获取内存信息：free 命令

微课 2-4：获取内存信息：free 命令

free 命令用于显示系统内存的使用情况，包括物理内存、交换内存（swap）和内核缓冲区内存，命令格式如下。

```
free [选项]
```

free 命令的常用选项如表 2-6 所示。

表 2-6 free 命令的常用选项

选项	说明
-b	以 Byte 为单位显示内存使用情况
-k	以 KB 为单位显示内存使用情况
-m	以 MB 为单位显示内存使用情况
-g	以 GB 为单位显示内存使用情况
-h	以合适的单位显示内存使用情况

【例 2-11】 以合适的单位显示系统的物理内存和 swap 使用情况。

```
[root@localhost ~]# free -h
         total       used        free       shared     buff/cache    available
Mem:     1.8G        212M        1.3G       8.9M       258M          1.4G
Swap:    3.9G        0B          3.9G
```

2.2.3 显示和修改主机名：hostname、hostnamectl 命令

在 RHEL 中，有 3 种定义的主机名：Static（静态的）、Transient（瞬态的）和 Pretty（灵活的）。Static 主机名也称为内核主机名，是系统在启动时，从/etc/hostname 文件（该文件是 RHEL 7 中的主机名配置文件）初始化读取的主机名。Transient 主机名是在系统运行时，临时分配的主机名，如通过 DHCP 服务器动态分配的主机名。Pretty 主机名主要用于展示给终端用户。

微课 2-5：显示和修改主机名：hostname、hostnamectl 命令

使用 hostname 命令可以显示或临时修改计算机的 Transient 主机名。

【例 2-12】 显示当前计算机的主机名。

```
[root@localhost ~]# hostname
localhost.localdomain
```

【例 2-13】 临时修改当前计算机的主机名为 myComputer。

```
[root@localhost ~]# hostname myComputer
[root@localhost ~]# hostname
myComputer
```

当前的主机名已修改为 myComputer。此时，打开新的终端窗口或重新登录 shell 后，可以观察到 bash 的提示符中的主机名变更为 myComputer。

提示 使用 hostname 命令修改主机名会立即生效，但是在系统重启后将丢失所做的修改，主机名还是原来的。这是因为 hostname 命令修改的是内核中的 Transient 主机名，并非/etc/hostname 文件中配置的 Static 主机名。若想永久更改主机名，就要修改/etc/hostname 文件内容，或者使用 hostnamectl 命令。

hostnamectl 命令用于显示或永久修改计算机的主机名及相关信息。

【例 2-14】 使用 hostnamectl 命令显示计算机的主机名等信息。

```
[root@localhost ~]# hostnamectl
   Static hostname: localhost.localdomain
Transient hostname: myComputer
         Icon name: myComputer-vm
           Chassis: vm
        Machine ID: 10d998038d914ebb863779ddd952c798
           Boot ID: a62faa2a820c4371b8535e43be942003
    Virtualization: vmware
  Operating System: Red Hat Enterprise Linux Server 7.4 (Maipo)
       CPE OS Name: cpe:/o:redhat:enterprise_linux:7.4:GA:server
            Kernel: Linux 3.10.0-693.el7.x86_64
      Architecture: x86-64
```

【例 2-15】 使用 hostnamectl 命令将主机名永久更改为 Server。

```
[root@localhost ~]# hostnamectl set-hostname Server
```

hostnamectl set-hostname 命令不仅会修改内核中的 Transient 主机名，还会修改/etc/hostname 文件中的 Static 主机名。

任务 2-3 获取命令的帮助

【任务目标】

Linux 命令很多，小乔在学习过程中发现，将 Linux 命令及其选项和参数全部记住非常不容易。大路告诉她，掌握在 Linux 系统中获取命令帮助的方法，可以在记不住命令时找到答案，或是遇到命令不会用时及时查阅。

2.3.1 命令行自动补全

使用 Linux 字符界面时，准确地记住每个 shell 命令的拼写并非易事，使用 bash 命令行的自动补全功能，用户在提示符下输入某个命令的前面几个字符，然后按 Tab 键，会自动补全要使用的命令，或列出以这几个字符开头的命令供用户选择。

【例 2-16】 使用 shutdown 命令关闭系统，用户输入 shut 字符后，按 Tab 键补全命令。

```
[root@localhost ~]# shut<Tab>
```

说明：以上命令中的<Tab>表示按下 Tab 键。

bash 除了支持自动补全 shell 命令，文件名称、路径、用户名、主机名等也可以自动补全。

【例 2-17】 使用 cd 命令从当前目录切换到/etc/目录，输入 cd 命令的部分参数/e 后，按 Tab 键补全路径/etc，操作如下。

```
[root@localhost ~]# cd /e<Tab>
```

但在一些情况下，按 Tab 键后，shell 没有任何反应，例如，以下的操作。

```
[root@localhost ~]# cd /b<Tab>
```

说明：在“/”目录下存在多个以“b”开头的文件或目录，仅输入一个字符“b”无法判断出具体指的是哪个文件。此时，连续按 2 次 Tab 键，shell 将以列表的形式显示当前目录下所有以“b”开头的文件或目录。

2.3.2 使用 man 显示联机帮助手册

Linux 系统中有大量的命令，而且命令又有不同的选项和参数，对于大多数用户来说，将它们全部记住很难，也没有必要这样做，为此，Linux 系统提供了 man 联机帮助手册（简称 man 手册），手册包含命令、编程函数和文件格式等帮助信息。

微课 2-6：帮助命令：man 命令、--help 选项、info 命令

man 命令用于显示 man 手册。通常用户只要在 man 命令后面输入想要获取帮助的命令名称，man 命令就会显示关于该命令的详细说明。man 手册分为不同的章节，如表 2-7 所示。man 命令按照手册中的章节号顺序进行搜索，也允许用户指定要搜索的章节号。

表 2-7　man 手册的章节

章节	描述
1	一般命令
2	系统调用
3	库函数，涵盖 C 标准函数库
4	特殊文件（通常是/dev 中的设备）和驱动程序
5	文件格式和约定
6	游戏
7	杂项
8	系统管理命令和守护进程
9	内核 API

【例 2-18】 显示 who 命令的 man 手册。

```
[root@localhost ~]# man who
```

【例 2-19】 显示/etc/passwd 文件的格式说明。

```
[root@localhost ~]# man 5 passwd
```

说明：man 命令后加上章节号指定搜索的章节，关于文件格式的说明在 man 手册的第 5 章。

2.3.3 使用--help 选项

使用命令的--help 选项可以显示命令的用法和选项的含义等帮助信息，只要在命令后面跟上--help 选项即可。使用--help 选项显示的命令帮助信息是程序作者编写到程序内部的，比 man 手册显示的帮助信息要简洁。

【例 2-20】 使用--help 选项查看 reboot 命令的帮助信息。

```
[root@localhost ~]# reboot --help
```

2.3.4 使用 info 命令

info 命令也可以获取命令的帮助。与 man 命令不同的是，man 命令是将帮助信息一次全部显示出来，而 info 命令帮助信息的显示风格类似于一本独立的电子书，命令的帮助信息会像书籍一样，有章节编号，但两者在内容方面相差不大。

【例 2-21】 使用 info 命令获取 ls 命令的帮助信息。

```
[root@localhost ~]# info ls
```

素养提示 2020 年 7 月 23 日，我国首次火星探测任务中的“天问一号”探测器发射升空，开启了火星探测之旅，迈出了我国自主开展行星探测的第一步。Linux 系统的初学者也应当有不断探索的精神，这样才能灵活掌握 Linux 命令的使用方法，深入理解系统的工作原理。

任务 2-4 管理日期和时间

【任务目标】

小乔想要了解 Linux 服务器上的日期时间，但是在 Linux 字符操作界面中，没有像 Windows 系统一样，直接在屏幕右下角显示时间和日期，她向导师大路请教得知，Linux 系统提供了相关命令帮助用户管理系统的日期和时间。在本任务中，小乔要掌握 cal、date、hwclock 命令的使用方法，会使用 Linux 命令查看、设置系统的日期和时间。

微课 2-7：显示日历信息：cal 命令

2.4.1 显示日历信息：cal 命令

cal 命令用于显示公历（阳历）日历，命令格式如下。

```
cal [选项] [月份][年份]
```

cal 命令的常用选项如表 2-8 所示。

表 2-8 cal 命令的常用选项

选项	说明
-3	显示前一个月、本月、下一个月的日历

【例 2-22】 显示本月的日历。

```
[root@localhost ~]# cal
```

【例 2-23】 显示前一个月、本月和下一个月的日历。

```
[root@localhost ~]# cal -3
```

【例 2-24】 显示公元 2021 年全年的日历。

```
[root@localhost ~]# cal 2021
```

【例 2-25】 显示 2019 年 12 月的日历。

```
[root@localhost ~]# cal 12 2019
```

微课 2-8：显示和设置系统日期、时间：date 命令

2.4.2 显示和设置系统日期、时间：date 命令

date 命令用于显示和设置系统的日期时间。普通用户只能使用 date 命令显示日期时间，只有超级用户才有权限设置日期时间，命令格式如下。

```
date [选项] [+"日期时间的显示格式"]
```

date 命令的常用选项如表 2-9 所示。

表 2-9　date 命令的常用选项

选项	说明
-d <字符串>	根据字符串描述，显示指定日期时间（字符串要加上双<单>引号，并以+开头）
-s <字符串>	根据字符串的内容，设置系统日期时间

【例 2-26】 显示当前的日期时间。

```
[root@localhost ~]# date
2020 年 06 月 07 日 星期日 17:54:25 CST
```

【例 2-27】 显示 100 天后的日期时间。

```
[root@localhost ~]# date -d "100 days"
2020 年 09 月 15 日 星期二 17:55:25 CST
```

【例 2-28】 显示 100 天前的日期时间。

```
[root@localhost ~]# date -d "-100 days"
2020 年 02 月 28 日 星期五 17:57:47 CST
```

【例 2-29】 显示下周的日期时间。

```
[root@localhost ~]# date -d "next week"
2020 年 06 月 14 日 星期日 17:58:32 CST
```

【例 2-30】 设置时间为 11:25:30，日期不改变。

```
[root@localhost ~]# date -s "11:25:30"
2020 年 06 月 07 日 星期日 11:25:30 CST
```

【例 2-31】 设置日期为 2020 年 10 月 1 日。

```
[root@localhost ~]# date -s "20201001"
2020 年 10 月 01 日 星期四 00:00:00 CST
```

【例 2-32】 设置日期和时间为 2020 年 8 月 8 日 9:00:00。

```
[root@localhost ~]# date -s "20200808 9:00:00"
2020 年 08 月 08 日 星期六 09:00:00 CST
```

提示　使用 date 命令只设置日期，当前时间将自动重置为 00:00:00（清零）；如果只设置时间，则不影响当前的日期设置。

要以指定格式显示日期和时间，可以使用“+”开头的字符串对其格式化，用来格式化的常用日期和时间域如表 2-10 所示。

表 2-10　常用的日期和时间域

日期和时间域	含义
%Y	4 位数字表示的年
%m	2 位数字表示的月
%d	2 位数字表示的日
%H	时（24 小时制）
%M	分（00~59）
%S	秒（00~59）
%F	完整的日期格式，等价于 %Y-%m-%d
%T	完整的时间格式，等价于 %H:%M:%S

续表

日期和时间域	含义
%A	星期（一~日）
%s	从 1970 年 1 月 1 日 0 点整到当前时刻历经的秒数（时间戳）

【例 2-33】 自定义格式，显示下一周的日期。

```
[root@localhost ~]# date -d "next week" +"%Y-%m-%d %A"
2020-06-14 星期日
```

【例 2-34】 显示当前时间戳。

```
[root@localhost ~]# date +"%s"
1591525098
```

2.4.3 显示和设置硬件日期、时间：hwclock 命令

微课 2-9：显示和设置硬件日期、时间：hwclock 命令

Linux 系统中的时钟分为硬件时钟和系统时钟。硬件时钟是指主机板上的时钟设备，也就是通常在 BIOS 中设定的时钟；系统时钟则是指 Linux 内核中的时钟。当 Linux 系统启动时，系统时钟会读取硬件时钟的设置，之后系统时钟独立运作，所有 Linux 相关命令与程序读取的日期时间都是由系统时钟设置。

hwclock 命令用于显示和设置硬件时钟（RTC）的日期时间，命令格式如下。

```
hwclock [选项]
```

hwclock 命令的常用选项如表 2-11 所示。

表 2-11 hwclock 命令的常用选项

选项	说明
-s	将硬件时钟设置为当前的系统时钟
-w	使用当前系统时钟的设置写入硬件时钟

【例 2-35】 查看硬件日期时间。

```
[root@localhost ~]# hwclock
2020年06月08日 星期一 18时47分54秒  -0.349667 秒
```

【例 2-36】 使用 ntpdate 命令从网络上的时间服务器同步系统时钟，再写入硬件时钟。

```
[root@localhost ~]# ntpdate 0.rhel.pool.ntp.org
 8 Jun 08:49:08 ntpdate[2020]: step time server 203.107.6.88 offset -28800.457517 sec
[root@localhost ~]# hwclock -w
```

小结

通过学习本项目，我们了解了字符操作界面的基本使用方法，认识了 bash shell 与 Linux 命令的格式，掌握了 echo、hostname 等常见 Linux 命令的使用。

在使用 Linux 系统时，有经验的用户都习惯于使用终端和命令行进行操作，而不是像使用 Windows 系统时那样，在图形界面中使用鼠标、键盘共同操作。因此，在 Linux 系统中要想准确、高效地完

成各种任务，就要学习各种 Linux 命令的用法，并能根据实际情况灵活调整各种命令的选项和参数。

本项目涉及的各个知识点的思维导图如图 2-6 所示。

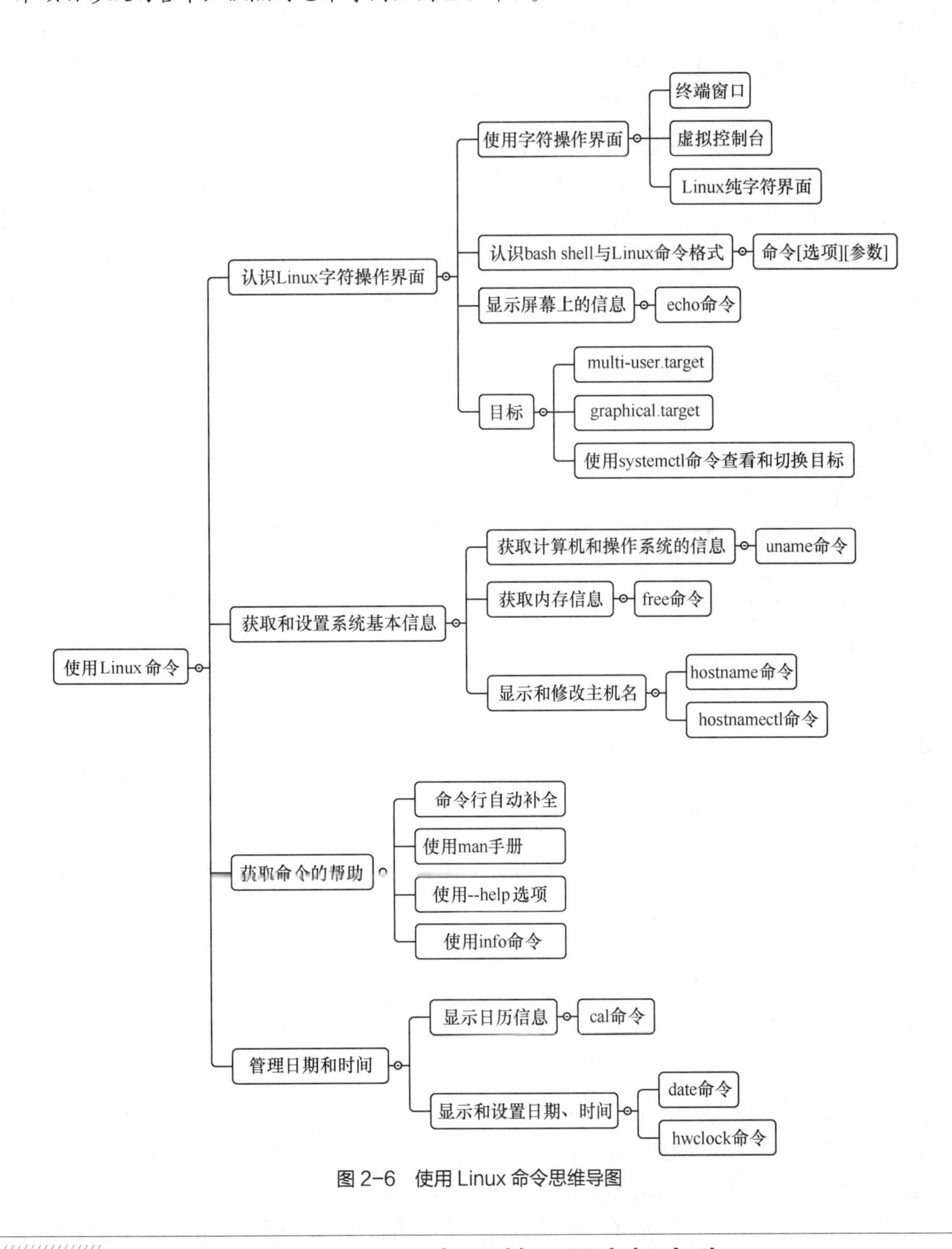

图 2-6　使用 Linux 命令思维导图

项目实训　远程登录服务器并配置主机名称

（一）项目背景

青苔数据的服务器都部署在专门的机房，一般情况下，技术人员不会直接到现场操作服务器，

微课 2-10：远程登录服务器并配置主机名称

而是通过网络远程登录的方式对服务器进行管理。SSH 是专门为远程登录会话提供安全性的协议，它采用加密技术保护传输数据，RHEL 7.4 默认安装了 SSH 协议的相关服务。经过对 SSH 协议的一番了解，小乔决定尝试通过 SSH 客户端远程登录 Linux 服务器。

（二）工作任务

1．查看 Linux 服务器的 IP 地址

进入 Linux 字符界面或打开终端窗口，在“#”或“$”提示符的光标位置输入命令 ip a，再按 Enter 键执行，查看服务器的 IP 地址。

此外，还可以在图形化界面中查看 IP 地址。在桌面上的应用程序菜单中选择“系统工具”→“设置”命令，打开“全部设置”界面，然后单击界面中的“网络”图标，打开“网络”窗口查看 IP 地址等信息，如图 2-7 所示。

2．获取 SSH 客户端工具

支持 SSH 客户端的工具有很多，在 Windows 系统中可以使用 Xshell 软件。Xshell 软件提供了家庭和学校用户使用的免费版本，在 Xshell 官方网站可以下载 Xshell 软件。

3．安装并运行 Xshell

（1）在物理机（Windows 系统）中安装 Xshell 软件，安装过程中采用默认配置。

（2）Xshell 安装完毕，打开该软件会自动弹出“会话”对话框，如图 2-8 所示。如果不小心关闭了此对话框，还可以在菜单栏中执行“文件”→“打开”命令再次打开此对话框。

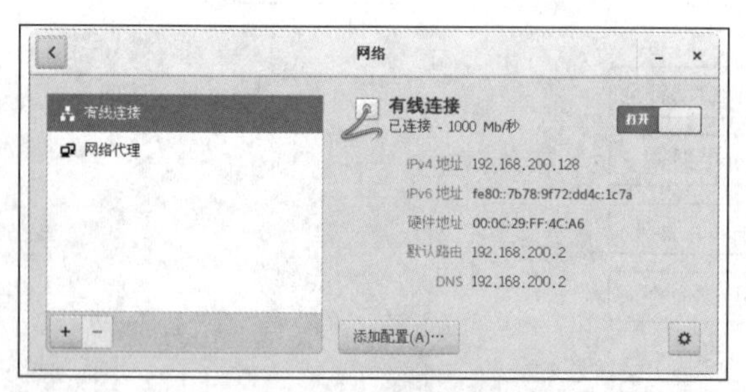

图 2-7 “网络”窗口

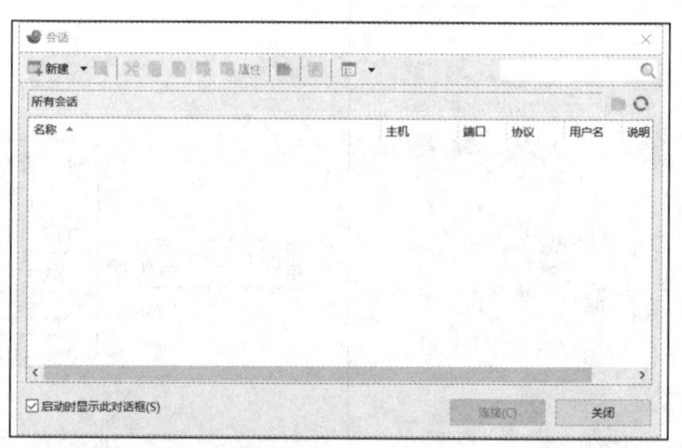

图 2-8 “会话”对话框

（3）在“会话”对话框中，单击“新建”按钮弹出“新建会话属性”对话框，如图 2-9 所示。在“常规”选项组中输入“名称”和“主机”，其中“名称”可以随意填写，“主机”要填写 Linux 服务器的 IP 地址，“协议”默认是 SSH，“端口号”保持默认值 22。

（4）在“新建会话属性”对话框左侧的“类别”列表框中选择“用户身份验证”，然后输入“用户名”（root）和“密码”。配置完毕，单击“连接”按钮，如图 2-10 所示。

（5）首次连接到 Linux 服务器时会出现 SSH 安全警告，单击“接受并保存”按钮，将服务器的主机密钥在本地密钥数据库中注册，如图 2-11 所示。

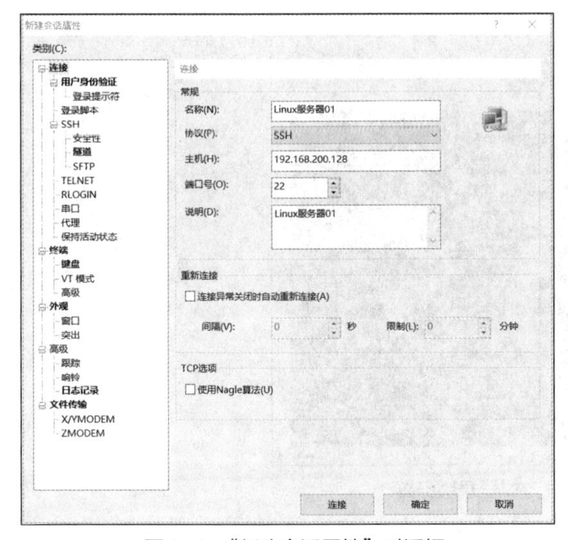

图 2-9 “新建会话属性”对话框

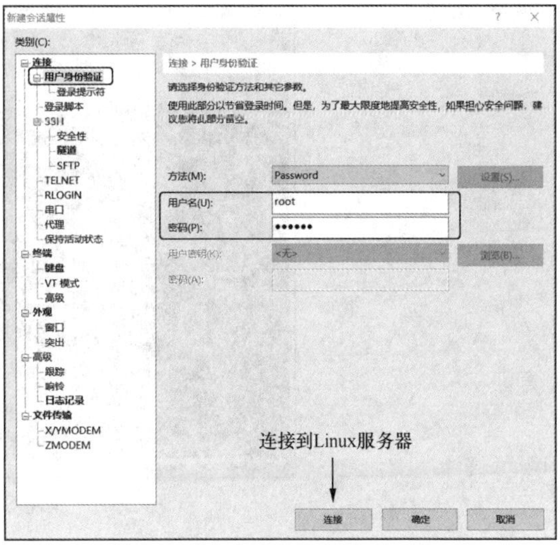

图 2-10 配置登录用户名和密码

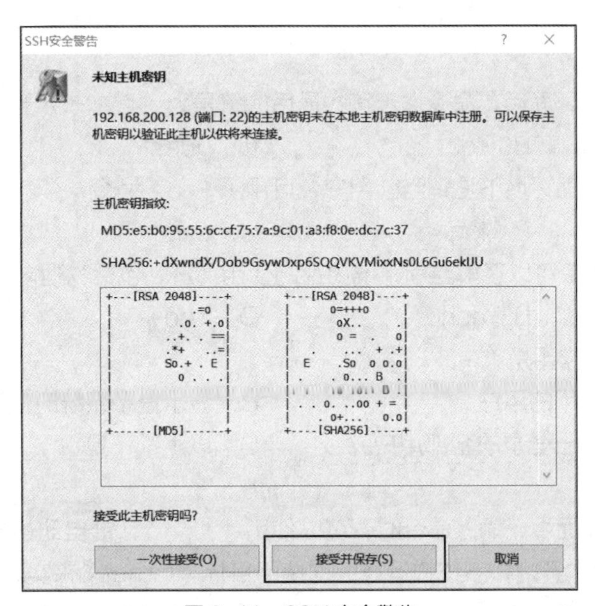

图 2-11 SSH 安全警告

（6）在 Xshell 软件中使用 SSH 方式登录到 Linux 服务器后，界面中显示 Linux 命令提示符，结果如图 2-12 所示。

4．配置 Linux 服务器的主机名称

（1）在 SSH 远程登录方式下，使用 hostnamectl 命令将 Linux 服务器的主机名设置为“linux-server”。

（2）使用 reboot 命令重新启动 Linux 服务器。

（3）使用 Xshell 重新连接到 Linux 服务器，查看生效后的主机名。

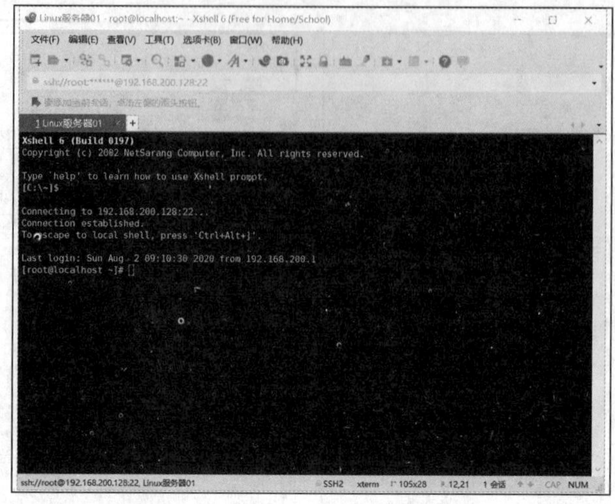

图 2-12　使用 SSH 方式登录服务器

习题

一、选择题

1. 登录 Linux 字符界面后，命令提示符中最后的符号为“#”，表示当前的用户是（　　）。

A. adminstrator　　B. root　　C. guest　　D. admin

2. 在 Linux 字符界面环境下注销当前用户，可用（　　）命令。

A. quit　　B. log　　C. exit　　D. 以上都可以

3. 使用（　　）命令可以了解当前系统内存的使用情况，包括物理内存、交换内存（swap）。

A. men　　B. echo　　D. free　　D. du

4. whoami 命令的作用是（　　）。

A. 显示当前正在使用的用户　　B. 显示登录系统时使用的用户

C. 显示当前系统中已登录的全部用户　　D. 以上都不是

二、填空题

1. 在 Linux 字符界面中，输入命令时，可以使用__________键自动补全命令。

2. 自 RHEL 7 版本开始，系统的运行级别使用目标（target）来实现。目标使用目标单元文件描述，目标单元文件的扩展名是.target。用于启动图形化界面的目标单元文件是__________。

项目3
管理文件与目录

情境导入

大路给小乔分配了一个任务：在 Linux 服务器的/opt 目录中为每位新员工创建一个工作目录，便于工作数据归档。

通过对项目 2 的学习，小乔知道使用命令进行操作可以更加高效地完成任务，可是如何使用命令进入/opt 目录中呢？进入之后又如何创建目录呢？小乔决定对目录和文件的操作一探究竟。

职业能力目标（含素养要点）

- 掌握 Linux 系统的文件类型（个人价值）。
- 掌握 Linux 系统的目录结构（时间管理）。
- 掌握 Linux 系统下文件的基本操作（筑牢基础）。
- 掌握 Linux 系统下的文件打包、压缩等操作。

任务 3-1　了解文件类型与目录结构

【任务目标】

Linux 系统中一切皆文件，即目录、字符设备、块设备、打印机、套接字等都以抽象的文件形式存在。如何将各种文件分门别类地组织、存储，如何快速、准确地定位一个文件？这些都是文件系统要解决的问题。在本任务中，小乔需要熟悉 Linux 系统中文件的类型，并理解文件目录结构及作用。

3.1.1　了解 Linux 系统的文件类型

微课 3-1：Linux 系统中的文件类型

1. Linux 系统的文件命名

Linux 系统中，文件和目录的命名规则如下。

（1）除了字符“/”之外，所有的字符都可以使用，但是要注意，在目录名或文件名中，使用某些特殊字符并不是明智之举。

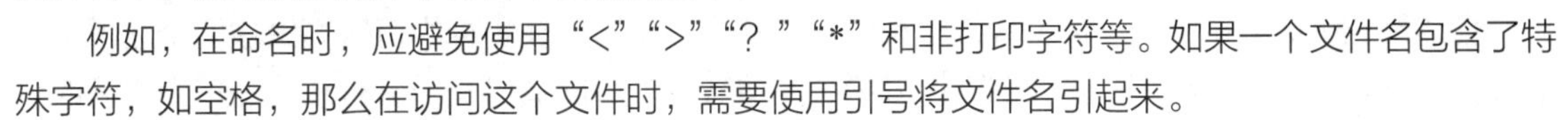

例如，在命名时，应避免使用“<”“>”“? ”“*”和非打印字符等。如果一个文件名包含了特殊字符，如空格，那么在访问这个文件时，需要使用引号将文件名引起来。

（2）目录名或文件名的长度不能超过 255 个字符。

(3)目录名或文件名是区分大小写的。例如，DOG、dog、Dog 和 DOg 是互不相同的目录名或文件名，但使用字符大小写来区分不同的文件或目录，也是不明智的。

(4)与 Windows 系统不同，文件的扩展名对 Linux 系统没有特殊的含义，换句话说，Linux 系统并不以文件的扩展名来区分文件类型。例如，dog.exe 只是一个文件，其后缀".exe"并不代表此文件就一定是可执行文件。

Linux 系统中使用扩展名形式的后缀一般是为了容易区分和兼容用户使用 Windows 系统的习惯。Linux 系统中常见的扩展名如下。

- .tar、.tar.gz、.tgz、.zip、.tar.bz 表示压缩文件。
- .sh 表示 shell 脚本文件，通过 shell 语言开发的程序。
- .py 表示 Python 语言文件，通过 Python 语言开发的程序。
- .html、.htm、.php、.jsp、.do 表示网页语言的文件。
- .conf 表示系统服务的配置文件。
- .rpm 表示 rpm 安装包文件。

2. Linux 系统中的文件类型

文件提供了一种存储数据、触发设备及运行进程之间通信的机制，文件类型不同，存储数据的方式、触发的设备、触发的方式及通信机制都不同。所以，如果不能理解文件类型，毫无顾忌地任意修改，就会导致文件系统毁坏等严重后果。

在 Linux 系统中总共有 7 种类型的文件，分为三大类：普通文件、目录文件和特殊文件。特殊文件包含 5 种类型：链接文件、字符设备文件、块设备文件、套接字(Socket)文件和管道文件。

(1)普通文件。

普通文件是 Linux 系统中出现最多的一种文件类型，包括可读写的纯文本文件(ASCII)和二进制文件(binary)，如配置文件、代码文件、命令文件、压缩文件、图片文件、视频文件等。

(2)目录文件。

目录文件是我们平时所说的文件夹，在 Linux 系统中，可以使用 cd 命令进入相关的目录中。

(3)链接文件。

链接文件是在共享文件和访问它的用户的若干目录项之间建立联系的一种方法。在 Linux 系统中有两种链接：硬链接和软链接，软链接又称为符号链接。

(4)字符设备文件。

字符设备文件描述是以字符流方式进行操作的接口设备，如键盘、鼠标等。

(5)块设备文件。

块设备文件描述的是以数据块为单位进行随机访问的接口设备，最常见的块设备是磁盘。

(6)套接字文件。

套接字文件通常用于网络数据连接。系统启动一个程序来监听客户端的请求，客户端就可以通过套接字来进行数据通信。

(7)管道文件。

管道是 Linux 系统中的一种进程通信机制。管道文件是建立在内存中可以同时被两个进程访问的文件。通常，一个进程写一些数据到管道中，这些数据就可以被另一个进程从这个管道中读取出来。管道文件可以分为两种类型：无名管道文件与命名管道文件。

素养提示 Linux 系统中存在着多种文件类型，每一种文件类型都有其特定的功能，它们的存在保证了系统的正常运转。

世界上也存在着各种各样的人，每个人都有其存在的意义。如何将个人价值发挥出来，需要我们找准定位，设定目标，并为之不断地努力，最终成为社会所需要的专业人才。

3. 查看与显示不同类型的文件

ls -l 命令用来查看文件的详细信息。

```
[root@Server ~]# ls -l
总计 32
-rw-r--r-- 1 root root 2915 08-03 06:16 a
-rw------- 1 root root 1086 07-29 18:35 anaconda-ks.cfg
```

返回的结果中列出了文件的详细信息，共分为 7 段，其中第一段表示文件类型权限，第一段中的第一位字符就代表文件的类型，如表 3-1 所示。

表 3-1　文件类型与符号

符号	说明
-	普通文件，长列表中以中划线-开头
d	目录文件，长列表中以英文字母 d 开头
l	链接文件，长列表中以英文字母 l 开头
c	字符设备文件，长列表中以英文字母 c 开头
b	块设备文件，长列表中以英文字母 b 开头
s	套接字文件，长列表中以英语字母 s 开头
p	管道文件，长列表中以英文字母 p 开头

需要注意的是，如果要查看目录文件的属性，需使用 ll -d 或者 ls -ld 命令。

【例 3-1】 查看家目录下的文件类型。

```
[root@Server ~]# ls  -l
-rw-------.  1 root root 1898 2月  24 04:26 anaconda-ks.cfg
drwxr-xr-x.  2 root root    6 3月  20 09:41 公共
......
```

【例 3-2】 查看/目录下的文件类型。

```
[root@Server ~]# ls -l  /
lrwxrwxrwx.   1 root root    7 2月  24 04:14 bin -> usr/bin
dr-xr-xr-x.   4 root root 4096 2月  24 04:29 boot
......
```

【例 3-3】 查看/bin 目录的属性信息。

```
[root@Server ~]# ls  -ld  /bin
lrwxrwxrwx. 1 root root 7 2月  24 04:14 /bin -> usr/bin
```

【例 3-4】 查看/dev 目录下的文件类型。

```
[root@Server ~]# ls  -l  /dev
总用量 0
crw-rw----. 1 root video    10, 175 2月  24 04:28 agpgart
drwxr-xr-x. 2 root root         160 2月  24 04:28 block
......
```

3.1.2 了解 Linux 系统的目录结构

在 Linux 系统中一切皆文件，但是，文件多了就容易混乱，因此目录出现了。目录就是存放一组文件的“夹子”，或者说目录就是一组相关文件的集合，Windows 系统中的“文件夹”就是这个概念，因此，目录实际上是一种特殊的文件。

1. Linux 系统的目录结构

在 Linux 系统中并不存在 C、D、E、F 等盘符，Linux 系统中的一切文件都是从“根（/）”目录开始的，是一种单一的根目录结构。根目录位于 Linux 文件系统的顶层，所有分区都挂载到根目录下的某个目录中。Linux 系统的目录结构如图 3-1 所示。

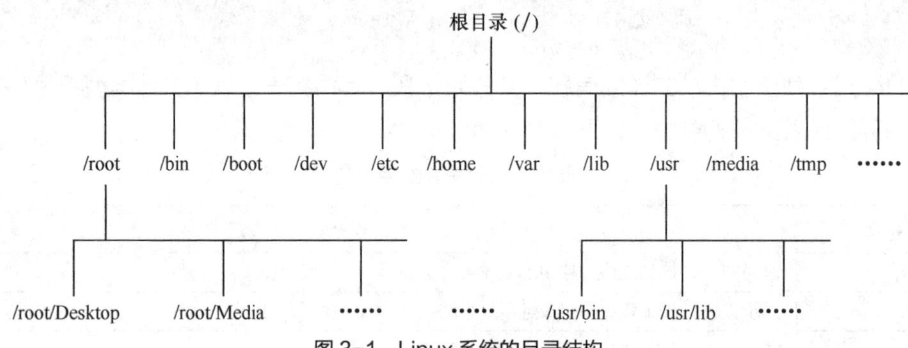

图 3-1 Linux 系统的目录结构

根目录是 Linux 文件系统的入口，所有的目录、文件、设备都在根目录之下，它是 Linux 文件系统最顶层的目录。Linux 系统的根目录最为重要，其原因有以下两点。

（1）所有目录都是由根目录衍生出来的。

（2）根目录与系统的开机、修复、还原密切相关。

因此，根目录必须包含开机软件、核心文件、开机所需程序、函数库、修复系统程序等文件。Linux 系统中的常见目录结构如表 3-2 所示。

表 3-2 Linux 系统中的常见目录结构

目录	存放的内容
/	根目录
/boot	存放开机启动所需的文件：内核、开机菜单及所需配置文件等
/bin	存放可运行的程序或命令
/dev	存放设备相关的文件
/etc	存放配置文件
/home	普通用户的家目录（也称为主目录）
/media	挂载设备文件的目录，如光盘
/tmp	系统存放临时文件的目录
/var	存放经常变化的文件，如日志
/opt	存放第三方软件的目录
/root	root 用户的家目录

续表

目录	存放的内容
/sbin	存放与系统环境设置相关的命令
/usr	此目录用于存储系统软件资源

2. 目录与路径

（1）家目录（又称主目录）。

在 Linux 系统的字符界面中，用户登录后要有一个初始位置，这个初始位置就称为家目录。

注意 超级用户的家目录是“/root”，普通用户的家目录是“/home/用户名”。

（2）工作目录。

用户当前所处的位置就是其工作目录，也称为当前目录。

当用户执行一条 Linux 命令但没有指定该命令或参数所在的目录时，Linux 系统会首先在当前目录中搜寻这个命令或它的参数。因此，用户在执行命令之前，常常需要确定目前所在的工作目录。用户登录 Linux 系统之后，其当前目录就是它的家目录。

（3）路径。

根据路径可以定位到某个文件，路径分为绝对路径（absolute path）与相对路径（relative path）。绝对路径是指从根目录“/”开始写起的文件或目录名称，相对路径是指相对于当前路径的写法。

素养提示 现代人的生活、学习和工作都离不开计算机。在使用计算机时，A 习惯将各类文件杂乱无章地存放，B 习惯将文件分门别类地存放，如系统盘仅存放安装系统生成的文件，安装的软件统一放到 D 盘，学习资料放在 E 盘。

当需要查找某个特定的文件时，A 可能经常找不到，但是 B 能快速准确地找到。相比较而言，B 的效率更高。良好的行为习惯使人终身受益。

任务 3-2 文件和目录的基本操作

【任务目标】

经过任务 3-1 的学习，小乔已经了解了 Linux 系统中的文件类型和目录结构，她想自己使用命令来尝试操作。经过查阅资料，她知道 Linux 系统中与文件和目录相关的命令有成百上千个。哪些是最常用的基本操作呢？

微课 3-2：pwd、cd 命令

小乔在请教师傅大路后，了解到文件和目录的基本操作主要包括查看、新建、复制、移动、删除、统计、压缩等。在本任务中，小乔需要掌握这些基本操作。

3.2.1 显示工作目录与更改工作目录：pwd、cd 命令

使用 pwd 命令可以显示当前目录的绝对路径，命令格式如下。

```
pwd
```

需要改变工作目录时，使用 cd 命令，该命令用于切换工作路径，命令格式如下。

```
cd [目录名称]
```

通过 cd 命令可以灵活地切换到不同的工作目录。cd 命令后面可以跟一些特殊符号，表达固定的含义，如表 3-3 所示。

表 3-3　cd 命令中的特殊符号

目录	说明
cd	返回用户家目录
cd ~	切换至当前登录用户的家目录
cd ~用户名	切换至指定用户的家目录
cd -	切换至上次所在目录
cd ..	切换至上级目录，..代表上级目录，.代表工作目录

【例 3-5】 将工作目录切换到/usr/local，显示工作目录路径。

```
[root@Server ~]# cd /usr/local
[root@Server local]# pwd
/usr/local
```

【例 3-6】 使用绝对路径分别将工作目录切换到/usr/local 与/etc/sysconfig，显示工作目录路径。

```
[root@Server ~]# cd /usr/local
[root@Server local]# pwd
/usr/local
[root@Server ~]# cd /etc/sysconfig
[root@Server sysconfig]# pwd
/etc/sysconfig
```

【例 3-7】 使用相对路径将工作目录从家目录切换到/usr/local。

```
[root@Server ~]# cd ../usr/local/
[root@Server local]# pwd
/usr/local
```

【例 3-8】 将工作目录切换到/usr/local/share/man，显示工作目录路径；再切换至/etc/sysconfig，最后回到/usr/local/share/man。

```
[root@Server ~]# cd /usr/local/share/man
[root@Server man]# pwd
/usr/local/share/man
[root@Server man]# cd /etc/sysconfig
[root@Server sysconfig]# cd -
[root@Server man]#
```

3.2.2　列出目录内容：ls 命令与通配符的使用

微课 3-3：ls 命令

ls 是 list 的缩写，ls 命令是最常用的目录操作命令，用于显示目录中的文件信息，命令格式如下。

```
ls [选项] [文件]
```

ls 命令的常用选项如表 3-4 所示。

表 3-4　ls 命令的常用选项

选项	说明
-a	显示全部文件，包括隐藏文件（开头为.的文件），是最常用的选项之一
-A	显示全部文件，但不包括.与..这两个目录
-d	仅列出目录本身，而不是列出目录内的文件数据
-h	以人们易读的方式显示文件或目录大小，如 1KB、234MB、2GB 等
-i	显示 inode 节点信息
-l	使用长格式列出文件和目录信息
-r	将排序结果反向输出，例如，若原本文件名由 a 到 z，反向则为由 z 到 a
-R	连同子目录内容一起列出来，等于将该目录下的所有文件都显示出来
-S	以文件容量大小排序，而不是以文件名排序
-t	以时间排序，而不是以文件名排序

【例 3-9】 显示工作目录下的文件、显示/etc 目录下的文件。

```
[root@Server ~]# ls
anaconda-ks.cfg  initial-setup-ks.cfg  公共  模板
视频  图片  文档  下载  音乐  桌面
[root@Server ~]# ls /etc
abrt             gconf                man_db.conf        rhsm
adjtime          gcrypt               maven              rpc
......
```

【例 3-10】 递归列出/usr/local/share/man 目录及其子目录中的文件。

```
[root@Server ~]# ls -R /usr/local/share/man
/usr/local/share/man:
man1   man2   man3   man4   man5   man6   man7   man8   man9   mann
man1x  man2x  man3x  man4x  man5x  man6x  man7x  man8x  man9x
/usr/local/share/man/man1:
/usr/local/share/man/man1x:
......
```

通配符是一种特殊语句，主要有星号（*）和问号（?），通配符及其含义详见表 3-5。当不知道真正的字符或者不想输入多个字符时，常常使用通配符代替一个或多个真正的字符。熟练运用通配符可以提高工作效率并简化一些烦琐的处理步骤。

表 3-5　通配符及其含义

通配符	含义
*	代表任意数量的字符（包含 0）
?	代表任意一个字符
[]	表示可以匹配字符组中的任意一个，例如，[abc]表示可以匹配 a、b、c 中的任意一个，[1-9]表示可以匹配 1～9 内的任意一个字符

【例 3-11】 先查找/etc 目录下所有以.conf 结尾的文件，再查询该目录下文件名包含 3 个字符且以.conf 结尾的文件。

```
[root@Server ~]# cd /etc
[root@Server etc]# ls *.conf
```

```
asound.conf        fuse.conf      locale.conf     pnm2ppa.conf      tcsd.conf
brltty.conf        GeoIP.conf     logrotate.conf  radvd.conf        Trolltech.conf
……
[root@Server etc]# ls ???.conf
nfs.conf  sos.conf  yum.conf
```

3.2.3 创建空文件、修改文件时间：touch 命令

微课 3-4：touch 命令

touch 命令用于创建空白文件或设置文件的时间，命令格式如下。

```
touch [选项] 文件名
```

touch 命令的常用选项如表 3-6 所示。

表 3-6 touch 命令的常用选项

选项	说明
-a	只修改文件的访问时间
-c	仅修改文件的时间参数（3 个时间参数都改变），如果文件不存在，则不建立新文件
-d	后面可以跟欲修订的时间，而不用当前的时间，即把文件的 atime 和 mtime 时间改为指定的时间
-m	只修改文件的数据修改时间
-t	指定欲修订的时间，时间书写格式为[[CC]YY]MMDDhhmm[.ss]

【例 3-12】使用 touch 命令创建文件 file1，再次使用 touch 命令同时创建文件 file2、file3 和 file4。

```
[root@Server ~]# touch file1
[root@Server ~]# touch file2 file3 file4
[root@Server ~]# ls file*
file1  file2  file3  file4
```

touch 命令可以非常简洁地创建文件，创建完成后，每个文件主要有 3 个时间参数，可以通过 stat 命令查看，分别是文件的访问时间、数据修改时间及状态修改时间。

```
[root@Server ~]# stat file1
  文件："file1"
  大小：0           块：0          IO 块：4096   普通空文件
设备：802h/2050d   Inode：392780 硬链接：1
权限：(0644/-rw-r--r--)  Uid：(    0/    root)   Gid：(    0/    root)
环境：unconfined_u:object_r:etc_t:s0
最近访问：2021-02-23 16:39:11.524052837 +0800
最近更改：2021-02-23 16:39:11.524052837 +0800
最近改动：2021-02-23 16:39:11.524052837 +0800
创建时间：-
```

（1）访问时间（Access Time，atime）。

只要文件的内容被读取，访问时间就会更新。例如，使用 cat 命令可以查看文件的内容，此时文件的访问时间会发生改变。

（2）数据修改时间（Modify Time，mtime）。

当文件的内容数据发生改变时，此文件的数据修改时间会跟着相应改变。

（3）状态修改时间（Change Time，ctime）。

当文件的状态发生变化时，会相应改变这个时间。例如，如果文件的权限或者属性发生改变，此时间就相应改变。

【例 3-13】 在【例 3-12】的基础上修改文件的访问时间。

```
[root@Server ~]# ll --time=atime file1
-rw-r--r--. 1 root root 0 2月  23 16:39 file1
[root@Server ~]# touch file1
[root@Server ~]# ll --time=atime file1
-rw-r--r--. 1 root root 0 2月  23 16:45 file1
```

【例 3-14】 将 file1 文件的访问时间修改为 2020-06-01 10:10。

```
[root@Server ~]# touch -d "2020-06-01 10:10" file1
[root@Server ~]# ll file1; ll --time=atime file1; ll --time=ctime file1
-rw-r--r--. 1 root root 0 6月   1 2020 file1
-rw-r--r--. 1 root root 0 6月   1 2020 file1
-rw-r--r--. 1 root root 0 2月  23 16:49 file1
```

注意 （1）在 file1 文件本身已经存在的情况下，再次创建 file1 文件，该文件的访问时间被改变。
（2）touch 命令可以只修改文件的访问时间，也可以只修改文件的数据修改时间，但不能只修改文件的状态修改时间。

3.2.4 创建目录：mkdir 命令

微课 3-5：mkdir 命令

mkdir 命令用于创建目录，此命令所有用户都可以使用，命令格式如下。

```
mkdir [-mp] 目录名
```

mkdir 命令的常用选项如表 3-7 所示。

表 3-7 mkdir 命令的常用选项

选项	说明
-m	手动配置所创建目录的权限，而不再使用默认权限
-p	递归创建所有目录

【例 3-15】 使用 mkdir 命令创建目录。

```
[root@Server ~]# mkdir abc
[root@Server ~]# mkdir dir1 dir2
[root@Server ~]# ls
abc anaconda-ks.cfg dir1 dir2 install.log install.log.syslog
```

说明：在创建目录时使用了相对路径，新目录被创建到当前目录下。

【例 3-16】 使用-p 选项递归创建目录。

```
[root@Server ~]# mkdir a1/a2/a3/a4
mkdir:无法创建目录"a1/a2/a3/a4":没有那个文件或目录
[root@Server ~]# mkdir -p a1/a2/a3/a4
[root@Server ~]# ls
a1   anaconda-ks.cfg  dir2   file2  file4                 公共  视频  文档  音乐
abc  dir1             file1  file3  initial-setup-ks.cfg  模板  图片  下载  桌面
```

3.2.5 删除文件或目录：rmdir、rm 命令

微课 3-6：删除文件或目录：rmdir、rm 命令

1. rmdir 命令

rmdir 命令用于删除空目录，命令格式如下。

```
rmdir [-p] 目录名
```

-p 选项用于递归删除空目录。

【例 3-17】 删除【例 3-15】中创建的空目录 abc。

```
[root@Server ~]# rmdir abc
```

rmdir 命令后面加目录名称即可，但命令执行成功与否，取决于要删除的目录是否是空目录，因为 rmdir 命令只能删除空目录。

【例 3-18】 使用-p 选项递归删除【例 3-16】中创建的递归目录 a1/a2/a3/a4。

```
[root@Server ~]# rmdir -p a1/a2/a3/a4
```

注意，此方式先删除最低一层的目录（即先删除 a4），然后逐层删除上级目录，删除时也需要保证各级目录是空目录。

2. rm 命令

rmdir 命令的作用十分有限，因为只能删除空目录，所以并不常用。为此 Linux 系统提供了 rm 命令。

rm 命令不但可以删除非空目录，还可以删除文件，命令格式如下。

```
rm [选项] 文件或目录
```

rm 命令的常用选项如表 3-8 所示。

表 3-8 rm 命令的常用选项

选项	说明
-f	强制删除，系统不给出提示信息
-i	在删除文件或目录之前，系统会给出提示信息，使用-i 选项可以有效防止不小心删除有用文件或目录的情况发生
-r	递归删除，主要用于删除目录，可删除指定目录及包含的所有内容，包括所有子目录和文件

【例 3-19】 进入【例 3-15】创建的 dir1 目录，创建文件 file1、file2、file3，然后使用 rm 命令删除 file3。

```
[root@ Server ~]# cd dir1/
[root@ Server dir1]# touch file1 file2 file3
[root@Server dir1]# ls
file1  file2  file3
[root@ Server dir1]# rm file3
rm: 是否删除普通空文件 "file3"? y
[root@Server dir1]# ls
file1  file2
```

【例 3-20】 切换到 dir1 目录的上一层，删除 dir1 目录。

```
[root@Server ~]# cd ..
[root@Server ~]# rm dir1
rm: 无法删除"dir1": 是一个目录
[root@Server ~]# rm -r dir1
rm: 是否进入目录"dir1"? y
rm: 是否删除普通空文件 "dir1/file1"? y
rm: 是否删除普通空文件 "dir1/file2"? y
rm: 是否删除目录 "dir1"? y
```

【例 3-21】 强制删除。

如果要删除的目录中有 1 万个子目录或子文件，那么普通的 rm 命令删除操作最少需要确认 1

万次。所以，在真正确定要删除文件时，可以选择强制删除。

```
[root@Server ~]# mkdir -p /test/abc
[root@Server ~]# rm -rf /test
```

注意 （1）rm 命令具有破坏性，因为 rm 命令会永久删除文件或目录，这就意味着，如果没有对文件或目录进行备份，一旦使用 rm 命令将其删除，将无法恢复，所以，在使用 rm 命令删除目录时，要慎之又慎。

（2）如果 rm 命令后任何选项都不加，则对于超级用户默认执行的是"rm -i 文件名"，也就是在删除一个文件之前会先询问是否删除。对于普通用户则不询问直接删除，除非明确使用“rm -i”方式。

3.2.6 复制文件或目录：cp 命令

cp 命令用于复制文件或目录，命令格式如下。

```
cp [选项] 源文件 目标文件
```

在 Linux 系统中，复制操作具体分为 3 种情况。

（1）如果目标文件是目录，则会把源文件复制到该目录中。

（2）如果目标文件也是普通文件，则会询问是否要覆盖它。

（3）如果目标文件不存在，则执行正常的复制操作。

cp 命令的常用选项如表 3-9 所示。

微课 3-7：复制文件或目录：cp 命令

表 3-9 cp 命令的常用选项

选项	说明
-p	保留原始文件的属性
-d	若对象为链接文件，则保留该链接文件的属性
-r	递归复制（用于目录）
-a	相当于-pdr（p、d、r 为上述选项）
-i	若目标文件存在，则询问是否覆盖
-u	若目标文件比源文件有差异，则使用该选项可以更新目标文件

需要注意的是，源文件可以有多个，但这种情况下，目标文件必须是目录才可以。

【例 3-22】 进入【例 3-15】创建的 dir2 目录，创建 3 个文件 a1.log、a2.log、a3.log，分别完成：将 a1.log 复制到当前目录下，名称为 a1.copy；将 a2.log 和 a3.log 复制到 dir2 目录下的 log 子目录中。

```
[root@Server ~] cd ..
[root@Server ~] cd dir2
[root@Server dir2]# touch a1.log a2.log a3.log
a1.log  a2.log  a3.log
[root@Server dir2]# cp a1.log  a1.copy
[root@Server dir2]# ls
a1.copy  a1.log  a2.log  a3.log
[root@Server dir2]# mkdir log
```

```
[root@Server dir2]# cp a2.log a3.log log
[root@Server dir2]# ls
a1.copy  a1.log  a2.log  a3.log  log
[root@Server dir2]# cd log/
[root@Server log]# ls
a2.log  a3.log
```

【例 3-23】 将/etc/passwd 文件复制到家目录中，并改名为 pass。

```
[root@Server ~]# cp /etc/passwd pass
[root@Server ~]# ll pass
-rw-r--r--. 1 root root 2126 5月  24 20:41 pass
```

【例 3-24】 将 dir2 目录复制到当前目录下，名称为 dir2copy。

```
[root@Server ~]# ls
a1   anaconda-ks.cfg  file1  file3                    公共  视频  文档  音乐
abc  dir2   file2  initial-setup-ks.cfg               模板  图片  下载  桌面
[root@Server ~]# cp dir2 dir2copy
cp: 略过目录"a1"
[root@Server ~]# cp -r dir2 dir2copy
[root@Server ~]# ls dir2copy/
a1.copy  a1.log  a2.log  a3.log  log
```

3.2.7 移动文件或目录、重命名：mv 命令

微课 3-8：移动文件或目录、重命名：mv 命令

mv 命令用于移动或重命名文件和目录，命令格式如下。

```
mv 【选项】 源文件 目标文件
```

mv 命令的常用选项如表 3-10 所示。

表 3-10 mv 命令的常用选项

选项	说明
-f	强制覆盖，如果目标文件已经存在，则不询问，直接强制覆盖
-i	交互移动，如果目标文件已经存在，则询问用户是否覆盖
-n	如果目标文件已经存在，则不会覆盖移动，而且不询问用户
-v	显示文件或目录的移动过程
-i	若目标文件存在，则询问是否覆盖
-u	若目标文件已经存在，但两者相比，源文件更新，则会对目标文件进行升级

【例 3-25】 将目录 dir2 中的文件 a1.log 移动到目录 log 中。

```
[root@Server dir2]# ls
a1.copy  a1.log  a2.log  a3.log  log
[root@Server dir2]# ls log
a2.log  a3.log
[root@Server dir2]# mv a1.log log
[root@Server dir2]# ls log
a1.log  a2.log  a3.log
```

【例 3-26】 将目录 log 移动到新创建的目录 dir1 中。

```
[root@Server dir2]# mkdir dir1
[root@Server dir2]# ls
a1.copy  a2.log  a3.log  dir1  log
```

```
[root@Server dir2]# ls dir1
[root@Server dir2]# mv log dir1
[root@Server dir2]# ls dir1
log
```

【例 3-27】 将文件 a2.log 重命名为 a2.log-new。

```
[root@Server dir2]# ls
a1.copy  a2.log  a3.log  dir1
[root@Server dir2]# mv a2.log  a2.log-new
[root@Server dir2]# ls
a1.copy  a2.log-new  a3.log  dir1
```

3.2.8 显示文本文件：cat、more、less、head、tail 命令

Linux 系统对服务程序进行配置离不开查看、编辑文件。

微课 3-9：显示文本文件：cat、more、less、head、tail 命令

1. cat 命令

cat 命令主要用来显示文件，适合内容较少的文件。另外，还能够用来连接两个或多个文件，形成新的文件，命令格式如下。

```
cat  [选项]  文件名称
```

cat 命令的常用选项如表 3-11 所示。

表 3-11　cat 命令的常用选项

选项	说明
-n	由 1 开始对所有输出的行编号
-b	和-n 选项相似，不过对空白行不编号
-s	将两行以上的连续空白行代换为一行

cat 命令主要有三大功能，语法格式如下。

（1）一次显示整个文件：cat filename。

（2）从键盘创建一个文件：cat > filename，此方式只能创建新文件，不能编辑已有文件，按 Ctrl+D 组合键结束输入。

（3）将几个文件合并为一个文件：cat file1 file2 > file。

【例 3-28】 以【例 3-23】生成的 pass 文件为操作对象，查看 pass 文件的内容。

```
[root@Server ~]# cat  pass
[root@Server ~]# cat -n pass
```

【例 3-29】 使用键盘输入方式创建文件 test1。

```
[root@Server ~]# cat > test1
This is a test from keyboard
123456
Byebye
# 使用 Ctrl+D 组合键结束输入
[root@Server ~]# cat test1
This is a test from keyboard
123456
Byebye
```

cat 命令可以同时查看多个文件，文件内容依次显示；如果将多个文件的内容输出重定向到指

定文件，则实现了文件内容合并。

2. more 命令

more 命令用于分页查看文本文件，尤其适合内容较多的文件，命令格式如下。

```
more [选项] 文件名称
```

more 命令的常用选项如表 3-12 所示。

表 3-12 more 命令的常用选项

选项	说明
-n	用来指定分页显示时每页的行数
+n	从第 *n* 行开始显示

使用 more 命令在显示文件时，会逐行或逐页显示，方便用户阅读，最基本的操作是按 Enter 键显示下一行，按空格键（Space）显示下一页，按 b 键显示上一页，中途按 q 键退出，文件结束自动退出。

【例 3-30】 以【例 3-23】生成的 pass 文件演示 more 命令的使用。

```
[root@Server ~]# cat -n pass >npass
[root@Server ~]# more npass
[root@Server ~]# more -5 npass
[root@Server ~]# more +5 npass
```

3. less 命令

该命令的功能和 more 命令的功能基本相同，也是用于按页显示文件。不同之处在于，less 命令在显示文件时，允许用户使用上下方向键向前及向后逐行翻阅文件，而 more 命令只能向后翻阅文件，不能使用方向键。less 命令的显示必须用 q 键退出。

less 命令语法格式如下。

```
less [选项] 文件名称
```

4. head 命令

head 命令用于指定查看文本文件的前几行，默认显示文件的前 10 行，可以通过选项“-n”设置显示的行数。该命令的语法格式如下。

```
head [选项] 文件名称
```

【例 3-31】 以【例 3-30】生成的 npass 文件演示 head 命令的使用。

```
[root@Server ~]# head npass
[root@Server ~]# head -n 5 npass
```

5. tail 命令

tail 命令用于指定查看文本文件的最后几行，使用方式与 head 命令类似，命令的语法格式如下。

```
tail [选项] 文件名称
```

总的来说，cat 命令用于一次性显示文件，more 命令和 less 命令用于分页显示文件，head 命令和 tail 命令用于部分显示文件，这些命令都可以同时查看多个文件。

3.2.9 创建链接文件：ln 命令

ln 命令用于在两个文件之间创建链接。通常用于给系统中已有的某个文件指定另外一个可用于访问的名称。对于这个新的文件名，可以为其指定不同的访问权限，以控制信息的共享和安全性问题。

该命令的语法格式如下。

```
ln  [选项]  源文件或者目录 链接文件名
```

链接有两种，一种称为硬链接（Hard Link）；另一种称为符号链接（Symbolic Link），也称为软链接。创建硬链接时，链接文件和被链接文件必须位于同一个文件系统中，并且不能建立指向目录的硬链接。

ln 命令常用的选项为-s，表示创建的链接为软链接，如果不加该选项，代表建立的链接为硬链接。默认建立硬链接。

微课 3-10：创建链接文件：ln 命令

这里需要注意以下两点。

（1）ln 命令会保持每一处链接文件的同步性，也就是说，不论改动了哪一处，其他文件都会发生相同的变化。

（2）软链接只会在选定的位置生成一个文件的映像，类似于 Windows 系统中的快捷方式，不会占用磁盘空间；硬链接在选定的位置生成一个和源文件大小相同的文件，无论是软链接还是硬链接，文件都保持同步变化。

【例 3-32】 为【例 3-23】生成的 pass 文件分别创建硬链接和软连接。

```
[root@Server ~]# ln pass pass-h
[root@Server ~]# ln -s pass pass-s
[root@Server ~]# ll -h  pass*
-rw-r--r--.   2  root root  2.1K  5月  24 20:41 pass
-rw-r--r--.   2  root root  2.1K  5月  24 20:41 pass-h
lrwxrwxrwx. 1   root root    4   5月   26 15:13 pass-s -> pass
```

思考 编辑 pass 文件，保存后查看两个链接文件的内容及属性有何变化？如果删除 pass 文件，则两个链接文件是什么状态？如果为目录创建链接，在链接目录中修改的文件是否会在源目录中同步变化？

3.2.10 显示文件或目录的磁盘占用量：du 命令

微课 3-11：显示文件或目录的磁盘占用量：du 命令

du 命令用来统计文件和目录的磁盘使用量，命令格式如下。

```
du  [选项] [文件]
```

du 命令的常用选项如表 3-13 所示。

表 3-13 du 命令的常用选项

选项	说明
-k	以 KB 为计数单位
-m	以 MB 为计数单位
-b	以字节为计数单位
-a	对所有文件与目录进行统计
-c	显示所有文件和目录的磁盘占用量总和
-h	以可读的方式显示（KB/MB/GB）
-s	仅显示总磁盘占用量

【例 3-33】 统计当前目录中每个文件的磁盘占用量及总量。

```
[root@Server ~]# du  -c
[root@Server ~]# du pass
```

```
4    pass
[root@Server ~]# du -h pass
4.0K  pass
```

任务 3-3 查找文件内容或文件位置

【任务目标】

合理利用搜索功能可以提高检索的效率，Linux 系统提供了多种搜索命令，包括文件内容查找命令和文件位置查找命令。在本任务中，小乔需要掌握这些常用的搜索命令。

3.3.1 查找与条件匹配的字符串：grep 命令

微课 3-12：查找与条件匹配的字符串：grep 命令

grep 命令用于在文本文件中查找指定字符串的行，命令格式如下。

```
grep  [选项] 要查找的字符串  [文件名称]
```

grep 命令的常用选项如表 3-14 所示。

表 3-14 grep 命令的常用选项

选项	说明
-v	显示不包含匹配文本的所有行，相当于反向选择
-c	对匹配的行进行计数
-l	只显示包含匹配模式的文件名
-a	对所有文件与目录进行统计
-A	除了显示符合范本样式的那一列之外，还显示该行之后的内容
-n	对于匹配的行，标示出该行的编号
-i	不区分大小写

grep 命令是用途最广泛的文本搜索匹配命令，有很多功能选项，结合正则表达式可以实现强大的文本搜索功能。

【例 3-34】 在/etc/passwd 文件中查找包含“root”的行。

```
[root@Server ~]# grep  root  /etc/passwd
root:x:0:0:root:/root:/bin/bash
operator:x:11:0:operator:/root:/sbin/nologin
```

【例 3-35】 在/etc/passwd 和/etc/shadow 文件中查找包含“root”的行，并显示行号。

```
[root@Server ~]# grep  -n  -c  "root"  /etc/passwd /etc/shadow
/etc/passwd:1:root:x:0:0:root:/root:/bin/bash
/etc/passwd:10:operator:x:11:0:operator:/root:/sbin/nologin
/etc/shadow:1:root:$6$01lUkljsL0qGBfJr$wyTfJwteWGGjYD65b7nX0YJVyqDQM
T0np71nKxaIdj/ DkfVoJ/V72T9PPR6UNnU.kGQjUMO1Gn0V8ReGjl4/G.::0:99999:7:::
```

微课 3-13：查找命令文件：whereis、which 命令

3.3.2 查找命令文件：whereis、which 命令

whereis 命令用于查找命令的可执行文件所在的位置，命令语法格式如下。

```
whereis  [选项] 文件名称
```

whereis 命令的常用选项如表 3-15 所示。

表 3-15 whereis 命令的常用选项

选项	说明
-b	只查找二进制文件
-m	只查找命令的联机帮助手册
-s	只查找源代码文件

例如，查找 grep 命令的可执行文件所在的位置。

```
[root@Server ~]# whereis grep
grep: /usr/bin/grep /usr/share/man/man1/grep.1.gz /usr/share/man/man1p/grep.1p.gz
#/usr/bin/grep 是命令的二进制程序
```

which 命令会在环境变量$PATH 设置的目录里查找符合条件的文件，一般用于查找可执行文件的绝对路径。例如，查找 grep 命令的可执行文件所在的绝对路径。

```
[root@Server ~]# which grep
alias grep='grep --color=auto'
        /usr/bin/grep
```

3.3.3 列出文件系统中与条件匹配的文件：find 命令

微课 3-14：列出文件系统中与条件匹配的文件：find 命令

find 命令用于按照指定条件查找文件，命令格式如下。

```
find [查找路径] [选项] 匹配条件
```

find 命令的常用选项如表 3-16 所示。

表 3-16 find 命令的常用选项

选项	说明
-name	匹配名称
-user	匹配所有者
-group	匹配所属组
-mtime -n/+n	匹配修改内容的时间（-n 指 *n* 天以内，+n 指 *n* 天以前）
-atime -n/+n	匹配访问文件的时间（-n 指 *n* 天以内，+n 指 *n* 天以前）
-ctime -n/+n	匹配修改文件属性的时间（-n 指 *n* 天以内，+n 指 *n* 天以前）
--type b/d/c/p/l/f	匹配文件类型（后面的字母依次表示块设备文件、目录文件、字符设备文件、管道文件、链接文件、普通文件）
-size	匹配文件的大小（+50KB 为查找超过 50KB 的文件，-50KB 为查找小于 50KB 的文件）

【例 3-36】 find 命令常用功能示例。

（1）将当前目录及其子目录下所有以“.c”结尾的文件列出来。

```
[root@Server ~]# find . -name "*.c"
```

（2）将当前目录及其子目录中的所有普通文件列出。

```
[root@Server ~]# find . -type  f
```

（3）将当前目录及其子目录下所有最近 20 天内更新过的文件列出。

```
[root@Server ~]# find . -ctime -20
```

（4）查找/var/log 目录中更改时间在 7 天以前的普通文件，并在删除之前询问它们。

```
[root@Server ~]# find /var/log -type f -mtime +7 -ok rm {} \;
```

3.3.4 在数据库中查找文件：locate 命令

微课 3-15：在数据库中查找文件：locate 命令

locate 命令也用于查找符合条件的文件。locate 命令和 find –name 命令功能差不多，但是比 find-name 命令搜索要快。因为 find-name 命令查找的是具体目录文件，而 locate 命令搜索的是一个数据库/var/lib/mlocate/mlocate.db，这个数据库中存有本地的所有文件信息，该数据库由 Linux 系统自动创建并每天自动更新维护。该命令格式如下。

```
locate ［选项］ 匹配条件
```

locate 命令的常用选项如表 3-17 所示。

表 3-17 locate 命令的常用选项

选项	说明
-i	忽略大小写
-c	仅仅输出找到的文件数量
-r	以正则表达式的方式显示结果
-l	仅输出几行

【例 3-37】 使用 locate 命令搜索/etc 目录下所有以 my 开头的文件。

```
[root@Server ~]# locate /etc/my
/etc/my.cnf
/etc/my.cnf.d
/etc/my.cnf.d/client.cnf
/etc/my.cnf.d/mysql-clients.cnf
/etc/my.cnf.d/server.cnf
```

注意 新增文件，使用 locate 命令查找不到，需要用 updatedb 命令更新数据库后才能查到。

任务 3-4 管理 tar 包

【任务目标】

在网络中传输文件时，往往需要将多个文件打包并压缩，使用 tar 命令可以将文件和目录进行归档或压缩。在本任务中，小乔需要掌握如何使用 tar 命令对文件和目录进行管理。

3.4.1 认识 tar 包

在 Windows 系统中，最常见的压缩文件是.zip 和.rar，Linux 系统就不同了，它有.gz、.tar.gz、.tgz、.bz2、.Z、.tar 等众多的压缩文件。在具体讲述压缩文件之前，需要先了解 Linux 系统中打包和压缩的概念。

（1）打包是指将许多文件和目录集中存储在一个文件中。

（2）压缩是指利用算法对文件进行处理，从而达到缩减占用磁盘空间的目的。

Linux 系统中的很多压缩命令只能针对一个文件进行压缩，这样当需要压缩大量文件时，常常借助 tar 命令将这些文件先打成一个包，再使用压缩命令进行压缩。这种打包和压缩的操作在进行网络传输时是非常有必要的。

微课 3-16：使用和管理 tar 包

3.4.2 使用和管理 tar 包

Linux 系统最常用的归档程序是 tar 命令，使用 tar 命令归档的包称为 tar 包，tar 包的名称通常都是以".tar"结尾，命令格式如下。

```
tar [选项] 源文件或目录
```

tar 命令的常用选项如表 3-18 所示。

表 3-18 tar 命令的常用选项

选项	说明
-c	将多个文件或目录进行打包
-A	追加 tar 包到归档文件
-f 包名	指定包的文件名
-v	显示打包或解包的过程
-x	对 tar 包做解包操作
-t	只查看 tar 包中有哪些文件或目录，不对 tar 包做解包操作
-C 目录	指定解包位置
-v	详细报告 tar 处理的信息
-z	通过 gzip 命令过滤归档
-j	通过 bzip2 命令过滤归档
-t	列出归档文件中的内容，查看已经备份了哪些文件

【例 3-38】 打包/root/abc 目录，生成文件为/root/abc.tar。

```
[root@Server ~]# mkdir abc
[root@Server ~]# cd abc
[root@Server abc]# touch a
[root@Server abc]# touch b
[root@Server abc]# touch c
[root@Server abc]# ls
a  b  c
[root@Server abc]# cd ..
[root@Server ~]# tar cvf /root/abc.tar/root/abc
tar:从成员名中删除开头的"/"
/root/abc/
/root/abc/b
/root/abc/a
/root/abc/c
[root@Server ~]# ls abc*
abc.tar
abc:
a  b  c
```

【例 3-39】 查看归档文件/root/abc.tar 中的内容。

```
[root@Server ~]# tar tvf /root/abc.tar
drwxr-xr-x root/root        0 2020-12-26 11:15 root/abc/
-rw-r--r-- root/root        0 2020-12-26 11:15 root/abc/b
-rw-r--r-- root/root        0 2020-12-26 11:15 root/abc/a
-rw-r--r-- root/root        0 2020-12-26 11:15 root/abc/c
```

【例 3-40】 将归档的文件/root/abc.tar 解包。

```
[root@Server ~]# tar xvf /root/abc.tar
root/abc/
root/abc/b
root/abc/a
root/abc/c
```

【例 3-41】 将归档的文件/root/abc.tar 解包到指定的目录中。

```
[root@Server ~]# mkdir test
[root@Server ~]# tar xvf /root/abc.tar -C test/
root/abc/
root/abc/b
root/abc/a
root/abc/c
[root@Server ~]# cd test/
[root@Server test]# ls
root
[root@Server test]# cd root/
[root@Server root]# ls
abc
```

关于 tar 命令有以下几点需要说明。

（1）选项“-cvf”一般是习惯用法，记住打包时，需要指定打包之后的文件名，而且要用“.tar”作为扩展名。上例是打包单个文件和目录，tar 命令也可以打包多个文件或目录，只要用空格分开即可。

（2）解包和打包相比，只是把打包选项“-cvf”更换为“-xvf”。

（3）使用“-xvf”选项，会把包中的文件释放到工作目录下。如果想要指定位置，则需要使用“-C(大写)”选项。

3.4.3 压缩命令：gzip、bzip2、xz

常用的压缩命令有 gzip、bzip2 和 xz。

1. gzip 命令

gzip 是 GNU 计划开发的一个压缩和解压缩命令，通过此命令压缩得到的新文件，其扩展名通常标记为“.gz”。该命令语法格式如下。

```
gzip [选项] 源文件
```

当进行压缩操作时，gzip 命令中的源文件指的是普通文件；当进行解压缩操作时，gzip 命令中的源文件指的是压缩文件。gzip 命令的常用选项如表 3-19 所示。

表 3-19 gzip 命令的常用选项

选项	说明
-c	将压缩数据输出到标准输出文件中，并保留源文件
-d	对压缩文件进行解压缩
-r	递归压缩指定目录下及子目录下的所有文件
-v	对于每个压缩和解压缩的文件，显示相应的文件名和压缩比
-l	对于每一个压缩文件，显示以下字段：压缩文件的大小、未压缩文件的大小、压缩比、未压缩文件的名称

【例 3-42】 使用 gzip 命令压缩【例 3-38】中生成的打包文件 abc.tar。

```
[root@Server ~]# gzip abc.tar
[root@Server ~]# ls
abc.tar.gz
```

【例 3-43】 将 abc.tar.gz 文件进行解压。

```
[root@Server ~]# gzip -d abc.tar.gz
[root@Server ~]# ls
abc.tar
```

一般而言，使用 gzip 命令压缩文件时不能保留源文件。但是使用-c 选项，可以使得压缩数据不输出到屏幕上，而是重定向到压缩文件中，这样可以在压缩文件的同时不删除源文件，但是比较麻烦。在进行解压操作时，可以用 gunzip 命令代替“gzip -d”。

2. bzip2 命令

bzip2 命令与 gzip 命令类似，只能对文件进行压缩（或解压缩），执行完压缩任务后，会生成一个以“.bz2”为后缀的压缩包。

“.bz2”格式是 Linux 系统的另一种压缩格式，从理论上来讲，“.bz2”格式的算法更先进、压缩比更好，而“.gz”格式相对来讲操作更快。

bzip2 命令的常用选项如表 3-20 所示。

表 3-20　bzip2 命令的常用选项

选项	说明
-d	执行解压缩，此时该选项后的源文件应为标记有“.bz2”后缀的压缩包文件
-k	bzip2 命令在压缩或解压缩任务完成后，会删除原始文件，若要保留原始文件，可使用此选项
-f	bzip2 命令在压缩或解压缩时，若输出文件与现有文件同名，则默认不会覆盖现有文件，使用此选项，会强制覆盖现有文件
-t	测试压缩包文件的完整性
-v	压缩或解压缩文件时，显示详细信息

注意　bzip2 命令与 gzip 命令的区别如下。

（1）gzip 命令只是不会打包目录，但是使用“-r”选项，可以分别压缩目录下的每个文件。

（2）bzip2 命令则根本不支持压缩目录，也没有“-r”选项。

（3）bzip2 命令可以使用“-k”选项保留输入文件。

3. xz 命令

xz 命令与 gzip、bzip2 命令类似，可以对文件进行压缩和解压缩，压缩完成后，系统会自动在原文件后加上“.xz”的扩展名并删除原文件。但是 xz 命令只能对文件进行压缩，不能对目录进行压缩。xz 命令具有更高的压缩比。

3.4.4　tar 包的特殊使用

微课 3-17：tar 包的特殊使用

在实际应用中，为了使操作简便高效，通常在 tar 命令中直接调用 gzip、bzip2 或者 xz 命令，来压缩和解压缩文件或目录。

1. tar 调用 gzip

tar 命令可以在归档或者解包的同时调用 gzip 命令压缩程序，使用“-z”选项来调用 gzip 命令。

【例 3-44】 将/root/abc 目录压缩成/root/abc.tar.gz 文件。

```
[root@Server ~]# tar -zcvf /root/abc.tar.gz /root/abc
tar：从成员名中删除开头的“/”
/root/abc/
/root/abc/b
/root/abc/a
/root/abc/c
[root@Server ~]# ls
abc.tar.gz
[root@Server ~]# tar ztvf /root/abc.tar.gz
drwxr-xr-x root/root         0 2020-12-26 13:40 root/abc/
-rw-r--r-- root/root         0 2020-12-26 13:37 root/abc/b
-rw-r--r-- root/root         0 2020-12-26 13:37 root/abc/a
-rw-r--r-- root/root         0 2020-12-26 13:37 root/abc/c
```

【例 3-45】 将压缩文件/root/abc.tar.gz 解压缩。

```
[root@Server ~]# tar zxvf /root/abc.tar.gz
root/abc/
root/abc/b
root/abc/a
root/abc/c
```

2. tar 调用 bzip2

tar 命令可以在归档或者解包的同时调用 bzip2 命令压缩程序，使用“-j”选项来调用 bzip2 命令。

【例 3-46】 将/root/abc 目录压缩成 root/abc.tar.bz2 文件。

```
[root@Server ~]# tar jcvf /root/abc.tar.bz2 /root/abc
tar：从成员名中删除开头的“/”
/root/abc/
/root/abc/b
/root/abc/a
/root/abc/c
[root@Server ~]# ls
abc.tar.bz2
```

3. tar 调用 xz

tar 命令可以在归档或者解包的同时调用 xz 命令压缩程序，使用“-J”选项来调用。

【例 3-47】 将/root/abc 目录压缩成/root/abc.tar.xz 文件。

```
[root@Server ~]# tar Jcvf /root/abc.tar.xz /root/abc
tar：从成员名中删除开头的“/”
/root/abc/
/root/abc/b
/root/abc/a
/root/abc/c
abc.tar.xz
```

小结

通过学习本项目，我们了解了 Linux 系统中的文件类型和目录结构，学会了文件和目录的基本操作命令，掌握了查找文件内容、文件位置、打包和压缩文件的方法。

其实，随着 Linux 系统的发展，Linux 的图形化界面越来越友好。本项目涉及的操作基本上都可以使用图形化操作来完成，但是经过项目 2 的学习，我们知道使用命令可以提高执行效率，安全性也更高，所以当同一问题有多种解决方法时，需要找到更加高效的实现方案，从而提高工作效率。

本项目涉及的各个知识点的思维导图如图 3-2 所示。

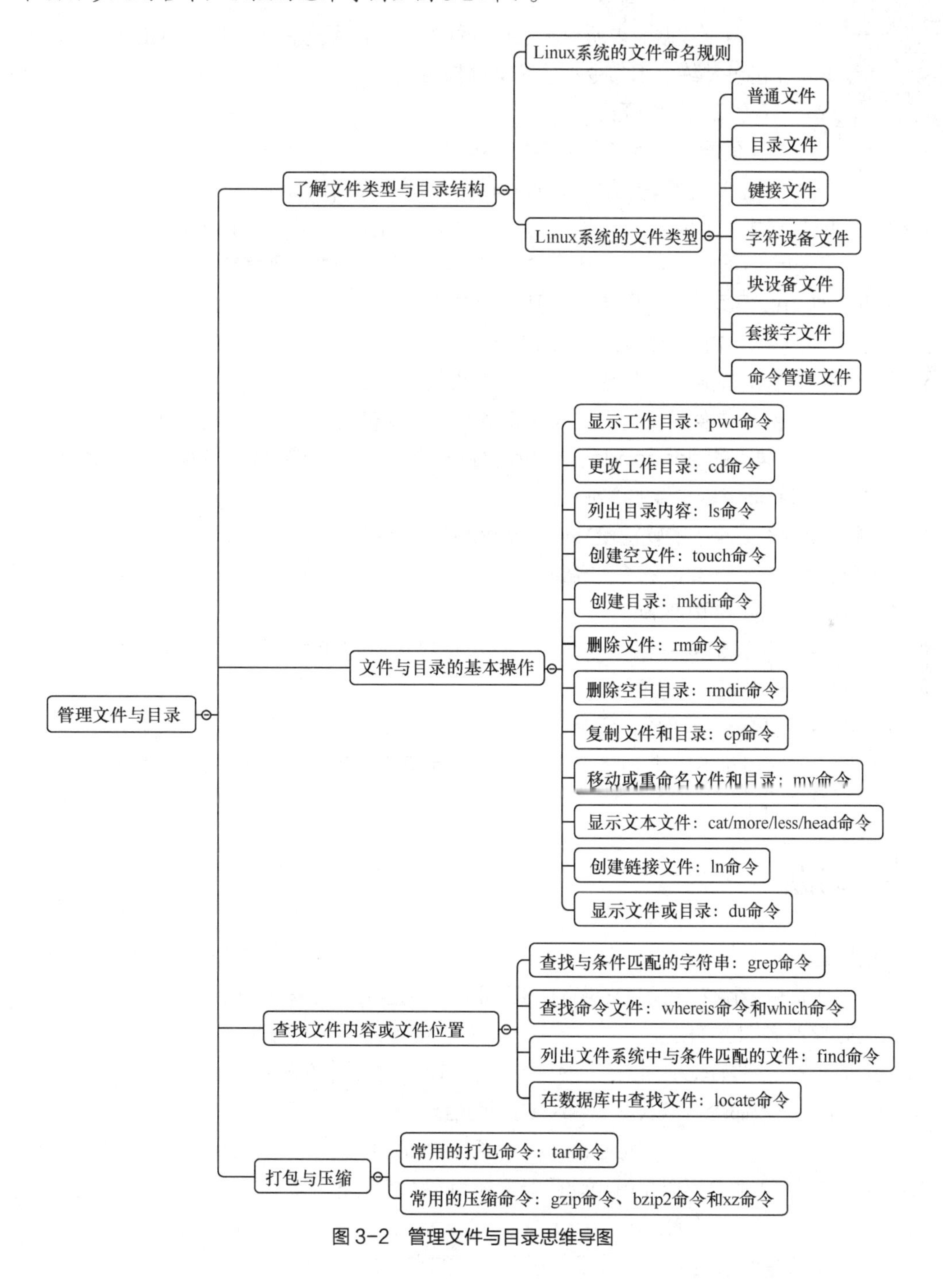

图 3-2　管理文件与目录思维导图

项目实训　使用命令操作目录

微课 3-18：使用命令操作目录

（一）项目背景

青苔数据要求所有员工在公司的 Linux 服务器上完成日常工作，因此要求员工能够熟练使用命令来管理文件与目录。

（二）工作任务

登录 root 用户，完成以下操作。

（1）创建子目录/root/xuexi/linux 与/tmp/linux。

（2）将/etc 目录中的 passwd 文件复制到用户家目录/home 中，保持原有属性。

（3）使用相应命令将文件 passwd 中的内容显示到命令终端，观察其内容。

（4）查找/home 目录下所有以字母 s 开头的文件。

（5）查找 passwd 文件中以 root 开头的行。

（6）查找 passwd 文件中仅包含 root 4 个字符的行。

（7）查找 passwd 文件中仅包含 4 个字符的行，查看有没有符合条件的结果。

（8）为/root 目录下的 anaconda-ks.cfg 文件建立软链接，软链接文件存放在/home 目录下，并使用相关命令查看该链接文件的详细信息。

（9）删除/home 目录下的软链接文件 anaconda-ks.cfg。

（10）用 man 命令查看 ls 命令的帮助。

（11）显示当前的日期和时间。

（12）用 date 命令将系统时间设置为 2020 年 6 月 20 日 9 时 45 分，并使用命令同步到硬件。

（13）查看命令操作历史记录。

（14）重新执行最近的一次 cd 命令。

（15）在/home 目录下新建 dog 目录，并在此目录下新建文件 cat、fish，将目录打包并压缩为.tar.gz 格式的文件。

习题

一、选择题

1.（　　）命令能用来查找在文件 TESTFILE 中包含 4 个字符的行。

A. grep '????' TESTFILE　　B. grep '....' TESTFILE

C. grep '^????$' TESTFILE　　D. grep '^....$' TESTFILE

2. 使用（　　）命令可以获取 ls 命令的帮助信息。

A. ? ls　　B. help ls　　C. man ls　　D. get ls

3. 使用（　　）命令可以了解当前目录下还有多大的空间。

A. df　　B. du /　　C. du　　D. df /

4.（　　）命令用来显示/home 及其子目录下的文件名。

A. ls -a /home　　B. ls -R /home　　C. ls -l /home　　D. ls -d /home

5. 使用（　　）命令可以把 file1.txt 复制为 file2.txt。

A. copy file1.txt　file2.txt　　　B. cp file1.txt | file2.txt

C. cat file2.txt　file1.txt　　　D. cat file1.txt > file2.txt

6. Linux 系统中有多个可以查看文件的命令，可以在查看文件内容过程中上下移动光标来查看文件内容的命令是（　　）。

A. cat　　B. more　　C. less　　D. head

二、填空题

1. 在 Linux 系统中可以使用_________键来自动补全命令。

2. 要使程序以后台方式执行，需要在执行的命令后面跟_________符号。

项目4
管理文本文件

04

情境导入

在一次学习交流时，大路告诉小乔，在/etc 目录下存放着很多配置文件，如果想修改系统的配置，如用户、网络等，将相关配置文件找到进行修改即可。可是如何修改呢？带着这个问题，小乔投入到管理文本文件的学习中。

职业能力目标（含素养要点）

- 了解 Vim 编辑器的工作模式。
- 熟练掌握 Vim 编辑器中的光标定位与跳转操作（探索未知）。
- 熟练掌握 Vim 编辑器中的常用文本编辑操作。
- 熟练使用文本的末行模式（创新思维）。
- 掌握输入、输出重定向。

任务 4-1　使用 Vim 编辑器编辑文件

【任务目标】

Linux 系统中“一切皆文件”，因此当我们在命令行下更改文件内容时，不可避免地要用到文本编辑器，Vim 编辑器是一个基于文本界面的编辑工具，使用简单且功能强大。小乔作为 Linux 用户，必须熟练掌握 Vim 编辑器这一工具。

4.1.1　Vim 编辑器的工作模式

Vi 是“Visual Interface”的简称，是 Linux 系统的第一个全屏幕交互式编辑器，从诞生至今历经数十年，仍然是 Linux 用户主要使用的文本编辑工具，足见其功能强大。

微课 4-1：Vim 的工作模式

Vim 编辑器对 Vi 编辑器的多种功能进行了增强，如多层撤销、多窗口、高亮度语法显示、命令行编辑等。

1. 启动与退出 Vim 编辑器

在命令提示符下，输入“vim 文件名”或“vim”。如果指定文件存在，则打开该文件，否则新建该文件；如果不指定文件名，则新建一个未命名的文本文件，保存时要指定文件名。在终端提示符中，输入 vim，按 Enter 键打开图 4-1 所示的 Vim 编辑器欢迎界面。

2. Vim 编辑器的工作模式

Vim 是一个全屏幕编辑器，使用 Vim 编辑器编辑文件时，为了区别按键的作用，以及完成各种功能，设计了如下 3 种工作模式。

（1）命令模式。

使用 Vim 编辑器编辑文件时，默认 Vim 处于命令模式。在此模式下，按键将作为命令直接执行，可使用方向键（上、下、左、右键）或 k、j、h、l 键移动光标的位置，还可以对文件内容进行复制、粘贴、替换、删除等操作。

（2）插入模式。

在插入模式下，按键将作为输入内容或相应操作对文件执行写操作，编辑文件完成后，按 Esc 键可返回命令模式。

（3）末行模式。

末行模式用于对文件中的指定内容执行保存、查找和替换等操作。在命令模式下按“:”键，Vim 编辑器窗口的左下方出现一个“:”符号，即进入末行模式，在此模式下输入的命令，按 Enter 键后执行，执行完自动返回命令模式。

这 3 种工作模式间的切换关系如图 4-2 所示。

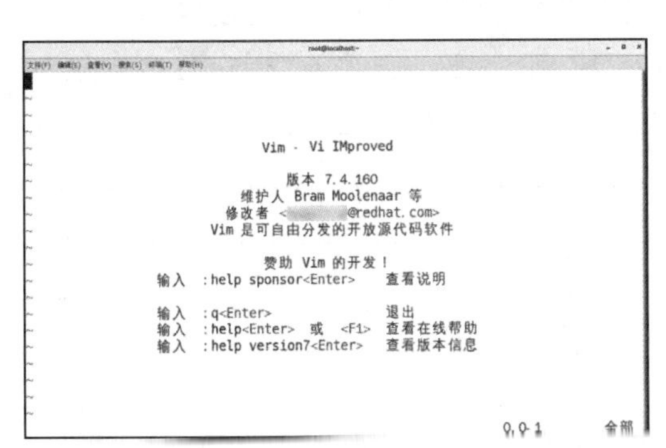

图 4-1 Vim 编辑器欢迎界面

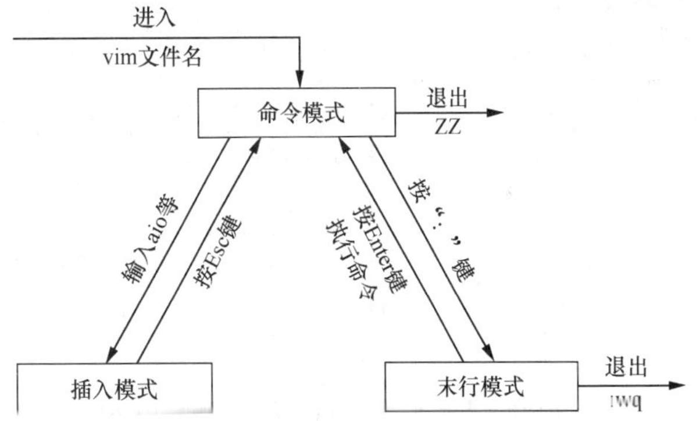

图 4-2 Vim 编辑器的 3 种工作模式

注意 新用户经常不知道当前处于什么模式。这时，可以按一次 Esc 键返回命令模式。如果多次按 Esc 键后听到“嘀……”的声音，则代表已经处于命令模式了。

4.1.2 使用 Vim 编辑器编辑文件

1. 使用 Vim 编辑器打开文件

使用 Vim 编辑器打开文件很简单，在命令提示符后输入“vim 文件名”即可。

2. 使用 Vim 编辑器编辑文件

使用 Vim 编辑器打开文件后默认进入命令模式，在命令模式下有大量的编辑命令，主要分为 3 类：插入命令、光标定位命令和编辑命令。

（1）插入命令。

输入内容需要切换到插入模式，在命令模式下输入 i、I、a、A、o、O 等插入命令可以切换到插入模式，各插入命令的具体功能如表 4-1 所示。

表 4-1　各插入命令的具体功能

插入命令	功能
a	在当前光标所在位置之后插入随后输入的文本
A	在当前光标所在行的行尾插入随后输入的文本，相当于光标移动到行尾再执行 a 命令
i	在当前光标所在位置插入随后输入的文本，光标后的文本相应向右移动
I	在当前光标所在行的行首插入随后输入的文本，行首是该行的第一个非空白字符，相当于光标移动到行首执行 i 命令
o	在当前光标所在行的下面插入新的一行。光标停在空行的行首，等待输入文本
O	在当前光标所在行的上面插入新的一行

（2）光标定位命令。

Vim 作为字符界面全屏幕编辑器，光标的移动与定位需要用键盘按键实现。在命令模式下，Vim 编辑器提供了许多高效的光标移动方法，具体操作命令如表 4-2 所示。

表 4-2　移动光标的方法

命令或快捷键	功能
h 或向左箭头键（←）	光标向左移动一个字符
j 或向下箭头键（↓）	光标向下移动一个字符
k 或向上箭头键（↑）	光标向上移动一个字符
l 或向右箭头键（→）	光标向右移动一个字符
Ctrl + f	屏幕向下移动一页，相当于 Page Down 键（常用）
Ctrl + b	屏幕向上移动一页，相当于 Page Up 键（常用）
Ctrl + d	屏幕向下移动半页
Ctrl + u	屏幕向上移动半页
+	光标移动到下一行的第一个非空格字符
-	光标移动到上一列的第一个非空格字符
n<space>	n 表示数字，如 20。按下数字后再按空格键，光标会向右移动 *n* 个字符的距离。例如，输入 20<space>，光标会在当前行向右移动 20 个字符
0 或功能键 Home	这是数字 0，表示移动到这一行的首字符处（常用）
$ 或功能键 End	移动到这一行的末字符处（常用）
H	光标移动到屏幕最上方那一行的首字符处
M	光标移动到屏幕中央那一行的首字符处
L	光标移动到屏幕最下方那一行的首字符处
G	移动到文件的最后一行（常用）
nG	n 为数字，移动到文件的第 *n* 行。例如，输入 20G 会移动到文件的第 20 行（可配合:set nu）
gg	移动到文件的第一行，相当于 1G（常用）
n<Enter>	n 为数字，表示光标向下移动 *n* 行（常用）

（3）编辑命令。

常用的编辑操作如删除、复制与粘贴等，具体命令如表 4-3 所示。

表 4-3　删除、复制与粘贴等编辑命令按键

命令按键	功能
x, X	在一行字当中，x 为向后删除一个字符（相当于 Del 键），X 为向前删除一个字符（相当于 Backspace 退格键）（常用）
nx	n 为数字，连续向后删除 *n* 个字符。例如，要连续删除 10 个字符，输入 10x
dd	删除光标所在的那一整行（常用）
ndd	n 为数字，删除光标所在行的向下 *n* 行，例如，20dd 是删除 20 行（常用）
d1G	删除从光标所在到第一行的所有数据
dG	删除从光标所在行到最后一行的所有数据
d$或 D	删除从光标所在处到该行末尾的所有字符
d0	删除从光标所在行的前一字符到该行首个字符之间的所有字符
yy	复制光标所在的那一行（常用）
nyy	n 为数字。复制光标处向下 *n* 行，例如，20yy 是复制 20 行（常用）
y1G	复制从光标所在行到第一行的所有数据
yG	复制从光标所在行到最后一行的所有数据
y0	复制从光标所在的那个字符到该行行首的所有数据
yw	复制光标所在的那个单词
p, P	p 为将已复制的数据粘贴到光标下一行，P 为粘贴到光标上一行
J	将光标所在行与下一行的数据结合为一行
c	重复删除多个数据，例如，向下删除 10 行，输入 10cj
u	撤销前一个动作（常用）
Ctrl+r	重做上一个动作（常用）
.	重复前一个动作，要重复删除、重复粘贴等动作，按下小数点即可（常用）

4.1.3　末行模式下的操作

如果当前是插入模式，则需先按 Esc 键进入命令模式，然后按“:”键进入末行模式。如果当前是命令模式，则直接按“:”键进入末行模式。多数文件管理命令都是在此模式下执行的。末行命令执行完后，Vim 编辑器自动回到命令模式。

（1）保存、退出等操作。

保存文件、退出编辑等的命令按键操作如表 4-4 所示。

表 4-4　末行模式下的按键操作

命令按键	功能
:w	将编辑的数据写入硬盘文件中（常用）
:w!	文件属性为只读时，强制写入该档案。不过，到底能不能写入，还与用户对该文件的权限有关
:q	退出 Vim 编辑器（常用）

续表

命令按键	功能
:q!	若曾修改过文件，又不想储存，则使用“!”强制退出而不储存文件。注意，惊叹号（!）在 Vim 编辑器当中常常具有强制的意思
:wq	储存后离开，若为“:wq!”，则为强制储存后离开（常用）
ZZ	这是大写的 Z。若文件没有更改，则不存储离开；若文件已经被更改过，则储存后离开。（注意：ZZ 在命令模式执行）
:w [filename]	将编辑的数据储存成另一个文件（类似另存为新文件）
:r [filename]	在编辑的数据中，读取另一个文件的数据，即将 filename 这个文件内容加到光标所在行的后面
:n1,n2 w [filename]	将 n1~n2 的内容储存为 filename 文件
:! command	暂时退出 Vim 编辑器到命令行模式下执行 command 的显示结果。例如，“:! ls /home”可在 Vim 编辑器中查看/home 下面以 ls 输出的文件信息
:set nu	显示行号，设定之后，会在每一行的前缀显示该行的行号
:set nonu	与:set nu 相反，为取消行号

（2）查找与替换。

Vim 编辑器在命令模式和末行模式下都有文本查找与替换功能，命令模式下的命令如表 4-5 所示，末行模式下的命令如表 4-6 所示。

表 4-5　命令模式下的文本查找与替换命令

快捷键	功能
/abc	从光标所在位置向前查找字符串 abc
/^abc	查找以 abc 为行首的行
/abc$	查找以 abc 为行尾的行
?abc	从光标所在位置向后查找字符串 abc
n	向同一方向重复上次的查找指令
N	向相反方向重复上次的查找指定
r	替换光标所在位置的字符
R	从光标所在位置开始替换字符，其输入内容会覆盖掉后面等长的文本内容，按 Esc 键可以结束

表 4-6　末行模式下的文本查找与替换命令

快捷键	功能
:/abc	从光标所在位置向前查找字符串 abc
:/^abc	查找以 abc 为行首的行
:/abc$	查找以 abc 为行尾的行
:?abc	从光标所在位置向后查找字符串 abc
:s/a1/a2/g	将当前光标所在行中的所有 a1 用 a2 替换
:n1,n2s/a1/a2/g	将文件中 n1~n2 行的所有 a1 都用 a2 替换

【例 4-1】 将/etc/passwd 文件复制到工作目录下，并重命名为 sort.txt，然后使用 Vim 编辑器编辑 sort.txt，复制第 1～5 行，并粘贴在第 9 行后，最后，将该文件保存。

```
[root@Server ~]# cp  /etc/passwd  ./sort.txt
（1）#光标在第 1 行，“5yy”复制 5 行，“9G”移到第 9 行
（2）# “p”粘贴
（3）# “:wq!”保存并退出。
[root@Server ~]# vim sort.txt
abrt:x:173:173::/etc/abrt:/sbin/nologin
adm:x:3:4:adm:/var/adm:/sbin/nologin
adm:x:3:4:adm:/var/adm:/sbin/nologin
avahi:x:70:70:Avahi mDNS/DNS-SD Stack:/var/run/avahi-daemon:/sbin/nologin
bin:x:1:1:bin:/bin:/sbin/nologin
bin:x:1:1:bin:/bin:/sbin/nologin
......
```

素养提示 一直使用 Windows 系统的用户在初学 Vim 编辑器时，可能会因为它的编辑方式和大量的操作命令，产生不适感和畏难情绪。但是，慢慢会发现，Vim 编辑器可以编辑 Linux 系统中任何类型的文件，而不用再额外安装任何软件包。

适应一段时间后，Vim 编辑器的使用就再无难度，使用习惯后，可能会主动尝试优化各种配置，寻找更好用的插件，最后甚至可以将 Vim 编辑器打造成类似于 IDE 的集成开发环境，从此爱上 Vim 编辑器这一“利器”。

所以，当我们接触一种新知识时，千万不要消极怠工，以积极的态度适应变化，会有意想不到的收获。

任务 4-2　处理文本内容

【任务目标】

在 Linux 系统中，除了需要对文件进行编辑外，还可能需要对文件内容进行排序、比较差异、统计数据等操作。Linux 系统提供了功能强大的文本文件处理命令，用于满足这些操作需求。在本任务中，小乔需要掌握相关的命令。

4.2.1　文件内容排序：sort 命令

sort 命令的功能是将文件的每一行作为一个单位，从每一行的首字符开始，依次按照 ASCII 码值进行比较，默认按升序顺序输出排序结果。

微课 4-2：文件内容排序：sort 命令

sort 命令的语法格式如下。

```
sort [选项] 文本文件
```

sort 命令的常用选项如表 4-7 所示。

表 4-7 sort 命令的常用选项

选项	说明
-c	检查文件是否已经按照顺序排序
-k	指定排序的字段（列）编号
-n	依照数值的大小排序
-u	意味着是唯一的（unique），输出结果不显示重复的行
-o<输出文件>	将排序后的结果存入指定的文件
-r	以相反的顺序排序
-t	指定字段（列）分隔符

【例 4-2】 使用 sort 命令对 sort.txt 文件进行排序。

```
[root@Server ~]# sort sort.txt
```

【例 4-3】 使用 sort 命令逆序排列 sort.txt 文件。

```
[root@Server ~]# sort -r sort.txt
```

【例 4-4】 在 sort.txt 文件中以“:”分隔，按照第 3 个字段逆向排序。

```
[root@Server ~]# sort -t ":" -k 3 -r sort.txt
root:x:0:0:root:/root:/bin/bash
teacher:x:1000:1000:Teacher:/home/teacher:/bin/bash
user2:x:1001:1001::/home/user2:/bin/bash
qemu:x:107:107:qemu user:/:/sbin/nologin
operator:x:11:0:operator:/root:/sbin/nologin
```

从结果可以看出，并没有按照第 3 个字段的数值大小排序。按数值大小排序需要选项“-n”，命令需改为：sort -t ":" -k 3 -nr sort.txt。

【例 4-5】 用【例 4-4】中按照第 3 个字段数值大小排序的结果替换原文件的内容。

```
[root@Server ~]# sort -t ":" -k 3 -r sort.txt -o sort.txt
```

4.2.2 去除重复行：uniq 命令

微课 4-3：去除重复行：uniq 命令

uniq 命令用于去除文件中的重复行，留下每条记录的唯一样本。

uniq 命令的语法格式如下。

```
uniq [选项] 文本文件
```

uniq 命令的常用选项如表 4-8 所示。

表 4-8 uniq 命令的常用选项

选项	说明
-c	显示输出中，在每行行首加上本行在文件中出现的次数
-d	只显示重复行
-u	只显示文件中不重复的各行
-n	前 *n* 个字段与每个字段前的空白一起被忽略。一个字段是一个非空格、非制表符的字符串，彼此由制表符和空格隔开（字段从 0 开始编号）
+n	前 *n* 个字符被忽略，之前的字符被跳过（字符从 0 开始编号）

在实际应用中，一般是先对文本排序，再用 uniq 命令去掉重复行。

【例 4-6】 只显示 sort.txt 文件中重复的行及行数。

```
[root@Server ~]# sort sort.txt -o uniq.txt
[root@Server ~]# uniq -c -d uniq.txt
      2 adm:x:3:4:adm:/var/adm:/sbin/nologin
      2 bin:x:1:1:bin:/bin:/sbin/nologin
      2 daemon:x:2:2:daemon:/sbin:/sbin/nologin
      2 lp:x:4:7:lp:/var/spool/lpd:/sbin/nologin
      2 root:x:0:0:root:/root:/bin/bash
```

4.2.3 截取字符串：cut 命令

cut 命令用于截取文件中指定的内容，并显示在标准输出窗口中。同时，还具有与 cat 命令类似的功能，不仅可以显示文件中的特定内容，还可以将多个文件的特定内容合并。

微课 4-4：截取字串：cut 命令

cut 命令的语法格式如下。

```
cut [选项] 文本文件
```

cut 命令的常用选项如表 4-9 所示。

表 4-9 cut 命令的常用选项

选项	说明
-b	按字节显示行中指定范围的内容
-c	按字符显示行中指定范围的内容
-f	显示指定字段的内容
-d	指定字段的分隔符，默认的字段分隔符为“Tab”
-n	与“-b”选项连用，不分隔多字节字符

【例 4-7】 只显示 uniq.txt 文件中以“:”分隔的每行的第一个字段。

```
[root@Server ~]# cut -f1 -d ':' uniq.txt
abrt
adm
adm
avahi
bin
……
```

4.2.4 比较文件内容：comm、diff 命令

1. comm 命令

微课 4-5：比较文件内容：comm、diff 命令

comm 命令用于对两个排好序的文件进行比较。该命令的语法格式如下。

```
comm [选项] 文本文件 1 文本文件 2
```

输出结果默认包含三列。

（1）第一列显示仅在文件 1 中出现的行。

（2）第二列显示仅在文件 2 中出现的行。

（3）第三列显示在两个文件中同时出现的行。

comm 命令的常用选项如表 4-10 所示。

表 4-10 comm 命令的常用选项

选项	说明
-1	不显示只在第 1 个文件中出现的行
-2	不显示只在第 2 个文件中出现的行
-3	不显示只在第 1 和第 2 个文件中出现的行

【例 4-8】 文件 aaa.txt、bbb.txt 的内容分别如下，比较这两个文件，列出共有行及各自独有的行。

```
[root@Server ~]# mkdir text
 [root@Server ~]# cd text/
#编辑 aaa.txt、bbb.txt，内容分别如 cat 命令显示。
[root@Server text]# vim aaa.txt
[root@Server text]# vim bbb.txt
[root@Server text]# cat aaa.txt
aaa
bbb
ccc
ddd
eee
111
222
[root@Server text]# cat bbb.txt
bbb
ccc
aaa
hhh
ttt
jjj
```

执行 comm 命令，输出结果如下。

```
[root@Server text]# comm aaa.txt bbb.txt
aaa
                    bbb
                    ccc
         aaa
ddd
eee
111
222
         hhh
         ttt
         jjj
第一列     第二列     第三列
```

注意 bbb.txt 文件中的内容没有排序，比较结果不理想，所以需要先排序再比较。

2. diff 命令

diff 命令有两个作用。

（1）以逐行的方式，比较文本文件的异同。

（2）比较两个目录下同名的文本文件，列出其中不同的二进制文件、公共子目录和只在一个目录中出现的文件。

diff 命令的语法格式如下。

```
diff [选项] 文本文件 1 文本文件 2
diff [选项] 目录文件 1 目录文件 2
```

在实际应用中，该命令常用于比较不同文本文件的差异。diff 命令的常用选项如表 4-11 所示。

表 4-11　diff 命令的常用选项

选项	说明
-b	忽略空格，如果两行进行比较，则多个连续的空格会被当作一个空格处理，同时忽略行尾的空格差异
-c	使用上下文输出格式
-w	忽略所有空格，忽略范围比-b 选项更大，包括很多不可见的字符都会被忽略
-B	忽略空白行
-y	输出两列，一个文件一列，有些类似 GUI 的输出外观，用这种方式输出更加直观
-W	大写 W，指定-y 时，设置列的宽度，默认为 130
-i	忽略两个文件中大小写的不同
-r	如果比较两个目录，则-r 选项会比较其下同名的子目录
-q	在输出结果中，只指出两个文件的不同，而不输出两个文件具体内容的比较
-u	使用统一的前后关系输出格式，更加紧凑、直观

假设有两个文件 sum1.txt 和 sum2.txt。其内容如下。

sum1.txt：

```
a = 1
sum = 0
while a <= 100:
     sum = sum + a
     a = a + 1
print(sum)
```

sum2.txt：

```
a = 1
sum = 0
while a < 101:
     sum += a
     a += 1
print(sum)
```

【例 4-9】 使用 diff 命令比较 sum1.txt 和 sum2.txt 文件的不同。

```
[root@Server ~]# diff sum1.txt sum2.txt
3,5c3,5
< while a <= 100:
<      sum = sum + a
<      a = a + 1
---
> while a < 101:
>      sum += a
>      a += 1
```

上面的结果应该如何理解呢？

（1）字母 c 表示需要在第一个文件上做的操作(a=add，c=change，d=delete)。

（2）3,5c3,5 表示第一个文件中的第[3,5]行需要做出修改，才能与第二个文件中的第[3,5]行相匹配。

（3）带<的部分表示左边文件第[3,5]行的内容，带>的部分表示右边文件第[3,5]行的内容，---表示两个文件内容的分隔符。

快快尝试下，如何修改才能使两个文件完全相同吧。

在【例 4-9】的执行结果中，sum1.txt 和 sum2.txt 文件的内容是按照上下顺序输出的。实际上，diff 命令提供的-y 选项可以将两个文件并排输出，从而使对比结果一目了然，快速找到不同。

【例 4-10】 使用 diff 命令的并排格式比较 sum1.txt 和 sum2.txt 文件的不同。

```
[root@Server ~]# diff sum1.txt sum2.txt -y -W 50
a = 1                          a = 1
sum = 0                        sum = 0
while a <= 100:                |   while a < 101:
    sum = sum +a               |  sum += a
    a = a + 1                  |  a += 1
print(sum)                     print(sum)
```

-W 表示指定输出列的宽度，这里指定输出列宽为“50”。

diff 命令除了默认模式之外，还提供了另外两种模式：上下文（Context）模式和统一（Unified）模式，具体使用方式请扫描右侧二维码。

扩展阅读 1

4.2.5 文件内容统计：wc 命令

wc 命令用于对指定文件中的输出行、单词和字节进行计数。如果指定的是多个文件，则结果中会显示总行数。如果没有指定文件或指定的文件是-，则读取标准输入文件。

微课 4-6：文件内容统计：wc 命令

wc 命令的语法格式如下。

```
wc [选项] 文本文件 1 文本文件 n
```

wc 命令的常用选项如表 4-12 所示。

表 4-12 wc 命令的常用选项

选项	说明
-c	表示统计文件的字节数
-l	表示统计文件的行数
-w	表示统计文件的字数

【例 4-11】 使用 wc 命令统计 sum1.txt 与 sum2.txt 文件的行数与字节数。

```
[root@Server ~]# wc -l -c sum1.txt sum2.txt
   6  79 sum1.txt
   6  70 sum2.txt
  12 149 总用量
```

任务 4-3 重定向

【任务目标】

在 Linux 系统中执行某个命令时，其输出信息无论是正确结果还是错误提示，都会直接显示在命令终端中。同样，当需要为命令输入参数时，也总是首先从键盘输入。如果需要改变输入参数的来源或输出信息的位置，就需要使用重定向操作。

4.3.1 标准输入/输出与重定向

1. 标准输入/输出文件

Linux 命令运行时，会打开 3 个文件：标准输入（stdin）文件、标准输出（stdout）文件和标准错误（stderr）文件。

一般情况下，命令从键盘（即标准输入文件）处接收输入内容并将产生的结果输出到终端（即标准输出文件）并在终端显示，如果出错，则输出到终端（即标准错误文件）中。

标准输入/输出等文件表述如表 4-13 所示。

表 4-13 标准输入/输出

设备	设备名	文件描述符	类型	符号表示	
键盘	/dev/stdin	0	标准输入	<	<<
显示器终端	/dev/stdout	1	标准输出	>	>>
显示器终端	/dev/stderr	2	标准错误	2>	2>>

“文件描述符”可以理解为 Linux 系统为文件分配的一个数字，范围是 0~2。通常 0 表示标准输入（stdin），1 是标准输出（stdout），2 是标准错误（stderr）。

“符号表示”代表实现方式。“>”表示覆盖原文件中的内容，如果文件不存在，就创建文件；如果文件存在，就将其清空。“>>”表示追加到原文件中的内容之后，如果文件不存在，就创建文件；如果文件存在，则将新的内容追加到该文件的末尾，该文件中的原有内容不受影响。

2. 重定向

重定向就是不使用系统提供的标准输入/输出文件，而是重新指定。重定向分为输出重定向、输入重定向和错误重定向。

4.3.2 输出重定向

输出重定向是指不使用 Linux 系统默认的标准输出设备显示信息，而是指定某个文件作为标准输出设备来存储文件信息。输出重定向有两种用法，语法格式如下。

```
command > 文件 或者 command >> 文件
```

注意 使用“>”符号时，表示文件的所有内容将被新内容替代，如果要将新内容添加在文件末尾，则需使用“>>”符号。

【例 4-12】 显示当前目录中的文件，并将文件名存入 files 中。

```
[root@Server ~]# ls
dir1                   mydoc   newsoft   sum1.txt  uniq.txt  模板  图片  下载  桌面
initial-setup-ks.cfg  mysoft  sort.txt  sum2.txt  公共      视频  文档  音乐
[root@Server ~]# ls > files
[root@Server ~]# head files
dir1
files
initial-setup-ks.cfg
mydoc
mysoft
newsoft
sort.txt
sum1.txt
sum2.txt
uniq.txt
```

【例 4-13】 统计 files 的行数，并以追加的形式写入 files 中。

```
[root@Server ~]# wc -l files
18 files
[root@Server ~]# wc -l files >> files
[root@Server ~]# tail -3 files
音乐
桌面
18 files
```

4.3.3 输入重定向

输入重定向是指不使用 Linux 系统提供的标准输入设备（键盘），而是使用指定的文件作为标准输入设备，输入重定向的语法格式如下。

```
command < 文件
```

使用“<”，使得本来需要从键盘获取输入的命令转移为从指定文件中读取内容的命令。

【例 4-14】 使用输入重定向，统计 files 中文本的行数（注意显示结果的不同）。

```
[root@Server ~]# wc files
 19  20 154  files
[root@Server ~]# wc < files
 19  20 154
```

4.3.4 错误重定向

错误重定向是指将命令返回的错误信息，输出到某个指定的文件中。错误重定向有两种用法，语法格式如下。

```
command 2> 文件 或者 command 2>> 文件
```

【例 4-15】 查看不存在的 mysoft 目录，并将错误信息输出到 error.txt 中。

```
[root@Server ~]# ls mysoft
ls: 无法访问 mysoft: 没有那个文件或目录
[root@Server ~]# ls mysoft 2> error.txt
```

```
[root@Server ~]# cat error.txt
ls: 无法访问 mysoft: 没有那个文件或目录
```

4.3.5 同时实现输出和错误重定向

需要同时重定向错误信息标准输出到文件时，要使用两个重定向符号，并且必须在重定向符号前加上相应的文件描述符。

【例 4-16】 同时查看 dir1 和 mysoft 目录，其中 mysoft 目录输入错误，将正确信息输出到 out.txt 中，将错误信息输出到 err.txt 中。

```
[root@Server ~]# ls dir1 mysoft 1>out.txt 2>err.txt
[root@Server ~]# head out.txt err.txt
==> out.txt <==
dir1:
a1
a2.log
a3.log
==> err.txt <==
ls: 无法访问 mysoft: 没有那个文件或目录
```

【例 4-17】 同时查看 dir1 和 mysoft 目录，将正确信息和错误信息都输出到 out.txt 中。

```
[root@Server ~]# ls dir1 mysoft >out.txt 2>&1
[root@Server ~]# head out.txt
ls: 无法访问 mysoft: 没有那个文件或目录
dir1:
a1
a2.log
a3.log
```

“2>&1”表示将标准错误信息重定向到标准输出信息所在的文件中保存。

【例 4-18】 同时查看 dir1 和 mysoft 目录，将标准输出信息和错误信息重定向到同一个文件中。

```
[root@Server ~]# ls dir1 mysoft &>out.txt
[root@Server ~]# head out.txt
ls: 无法访问 mysoft: 没有那个文件或目录
dir1:
a1
a2.log
a3.log
```

“&>file”是一种特殊的用法，也可以写成“>&file”，二者的意思完全相同。

小结

学习本项目，我们学会了使用 Vim 编辑器编辑文件，掌握了处理文本文件的常用命令。其实很多精通 Linux 系统的高手们，对 Vim 编辑器的使用可以说是达到了“行云流水，出神入化”的境界。所以，如果日后想从事 Linux 系统管理员的工作，同学们不妨从现在开始努力，熟练使用 Vim 编辑器。

本项目涉及的各个知识点的思维导图如图 4-3 所示。

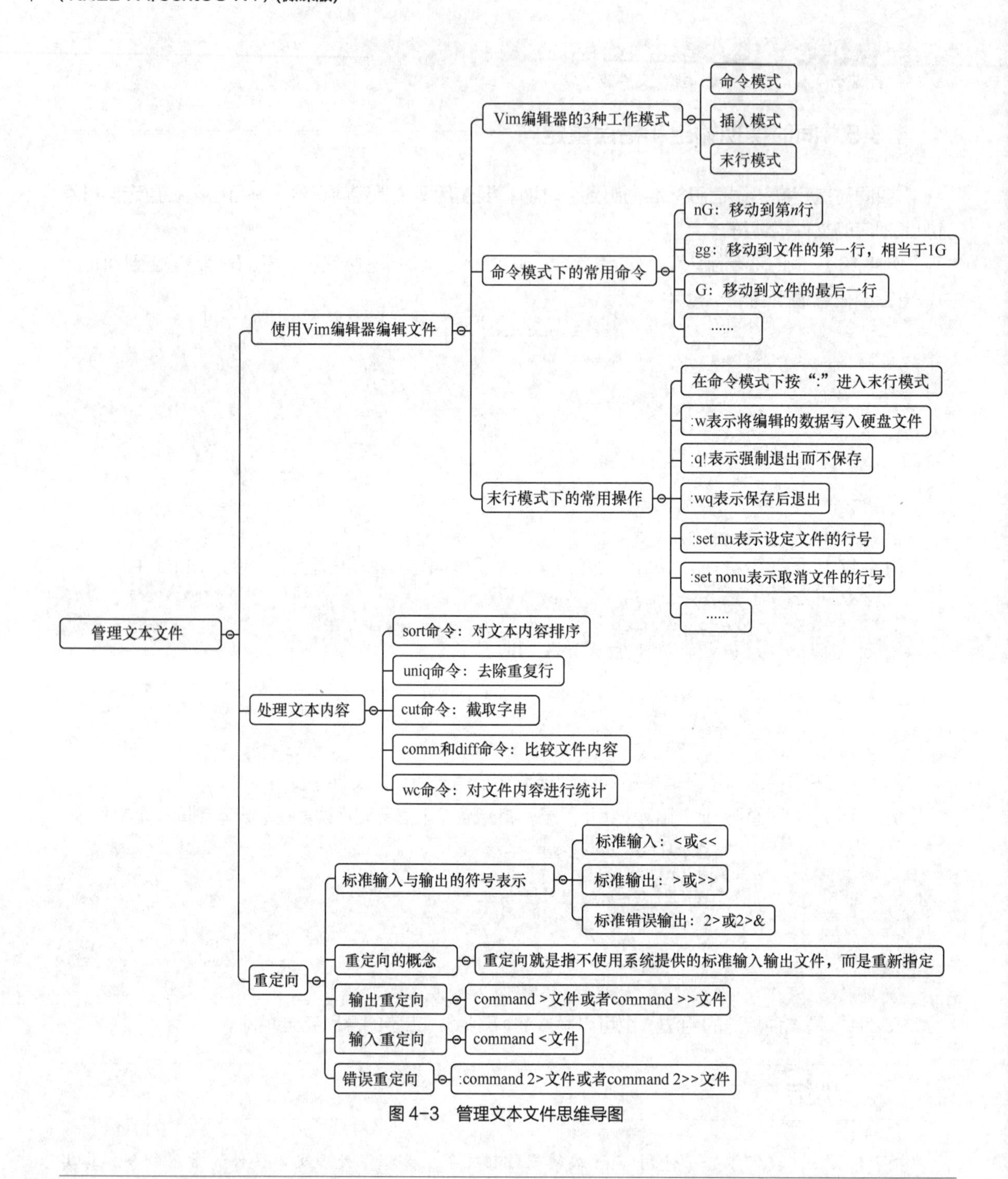

图 4-3　管理文本文件思维导图

项目实训　使用 Vim 编辑器和重定向完成日常文档的编辑和输出

（一）项目背景

青苔数据要求员工能够熟练使用 Vim 编辑器编辑文件，以支持日常工作。

（二）工作任务

1. Vim 编辑器综合练习

复制/etc/man_db.conf 至工作目录并改名为 test-vim.txt，参考命令为“cp /etc/man_db.conf ./test-vim.txt”，使用 Vim 编辑器打开 test-vim.txt 练习如下操作。

（1）显示行号。

（2）分别将光标移动到第 5 行、行尾、行首，下移 10 行、上移 7 行，移动到屏幕的底层、屏幕的顶层和屏幕的中间。

微课 4-7：使用 Vim 编辑器和重定向完成日常文档的编辑和输出

（3）移动到第 10 行，右移 10 个字符，删除到行首，删除到行尾。

（4）修改完之后，突然反悔了，要全部复原，有哪些方法?

（5）需要复制第 65~73 行这 9 行的内容，并且粘贴到最后一行之后。

（6）移动光标到第 36 行，并且删除 8 个字符，结果出现的第一个单词是什么？在第一行新增一行，在该行输入“I am a student...”，输入后保存。

（7）将第 1~5 行的内容复制到第 10 行下。

（8）将第 1~3 行的内容移至第 5 行下。

（9）将第 1~15 行的内容删除。

（10）将这个文件另存为一个名为“test.config”的文件，并退出。

2. 重定向综合练习

切换到普通用户，如 ops 用户（本地 Linux 系统中的任何普通用户即可），执行如下命令，体会各条命令的区别。

（1）查找/etc 目录下的所有 passwd 文件，并输出到 tmp 文件下。

（2）查找/etc 目录下的所有 passwd 文件，将正确输出保存到/tmp/find.out 中，将错误输出保存到/tmp/find.err 中。

（3）查找/etc 目录下的所有 passwd 文件，建立/tmp/find.all 文件，并将所有输出保存到此文件中。

（4）再次将输出保存到 find.all 中，但是不覆盖原来文件的内容。

（5）屏蔽此命令的所有输出（/dev/null）。

（6）显示此命令的所有输出并将输出保存到桌面上的任意文件中。

（7）将正确输出保存到/tmp/find.out.1 中，屏蔽错误输出。

习题

一、选择题

1. 使用 vim 命令编辑文件后，保存退出的命令是（　　）。

A. w!　　B. wq!　　C. q!　　D. q

2. 使用 vim 命令编辑文件时，使用（　　）命令可以将光标快速移动到文件的最后一行。

A. G　　B. g　　C. ggg　　D. 4444

3. 在 Vim 编辑器中的命令模式下，键入（　　）可在光标当前所在行下添加一行新行。

A. a　　B. o　　C. I　　D. A

4. 使用（　　）命令，可将 file 文件中的内容以追加的方式输出到 file.copy 文件中的内容之后。

A. cat file > file.copy　　B. cat file >> file.copy

C. cat file < file.copy　　D. cat file << file.copy

二、填空题

1. Vim 编辑器有 3 种工作模式：插入模式、________和末行模式。

2. 在 Vim 编辑器中，要想定位到文件的第 10 行按________键，删除一个字母后按________键可以恢复。

3. 在 Vim 编辑器中编辑文件时，跳到文档最后一行的命令是 G，跳到第 100 行的命令是________。

4. 在 Vim 编辑器中，使用________命令删除当前光标所在的一整行。

5. 使用________可以退出到命令模式。

项目5
配置网络功能

情境导入

小乔平时在学习过程中，遇到难懂的问题，一般上网搜索就能查找到答案。既然在 Windows 系统中可以上网，那么在 Linux 系统中应该也能上网，如何让 Linux 虚拟机连接网络呢？

职业能力目标（含素养要点）

- 掌握 VMware 中网络工作模式的选择与设置（平等、和谐）。
- 掌握 RHEL 7.4 中基本网络功能的配置。
- 掌握 SSH 远程登录的配置与使用（不畏困难、勇于实践）。

任务 5-1　了解 VMware 的网络工作模式

【任务目标】

小乔想要让 Linux 虚拟机连接网络，需要了解 VMware 虚拟机软件支持的网络工作模式，并对虚拟机的网络环境进行合理的设置。VMware 虚拟机软件提供了 3 种常用的物理机与虚拟机网络互联的工作模式，能够满足虚拟机联网的需求。

5.1.1　了解 VMware 的 3 种网络工作模式

VMware 提供了 3 种常用的网络工作模式，分别是 Bridged（桥接）模式、NAT（网络地址转换）模式和 Host-Only（仅主机）模式。

在 VMware Workstation Pro 15 主界面中，选择“虚拟机”→“设置”命令，打开“虚拟机设置”界面。在该界面中，选中“硬件”选项卡中的“网络适配器”选项，界面中显示支持的网络工作模式，如图 5-1 所示。

3 种网络工作模式中会使用到不同的虚拟网卡和虚拟交换机等网络设备，安装 VMware 虚拟机软件时，会自动安装虚拟网卡、虚拟交换机等网络设备。

（1）虚拟网卡。

以 Windows 10 系统为例，打开“控制面板”→“网络和 Internet”→“网络连接”窗口，能找到两个新增的 VMware 虚拟网卡，如图 5-2 所示。这两个虚拟网卡用于物理机与虚拟机之间通信，其作用分别如下。

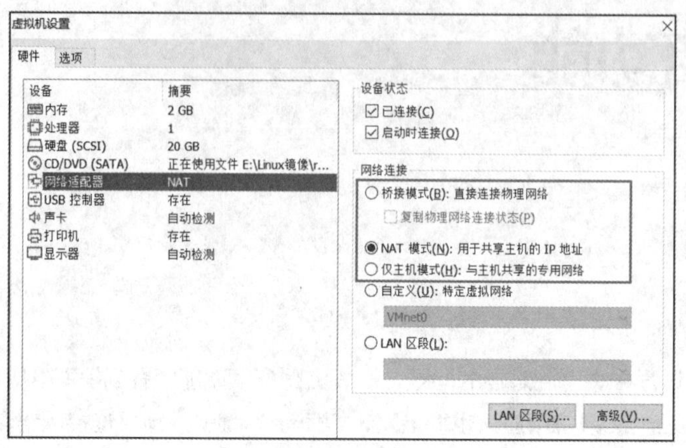

图 5-1　虚拟机设置

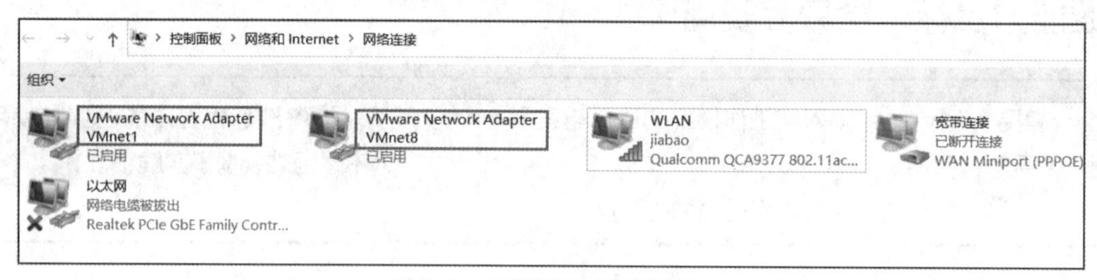

图 5-2　网络连接中的虚拟网卡

- VMware Network Adapter VMnet1：用于仅主机模式中通信的虚拟网卡。
- VMware Network Adapter VMnet8：用于 NAT 模式中通信的虚拟网卡。

（2）虚拟交换机。

在 VMware Workstation Pro 15 主界面中，选择“编辑”→“虚拟网络编辑器”命令，打开“虚拟网络编辑器”界面。该界面中显示默认的 3 个虚拟网络 VMnet0、VMnet1 和 VMnet8，它们分别对应 3 种网络工作模式，如图 5-3 所示。

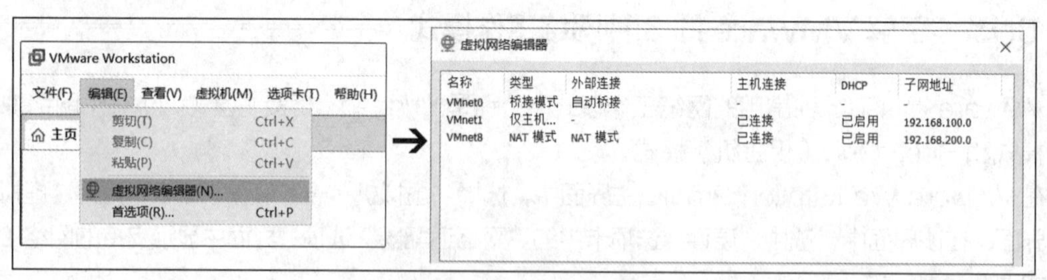

图 5-3　虚拟网络编辑器

在 3 个虚拟网络中，分别创建了以下默认的虚拟交换机。

- VMnet0：桥接模式网络中的虚拟交换机。
- VMnet1：仅主机模式网络中的虚拟交换机。

- VMnet8：NAT 模式网络中的虚拟交换机。

1. Bridged（桥接）模式

桥接模式是将物理机网卡与虚拟机网卡利用虚拟网桥进行通信。在桥接模式中，增加了一个虚拟交换机（默认名称是 VMnet0），将桥接的虚拟机连接到此交换机的接口上，物理主机也同样连接到此交换机上。使用桥接模式，虚拟机的 IP 地址需要与物理主机在同一个网段，如果需要连接外网，则虚拟机的网关和 DNS 服务器的设置需要与物理主机一致。桥接模式的网络结构如图 5-4 所示。

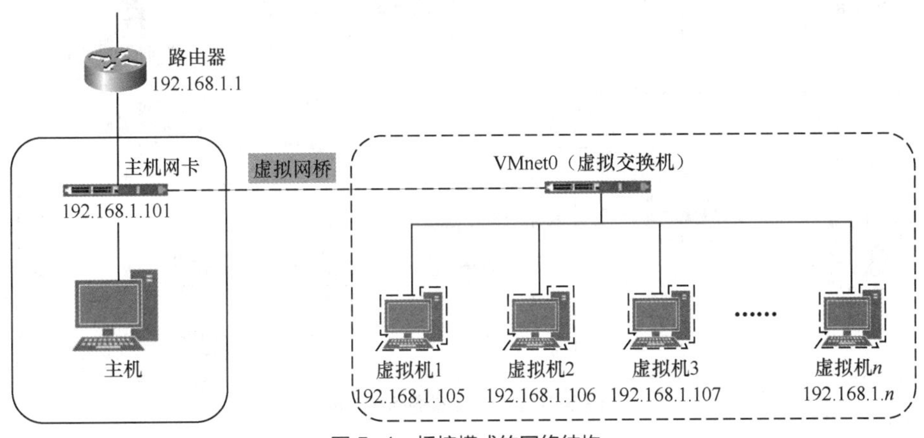

图 5-4　桥接模式的网络结构

2. Host-Only（仅主机）模式

在仅主机模式中，通过将物理机中的虚拟网卡 VMware Network Adapter VMnet1 连接到虚拟交换机 VMnet1 上来与虚拟机通信。仅主机模式将虚拟机与外网隔开，使得虚拟机仅与物理机相互通信。在该模式中，如果要使虚拟机连接外网，则可以通过将物理机中能连接到 Internet 的网卡共享给虚拟网卡 VMware Network Adapter VMnet1 来实现虚拟机联网。仅主机模式的网络结构如图 5-5 所示。

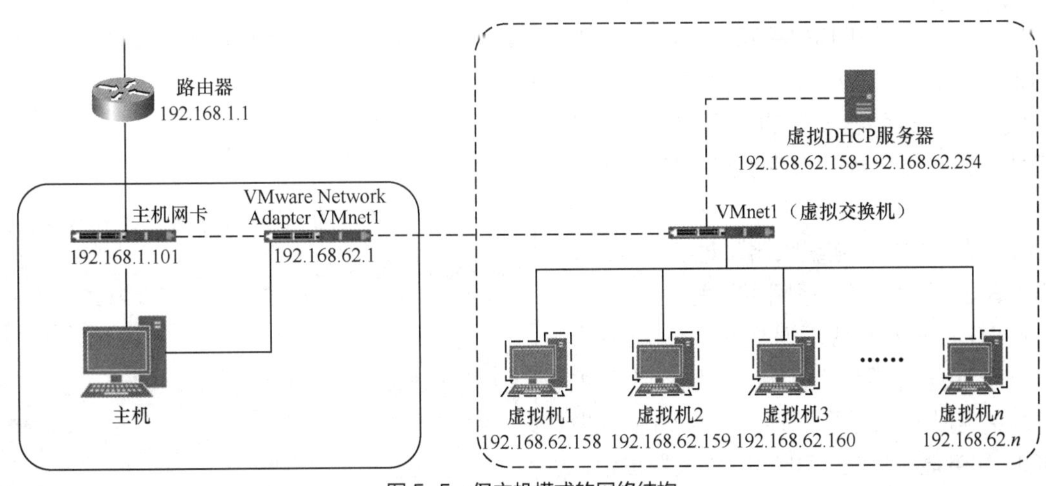

图 5-5　仅主机模式的网络结构

3. NAT（网络地址转换）模式

如果网络 IP 地址资源紧缺，但又希望虚拟机能够联网，NAT 模式就是最好的选择。在 NAT

模式中，物理机网卡直接与虚拟 NAT 设备相连，然后虚拟 NAT 设备与虚拟 DHCP 服务器一起连接到虚拟交换机（默认名称是 VMnet8）上，从而实现虚拟机连接外网。如果物理机与虚拟机之间需要网络通信，则可将物理机中的虚拟网卡（默认名称为 VMware Network Adapter VMnet8）连接到虚拟交换机（VMnet8）上。NAT 模式的网络结构如图 5-6 所示。

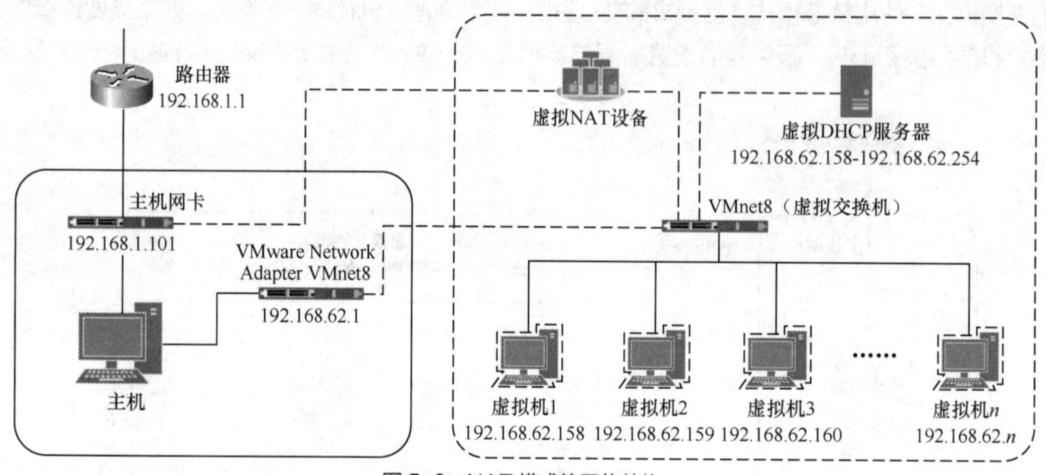

图 5-6　NAT 模式的网络结构

5.1.2　配置 VMware 虚拟网络

微课 5-1：配置 VMware 虚拟网络

通过虚拟网络编辑器可以配置 VMware 虚拟网络的子网 IP 地址、子网掩码、DHCP 地址池等网络参数。NAT 模式是 VMware 虚拟机默认的网络工作模式，接下来以 NAT 模式网络为例，介绍虚拟网络参数的配置方法。

（1）在 VMware Workstation Pro 15 主界面中，选择“编辑”→“虚拟网络编辑器”命令，打开“虚拟网络编辑器”对话框。该对话框中名称为 VMnet8 的网络是 NAT 模式网络，单击界面右下角的“更改设置”按钮获取虚拟网络参数的修改权限，如图 5-7 所示。

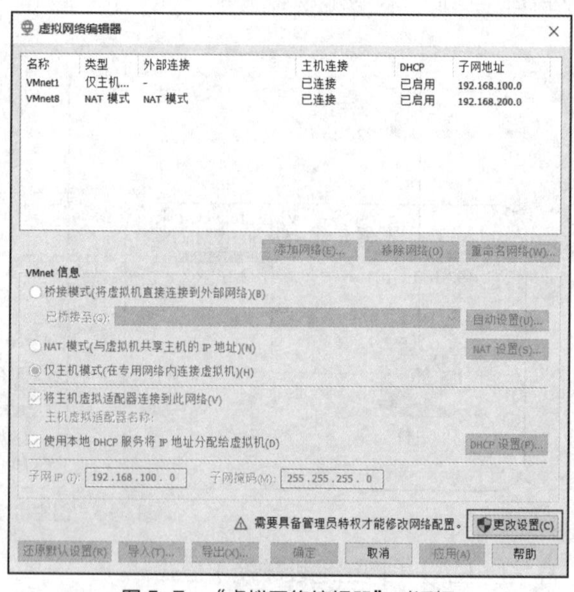

图 5-7　“虚拟网络编辑器”对话框

（2）在“虚拟网络编辑器”对话框中选择 VMnet8 虚拟网络，将“子网 IP”配置为“192.168.200.0”，子网掩码配置为“255.255.255.0”。

（3）勾选“使用本地 DHCP 服务将 IP 地址分配给虚拟机”选项，开启 VMware 虚拟 DHCP 服务器。单击“DHCP 设置”按钮，打开“DHCP 设置”对话框，设置本网络的 IP 地址池信息，如图 5-8 所示。

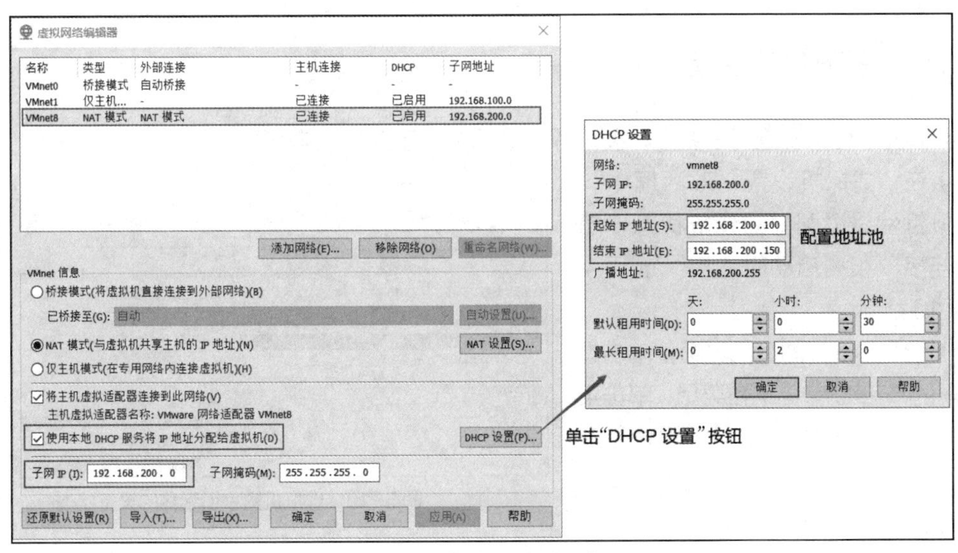

图 5-8 修改 DHCP 服务

（4）设置网关。

如果虚拟机要联网，则需要设置 NAT 模式网络的网关。在图 5-8 所示的“虚拟网络编辑器”界面中单击“NAT 设置”按钮打开“NAT 设置”对话框，将“网关 IP”设置为“192.168.200.2”，如图 5-9 所示。

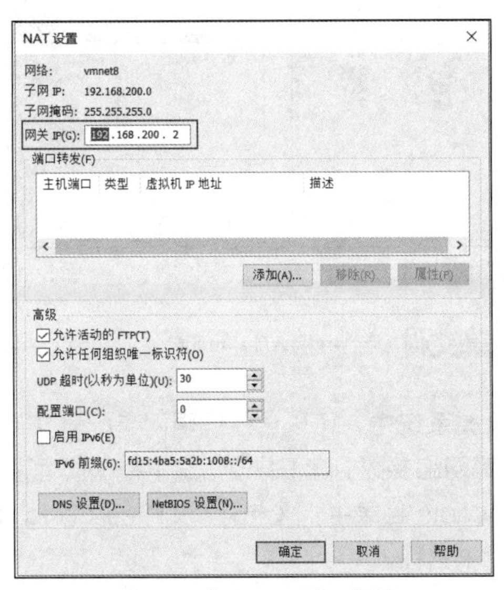

图 5-9 “NAT 设置”对话框

任务 5-2 配置网络功能

【任务目标】

小乔配置好 VMware 虚拟网络后，还需要配置 Linux 虚拟机的网络参数，Linux 虚拟机才能连接到网络。需要设置的网络参数包括主机名、IP 地址、子网掩码、默认网关、DNS 服务器等。

5.2.1 打开有线连接

在虚拟机系统中设置网络参数，要确保有线网络处于连接状态。

（1）在“虚拟机设置”对话框中，查看虚拟机网络适配器的设备状态，勾选“已连接”和“启动时连接”选项，如图 5-10 所示。

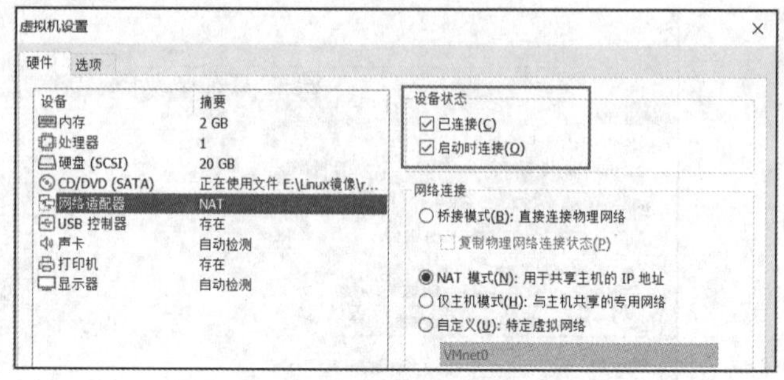

图 5-10 虚拟机网络适配器的设备状态

（2）登录 Linux 图形化界面，单击桌面右上角的⏻按钮弹出下拉菜单，单击菜单左下角的⚙按钮，打开“全部设置”窗口，如图 5-11 所示，在该窗口中，单击“网络”图标打开“网络”窗口。

（3）选择“网络”窗口左侧的“有线接连”选项，单击窗口右侧的“打开”按钮，虚拟机的有线连接会自动从 DHCP 服务器获取网络地址信息（在此之前需完成 VMware 虚拟网络配置），如图 5-12 所示。

图 5-11 “全部设置”窗口

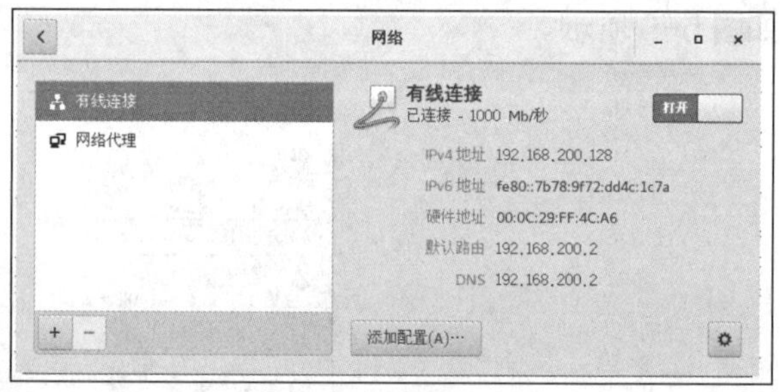

图 5-12 “网络”界面

5.2.2 编辑网卡配置文件

微课 5-2：编辑网卡配置文件

在 Linux 系统中，可以通过编辑网卡配置文件来配置网卡（网络适配器）的 IP 地址等网络参数。在 RHEL 7.4 中，网卡配置文件存放在/etc/sysconfig/network-scripts/目录中，网卡配置文件名以 ifcfg-开头，如 ifcfg-ens33，其中 ens33 是网卡名称。

【例 5-1】查看/etc/sysconfig/network-scripts/ifcfg-ens33 网卡配置文件内容。

```
[root@Server ~]# cd /etc/sysconfig/network-scripts/
[root@Server network-scripts]# ls
ifcfg-ens33                 # ifcfg-ens33 是有线网卡配置文件
ifcfg-lo                    # ifcfg-lo 是本地回环配置文件
ifdown
ifup
......
```

网卡配置文件中的配置项及其作用如下。

```
[root@Server network-scripts]# cat -n ifcfg-ens33
     1  TYPE=Ethernet                  #网卡类型（通常是 Ethemet 以太网）
     2  PROXY_METHOD=none              #代理方式：为关闭状态
     3  BROWSER_ONLY=no                #只是浏览器：否
     4  BOOTPROTO=dhcp                 #网卡引导协议（static：静态 IP/dhcp：动态 IP）
     5  DEFROUTE=yes                   #默认路由
     6  IPV4_FAILURE_FATAL=no          #是否开启 IPv4 致命错误检测
     7  IPV6INIT=yes                   #IPv6 是否自动初始化：是
     8  IPV6_AUTOCONF=yes              #IPv6 是否自动配置：是
     9  IPV6_DEFROUTE=yes              #IPv6 是否可以为默认路由：是
    10  IPV6_FAILURE_FATAL=no          #是否开启 IPv6 致命错误检测
    11  IPV6_ADDR_GEN_MODE=stable-privacy          #IPv6 地址生成模型
    12  NAME=ens33                     #网卡物理设备名称
    13  UUID=583dc02e-3034-4d8b-8d8c-78eb61df76ee  #通用唯一识别码
    14  DEVICE=ens33                   #网卡设备名称，必须和 NAME 值一样
    15  ONBOOT=no                      #是否开机启动
```

设置静态 IP 地址及子网掩码、默认网关、DNS 服务器等信息，需要将配置文件中第 4 行的 BOOTPROTO 参数修改为 static。

```
    4 BOOTPROTO=static
```

然后在文件末尾增加以下配置。

```
    16  IPADDR=192.168.200.128      #静态 IP
    17  NETMASK=255.255.255.0       #子网掩码
    18  GATEWAY=192.168.200.2       #默认网关
    19  DNS1=114.114.114.114        #DNS 服务器
```

配置修改完毕，需要执行 systemctl restart network 命令，重启网络服务使配置生效。

5.2.3 配置主机名查询静态表：/etc/hosts 文件

/etc/hosts 文件（主机名查询静态表）是 RHEL 中负责主机名和域名解析的文件。在没有 DNS 服务器的情况下，系统中的所有网络程序会通过查询该文件来解析对应于某个主机名或域名的 IP 地址。

通常将常用的域名和 IP 地址映射加入/etc/hosts 文件中，实现域名快速解析。该文件的每行描述一个映射关系，每行由 3 部分组成，每个部分由空格符隔开，格式如下。

```
IP 地址  主机名/域名  [主机别名]
```

主机名一般在局域网内使用，而域名一般在 Internet 上使用，配置/etc/hosts 文件中的映射关系，主机名或域名就能被解析为对应的 IP 地址。主机别名是可选的配置项。

【例 5-2】 使用 cat 命令查看/etc/hosts 文件的默认配置。

```
[root@Server ~]# cat /etc/hosts
127.0.0.1   localhost localhost.localdomain localhost4 localhost4.localdomain4
::1         localhost localhost.localdomain localhost6 localhost6.localdomain6
```

说明：系统的/etc/hosts 文件中默认只配置了 127.0.0.1 地址与本机 localhost 的映射。

【例 5-3】 编辑/etc/hosts 文件，添加主机名 Server 与本机 IP 地址的映射关系。

```
[root@Server ~]# vim /etc/hosts
......
192.168.200.128  Server        # 在/etc/hosts 尾部添加此行配置
```

5.2.4 常用网络命令：ifconfig、ip、nmcli、nmtui 等

微课 5-3：常用网络命令

配置网络参数除了可以直接修改配置文件外，还可以执行相关 Linux 命令实现。

1. ifconfig 命令

ifconfig 命令用于显示或设置网络设备，命令格式如下。

```
ifconfig  [网络设备]  [down  /up]  [IP 地址]  [netmask<子网掩码>]
```

【例 5-4】 显示所有活动网卡的配置信息。

```
[root@Server ~]# ifconfig
ens33: flags=4163<UP,BROADCAST,RUNNING,MULTICAST>  mtu 1500
        inet 192.168.200.128  netmask 255.255.255.0  broadcast 192.168.200.255
        inet6 fe80::72b2:1de7:ef71:f22a  prefixlen 64  scopeid 0x20<link>
        ether 00:0c:29:6a:da:71  txqueuelen 1000  (Ethernet)
        RX packets 54714  bytes 47703516 (45.4 MiB)
        RX errors 0  dropped 0  overruns 0  frame 0
        TX packets 28314  bytes 2728086 (2.6 MiB)
        TX errors 0  dropped 0 overruns 0  carrier 0  collisions 0
......
```

【例 5-5】 显示指定网卡 ens33 的配置信息。

```
[root@Server ~]# ifconfig ens33
ens33: flags=4163<UP,BROADCAST,RUNNING,MULTICAST>  mtu 1500
        inet 192.168.200.128  netmask 255.255.255.0  broadcast 192.168.200.255
        inet6 fe80::72b2:1de7:ef71:f22a  prefixlen 64  scopeid 0x20<link>
        ether 00:0c:29:6a:da:71  txqueuelen 1000  (Ethernet)
        RX packets 54796  bytes 47708924 (45.4 MiB)
        RX errors 0  dropped 0  overruns 0  frame 0
        TX packets 28339  bytes 2731368 (2.6 MiB)
        TX errors 0  dropped 0 overruns 0  carrier 0  collisions 0
```

【例 5-6】 使用 ifconfig 命令关闭、打开 ens33 网卡。

```
[root@Server ~]# ifconfig ens33 down
[root@Server ~]# ifconfig ens33 up
```

【例 5-7】 使用 ifconfig 命令为 ens33 网卡配置 IP 地址，并添加子网掩码。

```
[root@Server ~]# ifconfig ens33 192.168.200.128 netmask 255.255.255.0
```

2. ip 命令

ip 是一个强大的网络配置命令，用来显示或操作路由、网络设备、策略路由和隧道，它能够替代 ifconfig、route 等传统的网络管理命令。

【例 5-8】 使用 ip 命令查看所有设备的 IP 地址等信息。

```
[root@Server ~]# ip a
1: lo: <LOOPBACK> mtu 65536 qdisc noqueue state DOWN qlen 1
    link/loopback 00:00:00:00:00:00 brd 00:00:00:00:00:00
    inet 127.0.0.1/8 scope host lo
       valid_lft forever preferred_lft forever
2: ens33: <BROADCAST,MULTICAST,UP,LOWER_UP> mtu 1500 qdisc pfifo_fast state UP qlen 1000
    link/ether 00:0c:29:6a:da:71 brd ff:ff:ff:ff:ff:ff
    inet 192.168.200.128/24 brd 192.168.200.255 scope global dynamic ens33
       valid_lft 1749sec preferred_lft 1749sec
    inet6 fe80::72b2:1de7:ef71:f22a/64 scope link
       valid_lft forever preferred_lft forever
```

【例 5-9】 使用 ip 命令查看网卡 ens33 的 IP 地址。

```
[root@Server ~]# ip a show dev ens33
2: ens33: <BROADCAST,MULTICAST,UP,LOWER_UP> mtu 1500 qdisc pfifo_fast state UP qlen 1000
     link/ether 00:0c:29:ff:4c:a6 brd ff:ff:ff:ff:ff:ff
     inet 192.168.200.128/24 brd 192.168.200.255 scope global dynamic ens33
         valid_lft 1658sec preferred_lft 1658sec
     inet6 fe80::7b78:9f72:dd4c:1c7a/64 scope link
         valid_lft forever preferred_lft forever
```

【例 5-10】 使用 ip 命令关闭、打开网络设备。

```
[root@Server ~]# ip link set dev ens33 down
[root@Server ~]# ip link set dev ens33 up
```

【例 5-11】 为网卡 ens33 设置、删除 IP 地址。

```
[root@Server ~]# ip a add 192.168.200.130/24 dev ens33
[root@Server ~]# ip a del 192.168.200.130/24 dev ens33
```

3. nmcli 命令

ip 和 ifconfig 命令都可以临时修改网络设备的配置，但不能永久写入配置文件。nmcli 命令能将修改的配置写入配置文件中。nmcli 命令的常见用法如表 5-1 所示。

表 5-1 nmcli 命令的常见用法

用法	功能
nmcli connection add help	查看 nmcli 帮助
nmcli device status（简写为 nmcli d s）	显示设备状态
nmcli device show ens33	显示 ens33 网卡设备的属性
nmcli device disconnect ens33	禁用 ens33 网卡
nmcli device connect ens33	启用 ens33 网卡
nmcli connection show	显示所有连接
nmcli connection show ens33（简写为 nmcli c s ens33）	显示 ens33 网络连接配置
nmcli connection down conn2	禁用 conn2 连接的配置
nmcli connection up conn2	启用 conn2 连接的配置

【例 5-12】 使用 nmcli 命令查看全部网络连接信息。

```
[root@Server ~]# nmcli
ens33: 连接的 to ens33
"Intel 82545EM Gigabit Ethernet Controller (Copper) (PRO/1000 MT Single Port Adapter)"
    ethernet (e1000), 00:0C:29:6A:DA:71, hw, mtu 1500
    ip4 default
    inet4 192.168.200.128/24
    inet6 fe80::72b2:1de7:ef71:f22a/64
……
```

【例 5-13】 使用 nmcli 命令查看 ens33 网卡设备属性和 ens33 网络连接信息。

```
[root@Server ~]# nmcli device show ens33
GENERAL.设备:                          ens33
……
GENERAL.连接:                          ens33
IP4.地址[1]:                           192.168.200.128/24
IP4.网关:                              192.168.200.2
```

```
IP4.DNS[1]:                          192.168.200.2
[root@Server ~]# nmcli connection show ens33
connection.id:                        ens33
……
IP4.地址[1]:                         192.168.200.128/24
IP4.网关:                            192.168.200.2
IP4.DNS[1]:                          192.168.200.2
……
```

【例 5-14】 创建名称为 conn2 的连接配置，指定静态 IP 地址，不自动连接。

```
[root@Server ~]# nmcli connection add con-name conn2 ipv4.method manual ifname ens33
autoconnect no type Ethernet ipv4.addresses 192.168.100.100/24 gw4 192.168.100.1
连接“conn2”(360dfb78-5c35-4db3-9248-8615c4d5c35a) 已成功添加。
```

查看到 conn2 连接已存在，但未关联到某个设备上。

```
[root@Server ~]# nmcli connection show
名称     UUID                                  类型            设备
ens33   583dc02e-3034-4d8b-8d8c-78eb61df76ee  802-3-ethernet  ens33
virbr0  29bdf5ef-c579-46a1-ab74-92c00f3b643a  bridge          virbr0
conn2   360dfb78-5c35-4db3-9248-8615c4d5c35a  802-3-ethernet  --
```

查看/etc/sysconfig/network-scripts/目录中已自动生成的配置文件 ifcfg-conn2。

```
[root@Server ~]# ls /etc/sysconfig/network-scripts/
ifcfg-conn2  ifcfg-ens33
……
```

查看 ifcfg-conn2 配置文件的内容。

```
[root@Server ~]# cat -n /etc/sysconfig/network-scripts/ifcfg-conn2
```

配置文件 ifcfg-conn2 中第 5、7、15、17、18 行的内容如下。

```
     5  IPADDR=192.168.100.100
     7  GATEWAY=192.168.100.1
    15  NAME=conn2
    17  DEVICE=ens33
    18  ONBOOT=no
```

说明：在本例中，nmcli 命令的参数与配置文件中的配置项对应关系如表 5-2 所示。

表 5-2 nmcli 命令的参数

nmcli 命令的参数	配置文件/etc/sysconfig/network-scripts/ifcfg-*	功能
ipv4.method manual	BOOTPROTO=none	静态分配地址
ipv4.method auto	BOOTPROTO=dhcp	自动获取地址
ifname ens33	DEVICE=ens33	指定网卡名称
ipv4.addresses 192.168.100.100/24	IPADDR=192.168.100.100 PREFIX=24	IP 地址与掩码位数
gw4 192.168.100.1	GATEWAY=192.168.100.1	设置网关
ipv4.dns 8.8.8.8	DNS0=8.8.8.8	设置 DNS 服务器
ipv4.dns-search example.com	DOMAIN=example.com	域名
connection.autoconnect yes	ONBOOT=yes	开机自动连接

【例 5-15】 启用 conn2 连接。

```
[root@Server ~]# nmcli connection up conn2
连接已成功激活（D-Bus 活动路径：/org/freedesktop/NetworkManager/ActiveConnection/18）
```

查看连接状态，conn2 连接已关联到 ens33 设备。

```
[root@Server ~]# nmcli connection show
名称     UUID                                  类型             设备
conn2    360dfb78-5c35-4db3-9248-8615c4d5c35a  802-3-ethernet  ens33
virbr0   29bdf5ef-c579-46a1-ab74-92c00f3b643a  bridge          virbr0
ens33    583dc02e-3034-4d8b-8d8c-78eb61df76ee  802-3-ethernet  --
```

查看 ens33 设备的状态。

```
[root@Server ~]# nmcli device status ens33
未知参数：ens33
设备          类型       状态     连接
virbr0       bridge     连接的   virbr0
ens33        ethernet   连接的   conn2
lo           loopback   未托管   --
virbr0-nic   tun        未托管   --
```

【例 5-16】 修改 conn2 连接的 IP 地址为 192.168.100.10，DNS 服务器地址为 192.168.100.1，并设置开机自动启用连接。

```
[root@Server ~]# nmcli connection modify conn2 ipv4.addresses 192.168.100.10/24
ipv4.dns 192.168.100.1 connection.autoconnect yes
```

查看 ifcfg-conn2 配置文件的内容。

```
[root@Server ~]# cat -n /etc/sysconfig/network-scripts/ifcfg-conn2
# 以下为文件第 5、7、15、17、18、19 行的内容
     5  IPADDR=192.168.100.10
     7  GATEWAY=192.168.100.1
    15  NAME=conn2
    17  DEVICE=ens33
    18  ONBOOT=yes
    19  DNS1=192.168.100.1
```

查看 ens33 设备的 IP 地址，发现 IP 地址没有更新为 192.168.100.10。

```
[root@Server ~]# ip add show ens33
2: ens33: <BROADCAST,MULTICAST,UP,LOWER_UP> mtu 1500 qdisc pfifo_fast state UP qlen 1000
    link/ether 00:0c:29:6a:da:71 brd ff:ff:ff:ff:ff:ff
    inet 192.168.100.100/24 brd 192.168.100.255 scope global ens33
......
```

重启网络服务，使新配置生效。

```
[root@Server ~]# systemctl restart network
[root@Server ~]# ip a show ens33
2: ens33: <BROADCAST,MULTICAST,UP,LOWER_UP> mtu 1500 qdisc pfifo_fast state UP qlen 1000
    link/ether 00:0c:29:6a:da:71 brd ff:ff:ff:ff:ff:ff
    inet 192.168.100.10/24 brd 192.168.100.255 scope global ens33
......
```

nmcli 的连接可以实现网卡配置快速切换。比如，笔记本电脑在公司和家中使用不同的 IP 地址，就可以创建两个不同的连接配置，根据需要启用（up）或停用（down）相应的连接来实现快速配置。

【例 5-17】 使用 nmcli 命令将 ens33 设备从 conn2 连接切换到 ens33 连接。

```
[root@Server ~]# nmcli connection show    #查看连接状态，conn2 应用在设备 ens33 上
名称     UUID                                  类型             设备
conn2    360dfb78-5c35-4db3-9248-8615c4d5c35a  802-3-ethernet  ens33
virbr0   29bdf5ef-c579-46a1-ab74-92c00f3b643a  bridge          virbr0
ens33    583dc02e-3034-4d8b-8d8c-78eb61df76ee  802-3-ethernet  --
[root@Server ~]# nmcli connection down conn2    #先关闭 conn2 连接
成功取消激活连接 'conn2'（D-Bus 活动路径:org/freedesktop/NetworkManager/ActiveConnection/26）
```

```
[root@Server ~]# nmcli cconnection up ens33     #再启用 ens33 连接
连接已成功激活（D-Bus 活动路径：/org/freedesktop/NetworkManager/ActiveConnection/27）
[root@Server ~]# nmcli connection show    #查看连接状态，ens33 应用在设备 ens33 上
名称     UUID                                  类型              设备
ens33   583dc02e-3034-4d8b-8d8c-78eb61df76ee  802-3-ethernet  ens33
virbr0  29bdf5ef-c579-46a1-ab74-92c00f3b643a  bridge          virbr0
conn2   360dfb78-5c35-4db3-9248-8615c4d5c35a  802-3-ethernet  --
[root@Server ~]# ip a show ens33    #查看 IP 地址已更新
2: ens33: <BROADCAST,MULTICAST,UP,LOWER_UP> mtu 1500 qdisc pfifo_fast state UP qlen 1000
    link/ether 00:0c:29:6a:da:71 brd ff:ff:ff:ff:ff:ff
    inet 192.168.200.128/24 brd 192.168.200.255 scope global dynamic ens33
       valid_lft 1530sec preferred_lft 1530sec
```

4. nmtui 命令

nmtui 是一个文本用户界面（Text-based User Interface，TUI）的网络配置程序，可以编辑连接、启用连接和设置主机名。在命令行（终端）中执行 nmtui 命令可以启动网络管理器，如图 5-13 所示。此界面只能使用键盘操作，基本操作包括：使用方向键或按 Tab 键选择项目、按 Enter 键确认选项、按 Space 键切换复选框状态等。

【例 5-18】 使用 nmtui 命令修改主机名。

执行 nmtui 命令启动网络管理器，在网络管理器主界面中选择“设置系统主机名”选项，打开“设置主机名”界面。输入主机名后，按方向键（或 Tab 键）选择“确定”按钮，然后按 Enter 键确定，如图 5-14 所示。

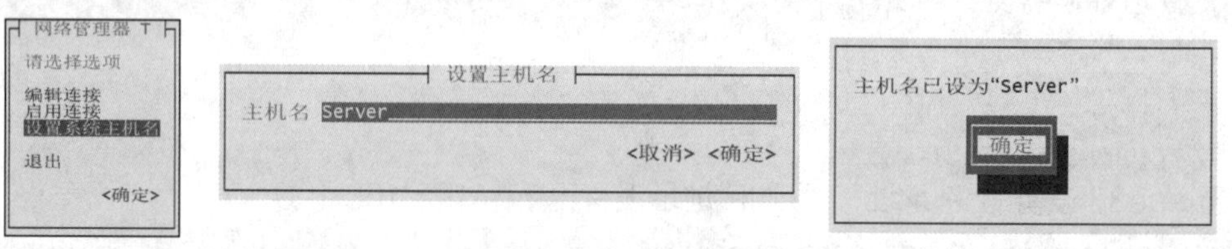

图 5-13　nmtui 命令功能菜单　　图 5-14　使用 nmtui 命令修改主机名

说明：通过 nmtui 命令修改的是 Static 主机名，/etc/hostname 文件内容会受到影响。

使用 nmtui 命令可以直观地设置网络连接参数，如图 5-15 所示。使用“编辑连接”选项，可以添加、删除连接，也可编辑具体的连接配置；使用“启用连接”选项，可以激活指定的网络连接。

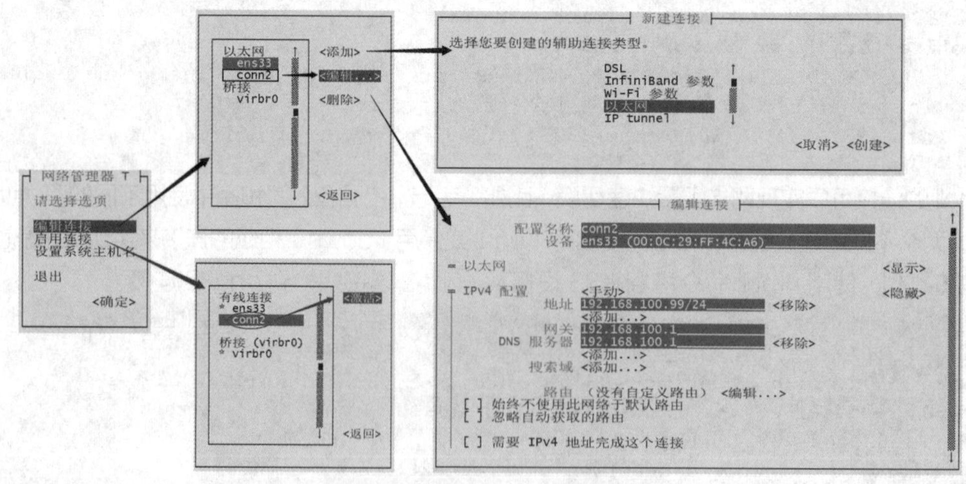

图 5-15　使用 nmtui 命令管理连接

ifconfig、ip、nmcli 和 nmtui 命令都可用于查看、修改本机网络参数配置。ifconfig 和 ip 命令的设置是临时的，不会存储到配置文件中，系统重启即失效。而 nmcli 和 nmtui 命令的设置会修改配置文件，需要重启网络服务使设置生效，生效后是永久的。

5. ping 命令

ping 命令是常用的网络命令，它通常用来测试与目标主机的连通性，命令格式如下。

```
ping [选项] 目标主机 IP 地址/域名
```

ping 命令的常用选项如表 5-3 所示。

表 5-3　ping 命令的常用选项

选项	说明
-R	记录路由过程
-c count	总次数

【例 5-19】 使用 ping 命令测试 Linux 虚拟机与物理机（192.168.200.1）的连通性。

```
[root@Server ~]# ping 192.168.200.1
PING 192.168.200.1 (192.168.200.1) 56(84) bytes of data.
64 bytes from 192.168.200.1: icmp_seq=1 ttl=128 time=0.385 ms
64 bytes from 192.168.200.1: icmp_seq=5 ttl=128 time=0.236 ms
^C
--- 192.168.200.1 ping statistics ---
2 packets transmitted, 2 received, 0% packet loss, time 4000ms
rtt min/avg/max/mdev = 0.197/0.252/0.385/0.068 ms
```

说明：使用 ping 命令如果不指定总次数，则测试过程不会自动终止，需要按 Ctrl+C 组合键终止。

【例 5-20】 使用 ping 命令测试本机与 www.ryjiaoyu.com 网站的连通性，并设置总次为 10。

```
[root@Server ~]# ping -c 10 www.ryjiaoyu.com
......
```

6. netstat 命令

netstat 命令用于显示各种网络相关信息，如网络连接、路由表、接口状态等。

netstat 命令格式如下。

```
netstat  [选项]
```

netstat 命令的常用选项如表 5-4 所示。

表 5-4　netstat 命令的常用选项

选项	说明
-i	只显示网络接口（网卡）的统计信息
-a	显示所有 Socket（套接字）
-t	只显示 TCP 传输协议的 Socket 连接
-u	只显示 UDP 传输协议的 Socket 连接
-n	以数字形式显示 IP 地址和端口号，不进行域名解析
-l	仅列出正在监听的端口
-p	显示相关连接的进程信息，如进程名称

【例 5-21】 使用 netstat 命令显示网络接口列表。

```
[root@Server ~]# netstat -i
```

【例 5-22】 使用 netstat 命令列出所有 Socket（包括监听和未监听的）。

```
[root@Server ~]# netstat -a | more
```

【例 5-23】 使用 netstat 命令列出所有 TCP 端口的监听情况。

```
[root@Server ~]# netstat -at
 Active Internet connections (Severs and established)
 Proto Recv-Q Send-Q Local Address     Foreign Address       State
 tcp        0      0 Sever:30037      *:*                   LISTEN
 tcp        0      0 Sever:ipp        *:*                   LISTEN
......
```

【例 5-24】 使用 netstat 命令列出所有 UDP 端口的监听情况。

```
[root@Server ~]# netstat -au
 Active Internet connections (Severs and established)
 Proto Recv-Q Send-Q Local Address     Foreign Address       State
 udp        0      0 *:bootpc           *:*
 udp        0      0 *:49119            *:*
......
```

5.2.5 管理网络服务与 systemctl 命令

微课 5-4：使用 systemctl 命令管理网络服务

服务是指在操作系统中用于支持各种功能的程序，使用 systemctl 命令可以对服务进程进行管理，如启动、停止、查看服务及允许服务开机启动等。

systemctl 命令的主要子命令如表 5-5 所示。

表 5-5 systemctl 命令的主要子命令

选项	说明
systemctl start 服务名	开启服务
systemctl stop 服务名	关闭服务
systemctl status 服务名	显示状态
systemctl restart 服务名	重启服务
systemctl enable 服务名	开机启动服务
systemctl disable 服务名	禁止开机启动
systemctl list-units	查看系统中所有正在运行的服务
systemctl list-unit-files	查看系统中所有服务的开机启动状态
systemctl list-dependencies 服务名	查看系统中服务的依赖关系
systemctl set-default multi-user.target	开机时不启动图形界面
systemctl set-default graphical.target	开机时启动图形界面

【例 5-25】 查看系统中所有正在运行的服务。

```
[root@Server ~]# systemctl list-units
UNIT                        LOAD   ACTIVE SUB      DESCRIPTION
......
multi-user.target           loaded active active   Multi-User System
network-online.target       loaded active active   Network is Online
network-pre.target          loaded active active   Network (Pre)
network.target              loaded active active   Network
......
```

【例 5-26】 查看 network 网络服务的运行状态。

```
[root@Server ~]# systemctl status network
• network.service - LSB: Bring up/down networking
```

```
  Loaded: loaded (/etc/rc.d/init.d/network; bad; vendor preset: disabled)
  Active: active (exited) since — 2020-5-26 19:13:52 CST; 2h 4min ago
5月 26 19:13:50 Sever.localdomain systemd[1]: Starting LSB: Bring up/down networking...
5月 26 19:13:52 Sever.localdomain network[4038]: 正在打开接口 ens33:  连接已成功激活…0 )
```

【例 5-27】 关闭 network 网络服务，并查看服务的运行状态。

```
[root@Server ~]# systemctl stop network
[root@Server ~]# systemctl status network
● network.service - LSB: Bring up/down networking
  Loaded: loaded (/etc/rc.d/init.d/network; bad; vendor preset: disabled)
  Active: inactive (dead) since — 2020-5-26 21:20:11 CST; 41s ago
……
```

【例 5-28】 开启（重启）网络服务。

```
[root@Server ~]# systemctl start network
[root@Server ~]# systemctl restart network
```

任务 5-3 配置和使用 SSH 服务

【任务目标】

在实际工作环境中，服务器通常部署在机房，用户无法在本地直接操作服务器，普遍采用 SSH 协议远程连接的方式管理 Linux 服务器。小乔准备学习配置和使用 SSH 服务相关的知识，掌握 SSH 远程登录的配置和使用，学会使用 scp 命令复制远程文件。

5.3.1 远程连接 Linux 主机

安全外壳协议（Secure Shell，SSH）是一种能够以安全的方式提供远程登录的协议。目前，远程管理 Linux 系统的首选方式就是 SSH 远程登录。

微课 5-5：远程连接 Linux 主机

sshd 是基于 SSH 协议开发的一款远程管理服务程序，RHEL 7.4 通过 sshd 服务程序提供服务器远程管理服务，它提供两种安全验证的方法。

- 基于口令的验证：用账户和密码来验证登录。
- 基于密钥的验证：需要在客户端本地生成密钥对（私钥和公钥），私钥自己保留，公钥上传至服务器。登录时，服务器使用公钥对客户端发来的加密字符串进行解密认证。该方法相较来说更安全。

【例 5-29】 查看 sshd 服务程序的状态。

在 RHEL 7.4 中，已经默认安装并开启 sshd 服务程序。

```
[root@Server ~]# systemctl status sshd
● sshd.service - OpenSSH Server daemon          #sshd 所属的软件包为 openssh
  Loaded: loaded (/usr/lib/systemd/system/sshd.service; enabled; vendor preset: enabled)
  Active: active (running) since — 2020-5-26 22:55:15 CST; 12h ago
……
```

【例 5-30】 使用 ssh 命令远程登录服务器。

ssh 命令是 sshd 服务程序提供的 SSH 服务器远程访问命令，使用 ssh 命令进行远程登录连接，命令格式如下。

```
ssh  [选项]  主机 IP 地址
```

假设服务器的主机名为 Server，IP 地址为 192.168.200.200/24，客户端主机名为 Client，IP 地址为 192.168.200.132/24。下面在客户端使用 root 用户远程登录服务器。

```
[root@Client ~]# ssh 192.168.200.200
The authenticity of host '192.168.200.200 (192.168.200.200)' can't be established.
ECDSA key fingerprint is SHA256:QM5g1PSWuo1phh3zaI14Mx811SXCpW4v31ovEyiL7Gc.
ECDSA key fingerprint is MD5:08:f0:76:2e:6b:b4:a2:76:ac:a1:b8:9b:07:33:3e:6d.
Are you sure you want to continue connecting (yes/no)? yes      # 输入 yes 继续连接
Warning: Permanently added '192.168.200.200' (ECDSA) to the list of known hosts.
root@192.168.200.200's password:          # 此处输入服务器的 root 用户密码
Last login: Tue May 27 11:21:04 2020 from 192.168.200.132
```

查看用户的登录信息。

```
[root@Server ~]# who am i
root     pts/1       2020-5-27 11:21 (192.168.200.132)
```

输入“exit”退出登录。

```
[root@Server ~]# exit
登出
Connection to 192.168.200.200 closed.
```

注意 ssh 命令默认使用当前用户登录，如果要用指定的用户登录，则使用如下格式。

ssh 用户名@主机地址

【例 5-31】 禁止 root 用户以 SSH 方式远程登录服务器。

禁止 root 用户以 SSH 方式远程登录服务器，可以提高服务器的安全性。该设置需要修改 sshd 服务程序的主配置文件/etc/ssh/sshd_config，删除第 38 行“#PermitRootLogin yes”前的“#”以取消注释，并把参数值“yes”改成“no”，然后保存并退出。

```
[root@Server ~]# vim /etc/ssh/sshd_config
……（省略部分输出信息）
38  PermitRootLogin no
……（省略部分输出信息）
```

重启 sshd 服务程序，使新配置生效。

```
[root@ Server ~]# systemctl restart sshd
```

在客户端 Client 上再次使用 root 用户登录服务器 Server，系统会提示不可访问的错误信息。

```
[root@ Client ~]# ssh 192.168.200.200
root@192.168.200.200's password:       # 此处输入服务器的 root 用户的密码
Permission denied, please try again.
```

素养提示 在计算机网络中，网络协议是通信双方为了实现特定功能共同遵守的一组约定。例如，通过 SSH 远程登录的方式来管理 Linux 服务器。网络协议充分体现了和谐、包容、尊重规则的理念，这是当代大学生需要具备的品质。在社会生活中，只有遵守法律或约定俗成的社会规则，才能获得充分的自由和广阔的天地，进而发挥自己的潜能，反之则寸步难行。

5.3.2 安全密钥验证及免密登录

在生产环境中使用基于用户名和密码的口令验证方式，用户名和密码有可能被截获进而被暴力破解。而使用密钥验证方式不需要进行密码验证，因此密钥验证方式更加安全快捷。

微课 5-6：安全密钥验证及免密登录

【例 5-32】 配置 root 用户以密钥验证方式（免密登录）登录服务器。

配置 root 用户以密钥验证方式登录服务器时，需要在客户端使用 ssh-keygen 命令生成密钥对，然后使用 ssh-copy-id 命令将密钥对中的公钥上传至服务器。服务器中的 sshd 服务程序需要配置允许 root 用户远程登录。具体操作步骤如下。

（1）在客户端 Client 中生成密钥对。

```
[root@Client ~]# ssh-keygen
Generating public/private rsa key pair.
Enter file in which to save the key (/root/.ssh/id_rsa): # 按Enter 键或设置密钥存储路径
Created directory '/root/.ssh'.
Enter passphrase (empty for no passphrase):    # 直接按 Enter 键或设置密钥的密码
Enter same passphrase again:                   # 再次按 Enter 键或重复设置密码
Your identification has been saved in /root/.ssh/id_rsa.
Your public key has been saved in /root/.ssh/id_rsa.pub.
Your identification has been saved in /root/.ssh/id_rsa.
Your public key has been saved in /root/.ssh/id_rsa.pub.
The key fingerprint is:
40:32:48:18:e4:ac:c0:c3:c1:ba:7c:6c:3a:a8:b5:22 root@Client
The key's randomart image is:
+--[ RSA 2048]----+
|+*..o .          |
|*.o  +           |
|o*    .          |
|+ .    .         |
|o..     S        |
|.. +             |
|. =              |
|E+ .             |
|+.o              |
+-----------------+
```

（2）在客户端 Client 中，使用 ssh-copy-id 命令，将客户端生成的公钥文件传送至远程服务器 Server（服务器 IP 地址为 192.168.200.200）上。

```
[root@Client ~]# ssh-copy-id 192.168.200.200
The authenticity of host '192.168.200.132 (192.168. 64.200' can't be established.
ECDSA key fingerprint is 4f:a7:91:9e:8d:6f:b9:48:02:32:61:95:48:ed:1e:3f.
Are you sure you want to continue connecting (yes/no)? yes       # 此处输入 yes
/usr/bin/ssh-copy-id: INFO: attempting to log in with the new key(s), to filter out
any that are already installed
/usr/bin/ssh-copy-id: INFO: 1 key(s) remain to be installed -- if you are prompted
now it is to install the new keys
root@192.168. 200.200's password:            # 此处输入服务器的 root 密码
Number of key(s) added: 1
Now try logging into the machine, with: "ssh '192.168.200.200'"
and check to make sure that only the key(s) you wanted were added.
```

（3）在服务器中配置允许 root 用户以 SSH 方式远程登录服务器，验证方式只允许密钥验证，拒绝口令验证。

```
[root@Server ~]# vim /etc/ssh/sshd_config
......
 38  PermitRootLogin yes          # 配置 PermitRootLogin 参数值为 yes
......
```

```
  62  # To disable tunneled clear text passwords, change to no here!
  63  #PasswordAuthentication yes
  64  #PermitEmptyPasswords no
  65  PasswordAuthentication no    # 配置 PasswordAuthentication 参数值为 no
......
```

配置文件修改完毕，重启 sshd 服务程序。

```
[root@Server ~]# systemctl restart sshd
```

（4）在客户端 Client 上尝试登录服务器 Server，此时无需输入密码便可成功登录，至此实现了 root 用户的 SSH 免密登录。

```
[root@Client ~]# ssh 192.168.200.200
Last login: Tue May 28 11:21:26 2020
```

5.3.3 远程复制操作：scp 命令

scp 是一个基于 SSH 协议在网络上进行数据安全传输的命令。cp 命令只能在本地硬盘中复制文件，而 scp 命令能够通过网络传输（复制）数据，且所有的数据都进行加密处理。

微课 5-7：远程复制操作：scp 命令

使用 scp 命令把本地文件上传到远程主机，命令格式如下。

```
scp [参数] 本地文件 远程账户@远程 IP 地址:远程目录
```

使用 scp 命令把远程主机中的文件下载到本地，命令格式如下。

```
scp [参数] 远程用户@远程 IP 地址:远程文件 本地目录
```

scp 命令的常用选项如表 5-6 所示。

表 5-6　scp 命令的常用选项

选项	说明
-P	指定远程主机的 sshd 端口号（数据传输使用的端口号）
-r	用于递归传送目录

使用 scp 命令把文件从本地复制到远程主机时，需要注意以下几点。

（1）本地文件位置可以用绝对路径或相对路径，远程主机位置必须用绝对路径表示。

（2）传送整个目录时，需要使用-r 选项进行递归操作。

（3）如果想使用指定用户的身份进行验证，则可使用“用户名@主机地址”的参数格式。

（4）最后需要在远程主机的 IP 地址后面添加冒号，再写目标目录。

【例 5-33】 使用 scp 命令完成客户端与服务器（IP 地址为 192.168.200.200）之间的文件传输。

（1）在客户端新建一个文件 hello.txt。

```
[root@Client ~]# echo hello Server! this is Client > hello.txt
```

（2）将本地文件 hello.txt 复制到服务器的/root 目录中。

```
[root@Client ~]# scp hello.txt 192.168.200.200:/root
root@192.168.200.200's password:
hello.txt                                        100%   29     1.8KB/s   00:00
```

（3）登录服务器，查看刚刚上传的 hello.txt 文件并为其添加内容。

```
[root@Client ~]# ssh 192.168.200.200
root@192.168.200.200's password:
Last login: Tue May 27 11:27:51 2020 from 192.168.200.132
```

```
[root@Server ~]# ls *.txt
hello.txt
[root@Server ~]# cat hello.txt
hello Server! this is Client
[root@Server ~]# echo Hello! this is Server >> hello.txt
[root@Server ~]# exit
登出
```

（4）将 hello.txt 文件从远程服务器复制到客户端/root 目录中，并重命名为 rehello.txt。

```
[root@Client ~]# scp 192.168.200.200:/root/hello.txt  /root/rehello.txt
root@192.168.200.200's password:
hello.txt                              100%   51    27.3KB/s   00:00
[root@Client ~]# ls *.txt
hello.txt     rehello.txt
[root@Client ~]# cat rehello.txt
hello Server! this is Client
Hello! this is Server
```

5.3.4 介绍 SSH 客户端工具

在 Windows 系统中，如果想要以 SSH 方式远程登录 Linux 服务器，就需要一款 SSH 客户端工具。SSH 客户端工具是管理 Linux 服务器的软件。目前，常用的 SSH 客户端工具有 Xshell、MobaXterm、PuTTY 等。

1. Xshell

Xshell 是国内比较流行的 SSH 客户端工具。与同类软件相比，Xshell 更加注重用户体验，比如其现代化的界面、支持多种语言、代码高亮等，对于新手而言非常友好。

2. MobaXterm

MobaXterm 是一款优秀的 SSH 客户端工具。它的功能比较全面，支持 SSH、Telent、FTP 等多种协议，配合内置的 SFTP 文件管理工具和 MobaTextEditor，可以使远程终端文件管理更加便捷。

3. PuTTY

PuTTY 是一款开源免费的 SSH 客户端工具。该软件的特点是非常小巧，大小只有 1MB 左右，其绿色版本下载后可以免安装使用。

小结

通过学习本项目，我们了解了 VMware 中 3 种网络工作模式的特点和设置方法，掌握了 RHEL 7.4 中基本网络功能的配置方法，学会了使用 SSH 远程登录方式管理 Linux 服务器。

Linux 作为一个典型的网络操作系统，提供了强大的网络功能。要完成 Linux 系统中网络功能的配置，可以修改相应的配置文件，也可以运用 Linux 命令进行设置，或者两者结合起来使用。Linux 系统中网络功能的配置方法非常灵活，要想完全掌握并不容易，需要在学习中多练习、多总结。

本项目涉及的各个知识点的思维导图如图 5-16 所示。

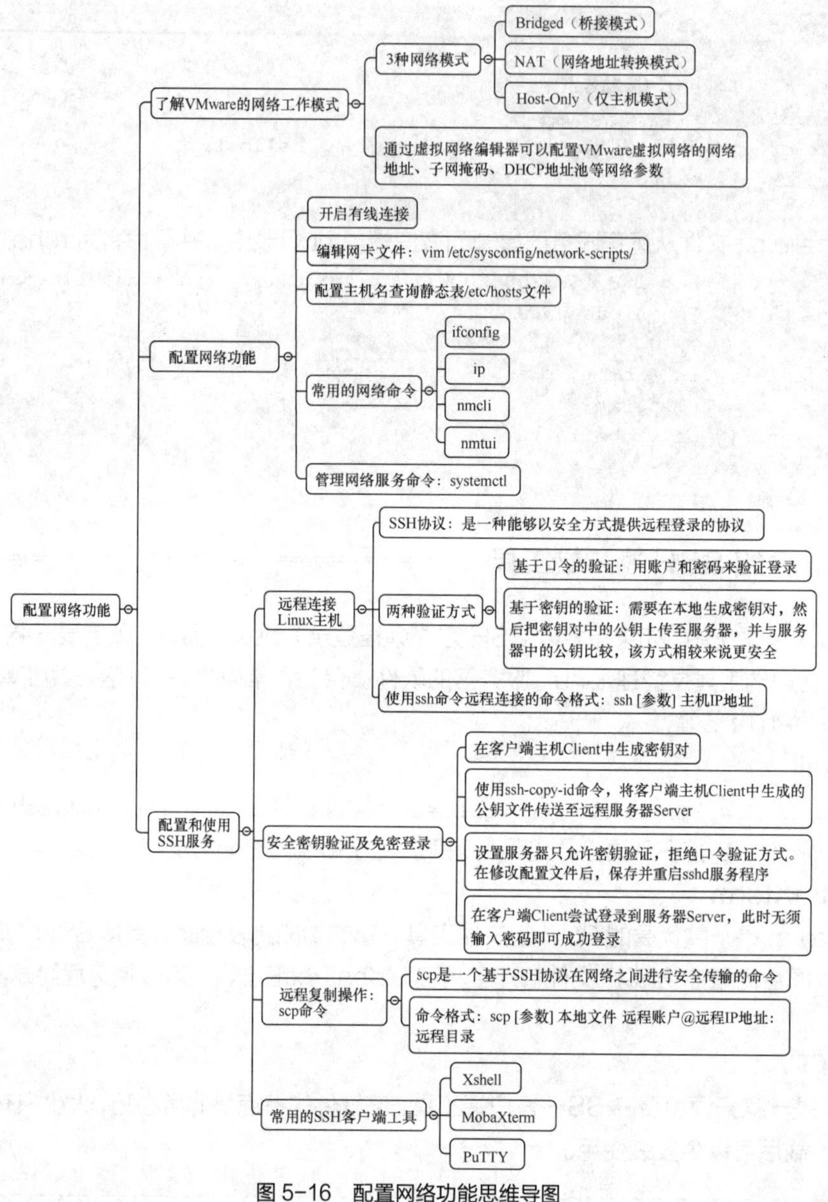

图 5-16　配置网络功能思维导图

项目实训　配置双网卡负载均衡的 Linux 服务器

微课 5-8：配置双网卡负载均衡的 Linux 服务器

（一）项目背景

青苔数据要部署一台 Linux 服务器提供 7×24 小时的网络存储服务。为了保证网络传输带宽和提高服务器的可靠性，技术人员采用网卡绑定（bond）技术，把两个物理网卡绑定成一个逻辑网卡，使用同一个 IP 地址工作，建立聚合链路，实现网卡负载均衡。

在双网卡负载均衡工作模式下，两块网卡同时正常工作，能提供 2 倍的带宽。

其中任意一块网卡失效，只是网络出口带宽下降，保证了网络不会中断。

（二）工作任务

1．服务器准备

（1）准备一台安装有 3 块网卡的服务器。使用 VMware 虚拟机模拟该服务器，第一块网卡（ens33）采用 NAT 模式，用于管理服务器；其余两块网卡（ens38、ens39）采用仅主机模式，用于提供网络服务。

（2）配置网络环境。配置 NAT 模式网络（VMnet8）的子网 IP 地址为 192.168.200.0，子网掩码为 255.255.255.0，网关地址为 192.168.200.2；配置仅主机模式网络（VMnet1）的子网 IP 地址为 192.168.100.0，子网掩码为 255.255.255.0。

（3）在服务器中以最小化方式安装 RHEL 7.4。

（4）设置服务器的主机名称为 BondServer。

2．网络参数设置

（1）设置服务器第一块网卡（ens33）的 IP 地址为 192.168.200.25，子网掩码为 255.255.255.0，网关地址为 192.168.200.2，DNS 服务器地址为 8.8.8.8。

（2）使用 SSH 客户端工具远程登录该服务器。

（3）使用 nmcli 命令查看 3 块网卡设备的工作状态。

3．配置双网卡负载均衡

（1）配置逻辑网卡 bond0，创建配置文件 ifcfg-bond0。

```
[root@BondServer ~]# vi /etc/sysconfig/network-scripts/ifcfg-bond0
TYPE=bond                    # 类型为 bond
BOOTPROTO=static
DEVICE=bond0
ONBOOT=yes
USERCTL=no
IPADDR=192.168.100.88        # 该网卡 IP 地址设置为 192.168.100.88
PREFIX=24
NAME=bond0
BONDING_MASTER=yes
# 配置 bond0 虚拟网卡使用 mode 6 网卡绑定模式，故障切换时间为 100ms
BONDING_OPTS="mode=6 miimon=100"
```

（2）配置物理网卡 ens38，创建配置文件 ifcfg-ens38。

```
[root@BondServer ~]# vi /etc/sysconfig/network-scripts/ifcfg-ens38
TYPE=Ethernet
BOOTPROTO=none
DEVICE=ens38
ONBOOT=yes
USERCTL=no
MASTER=bond0
SLAVE=yes
```

（3）配置物理网卡 ens39，创建配置文件 ifcfg-ens39。

```
[root@BondServer ~]# vi /etc/sysconfig/network-scripts/ifcfg-ens39
TYPE=Ethernet
BOOTPROTO=none
DEVICE=ens39
ONBOOT=yes
USERCTL=no
```

```
MASTER=bond0
SLAVE=yes
```

（4）将 bonding 驱动模块加载到当前内核。

```
[root@BondServer ~]# vi /etc/modprobe.d/bonding.conf
alias bond0 bonding
```

（5）重新启动网络服务，使双网卡负载均衡配置生效。

```
[root@BondServer ~]# systemctl restart network
```

（6）使用 nmcli 命令查看网卡设备的工作状态，确保网口冗余，双网卡负载均衡工作正常，从而达到高可用的目的。

```
[root@BondServer ~]# nmcli device status
[root@BondServer ~]# cat /proc/net/bonding/bond0
```

（7）查看 bond0 逻辑网卡的速率。

```
[root@BondServer ~]# ethtool bond0
```

（8）在物理机中，使用 ping 命令对 Linux 服务器进行连通性测试。

习题

一、选择题

1. 关于 Linux 网络管理命令，以下说法错误的是（　　）。

A. nmtui 命令可以用来设置主机名　　B. ping 命令不通对方主机就意味着网络有问题

C. ifconfig 命令可以查看和修改本机的 IP 地址　　D. ping 命令的-c 选项可以指定发包的数量

2. 要配置 RHEL 7.4 中的网络接口 ens33 的 IP 地址，需要修改（　　）文件。

A. /etc/sysconfig/network-scripts/ifcfg-lo

B. /etc/sysconfig/network-scripts/ifcfg-ens33

C. /etc/sysconfig/network

D. /etc/init.d/network

3. 修改多个网络接口的配置文件后，使用（　　）命令可以使全部配置生效。

A. /etc/init.d/network stop　　B. etc/init.d/network start

C. systemctl restart network　　D. ifdown ens33 ; ifup ens33

二、填空题

1. 一块网卡对应一个配置文件，网卡配置文件存放在目录__________中，文件名以________开头。

2. sshd 是一款基于________协议的远程管理服务程序，不仅使用方便快捷，而且能够提供两种安全验证方法，分别是________和________，其中________方式相较来说更安全。

3. ________命令是一个基于 SSH 协议，在网络上进行数据安全传输的命令，使用该命令把本地文件上传到远程主机的命令格式为：________________。

三、简答题

1. 在 Linux 系统中有多种方法可以配置网卡的 IP 地址等网络参数，请列举几种。

2. 本地主机与远程主机均为 Linux 系统，要将本地文件/root/data.txt 传送到地址为 192.168.10.20 的远程主机目录/opt 下，请简述操作步骤。

项目6
管理软件包与进程

情境导入

近日，青苔数据开发部承担了一个新的项目，项目的开发和运行环境要求为 Linux 系统，开发语言为 C 语言和 Java 语言。基于开发部的业务需要，现要在 Linux 服务器上安装 gcc 软件包和 jdk 软件包，为 C 语言和 Java 语言开发环境的搭建提供支持。大路看小乔之前表现很出色，准备让小乔负责为 Linux 系统安装 gcc 软件包和 jdk 软件包。

职业能力目标（含素养要点）

- 掌握 Linux 系统中，rpm 软件包的管理，能够使用 rpm 命令执行软件包的安装、查询、升级和卸载等任务。
- 掌握 Linux 系统中，本地和网络 yum 仓库的配置方法，能够使用 yum 命令执行软件包的安装、查询、升级和卸载等任务（综合素养）。
- 掌握 Linux 系统中的进程概念及常用的命令，能熟练使用 ps、top、kill 等命令执行进程管理等任务（创新能力）。

任务 6-1 使用 RPM 管理软件包

【任务目标】

Red Hat 软件包管理器（Red Hat Package Manager，RPM）是一种开放的软件包管理器，用于在 Linux 系统中管理 rpm 软件包。在本任务中，小乔需要了解 rpm 软件包，学会使用 rpm 命令管理 rpm 软件包和成功安装 gcc 编译器。

6.1.1 了解 rpm 软件包

在使用 RPM 管理器管理软件之前，需要先了解 rpm 软件包的种类及命名规则。

1. 软件包的种类

Linux 系统中常见的软件包分为两种：源码包和二进制包。

（1）源码包：是指编程人员编写的代码文件没有经过编译的包，需要经过 gcc、Java 等编译器编译后，才能在系统上运行。源码包一般是后缀名为.tar.gz、.zip、.rar 的文件。

（2）二进制包：是指已经编译好，可以直接安装使用的包，如后缀名为.rpm 的文件。

在 Linux 系统的早期版本中，由于大部分软件仅提供源码包，需要安装者自行编译代码并解决软件依赖关系，要安装好一个软件或者服务程序，不仅需要安装者具备耐心，还要具备丰富的知识、高超的技能。因此使用源码包安装软件是非常困难的。后续如果需要升级或者卸载程序，又要考虑其他程序的依赖关系。总之，在早期的 Linux 系统中，安装、升级、卸载软件是一件非常痛苦而又复杂的事情。

为了简化 Linux 系统中软件安装、卸载和更新的过程，RPM 应运而生。RPM 按照 GPL 条款发行，是一种开放的软件包管理系统，提供了安装、升级、卸载等命令，大大简化了软件管理的复杂性，逐渐被公众所认可，目前已存在于各种版本的 Linux 系统上。

通俗来讲，RPM 有点像 Windows 系统中的控制面板，会建立统一的数据库文件，详细记录软件信息并能够自动分析依赖关系。

2. rpm 软件包的通用命名规则

rpm 软件包的文件名相比 Windows 系统下的文件名来说较长一些，作为初学者，需要了解 Linux 系统中 rpm 软件包的组成。

rpm 软件包文件名的一般格式如下。

```
name-version1-version2-arch.rpm
```

各部分的含义如表 6-1 所示。

表 6-1　rpm 软件包文件名的各部分

部分	说明
name	表示 rpm 软件包的名称
version1	表示 rpm 软件包的版本号，格式为“主版本号.次版本号.修正号”
version2	表示 rpm 软件包的发布版本号，通常代表是第几次编译生成的
arch	表示 rpm 软件包的适用平台
.rpm	表示 rpm 软件包的类型，可以直接安装

如下所示的 rpm 软件包是 Linux 映像文件中存在的软件包，我们以此为例，强化 rpm 软件包的命名规则。

```
dhcp-4.2.5-58.el7.x86_64.rpm
dhcp-common-4.2.5-58.el7.x86_64.rpm
dhcp-libs-4.2.5-58.el7.i686.rpm
dhcp-libs-4.2.5-58.el7.x86_64.rpm
```

（1）name，如 dhcp，是软件的名称。

（2）version，如 4.2.5，是软件的版本号。

（3）58，是发布版本号，表示这个 rpm 包是第几次编译生成的。

（4）x86_64，表示包适用的硬件平台。

（5）.rpm 是 rpm 包的后缀。

微课 6-1：管理 RPM 包：rpm 命令

6.1.2　管理 rpm 软件包：rpm 命令

在 Linux 系统中使用 rpm 命令进行软件包的管理，命令格式如下。

```
rpm [选项] <filename>
```

rpm 命令的常用选项如表 6-2 所示。

表 6-2 rpm 命令的常用选项

选项	说明
-i	安装软件包
-U	升级软件包
-e	卸载软件
-q	查询已经安装的软件
-V	检验已安装的软件包
-v	显示详细信息
-h	输出安装进度条
-a	显示全部信息
--nodeps	忽略依赖关系，但是该选项不建议使用

注意 -i、-U、-e 选项，只有 root 用户才有权限执行，而-q 选项任何用户都可以执行。

1. 使用 rpm 命令安装 Windows 系统中上传的软件包

【例 6-1】 使用 rpm 命令安装 linuxqq，在安装过程中显示安装进度和详细信息，rpm 软件包名称为 linuxqq_2.0.0-b1-1024_x86_64.rpm。

```
[root@Server ~]# rpm -ivh linuxqq_2.0.0-b1-1024_x86.rpm
错误：打开 linuxqq_2.0.0-b1-1024_x86.rpm 失败： 没有那个文件或目录
```

执行上述命令后，返回了错误信息，原因是什么呢?

执行 ls 命令，发现当前路径下并没有包含 linuxqq_2.0.0-b1-1024_x86_64.rpm 软件包，所以需要将 Windows 系统下的软件包上传至该路径。在本例中，借助 Xshell 工具中的 rz 命令上传 linuxqq 的 rpm 软件包，具体步骤如下。

（1）使用 Xshell 连接 Linux 服务器，连接方法请参考任务 5-3 配置和使用 SSH 服务中的 5.3.1 小节。

（2）执行 rz 命令，打开上传文件的对话框。

```
[root@Server ~]rz
```

（3）选中 Windows 系统中 linuxqq 的 rpm 软件包，单击“打开”按钮，如图 6-1 所示。

（4）在工作目录下执行 ls 命令，可以看到 linuxqq 的 rpm 软件包已经被上传至该目录下。

```
[root@Server ~] ls
anaconda-ks.cfg  initial-setup-ks.cfg  linuxqq_2.0.0-b1-1024_x86_64.rpm
```

（5）执行 rpm 命令进行安装。

```
[root@Server ~] rpm -ivh  linuxqq_2.0.0-b1-1024_x86_64.rpm
准备中...                    ################################# [100%]
正在升级/安装...
   1:linuxqq-2.0.0-b1           ################################# [100%]
```

（6）在本地打开 linuxqq，通过手机版 QQ 扫一扫登录，接下来就可以聊天啦。

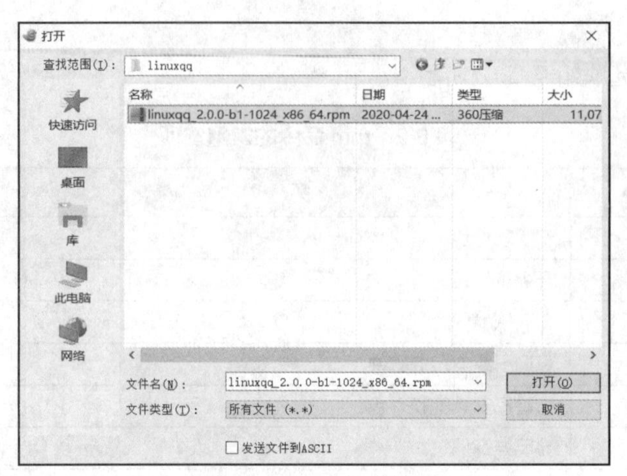

图 6-1　打开 rpm 软件包

【例 6-2】 使用 rpm 命令查询已经安装好的 linuxqq。

```
[root@Server ~]# rpm -qa linuxqq
```

【例 6-3】 使用 rpm 命令删除已经安装好的 linuxqq。

```
[root@Server ~]# rpm -e linuxqq
```

提示　使用-q、-e 查询或者卸载安装的软件时，只需要输入软件的名称，而不是软件包的名称。

2. 使用 rpm 命令安装 Linux 系统中安装映像文件的软件包

在上面的案例中，linuxqq 的 rpm 软件包是从 Windows 系统上传的，但是我们知道，Linux 系统的安装映像文件自带了很多扩展的 rpm 软件包，在安装一些基础的软件时，不需在网上下载 rpm 软件包，非常方便。

在本任务中，gcc 的 rpm 软件包就存在于映像文件中，如何才能访问映像文件中的 rpm 软件包呢？操作步骤如下。

（1）打开 VMware Workstation Pro 15 的虚拟机设置选项，连接方式选择“使用 ISO 映像文件”，并将目录改为映像文件的实际目录，如图 6-2 所示，单击“确定”按钮。

（2）单击 VMware Workstation Pro 15 右下角的光盘图标，选择连接，如图 6-3 所示。

（3）执行 mkdir 命令，创建/iso 文件夹。

```
[root@Server ~]# mkdir /iso
[root@Server ~]# cd /iso
[root@Server iso] ls
```

（4）执行 mount 命令，将映像文件挂载到/iso 文件。

```
[root@Server ~]# mount /dev/cdrom /iso
mount: /dev/sr0 写保护，将以只读方式挂载
```

（5）执行 cd 命令，进入/iso 目录，通过 ls 命令查看挂载后的文件。

```
[root@Server ~]# cd /iso
[root@Server iso]# ls
addons  extra_files.json  isolinux   Packages     RPM-GPG-KEY-redhat-release
EFI     GPL              LiveOS     repodata              TRANS.TBL
EULA    images            media.repo  RPM-GPG-KEY-redhat-beta
```

图 6-2　设置虚拟机

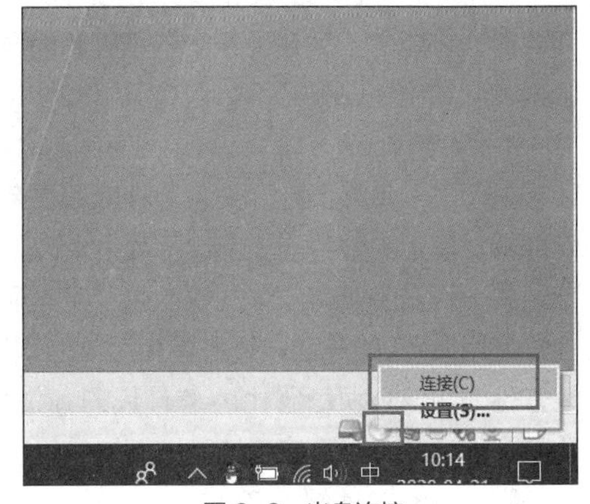

图 6-3　光盘连接

（6）执行 cd 命令，进入 Packages 文件夹，通过 ls 命令可以查看到该目录下的 rpm 软件包。

```
[root@Server iso]# cd Packages
[root@Server Packages]# ls
```

（7）执行 rpm 命令，安装 gcc 软件包。

```
[root@Server Packages]# rpm -ivh gcc-4.8.5-16.el7.x86_64.rpm
警告：gcc-4.8.5-16.el7.x86_64.rpm: 头 V3 RSA/SHA256 Signature, 密钥 ID fd431d51: NOKEY
错误：依赖检测失败：
    cpp = 4.8.5-16.el7 被 gcc-4.8.5-16.el7.x86_64 需要
    glibc-devel >= 2.2.90-12 被 gcc-4.8.5-16.el7.x86_64 需要
    libmpc.so.3()(64bit) 被 gcc-4.8.5-16.el7.x86_64 需要
```

上面的步骤中，rpm 命令并没有执行成功，错误为依赖性检测失败。从中可以看出，尽管 rpm 软件包管理器能够帮助用户查询软件相关的依赖性，但是检测出来的问题还是需要运维人员自己手动解决，本案例中的依赖关系手动安装不是特别麻烦，但是一些大型软件可能与数十个程序都有依赖关系，在这种情况下，安装软件是非常痛苦的。

素养提示　其实，我们学习的知识何尝不存在这种依赖性和关联性？如果之前没有学过英语，就看不懂英文错误提示，想要学习 Java 高级编程，就需要具备 Java 基础知识。所以，只有筑牢基础，稳扎稳打，才能获取更深、更专业的技术知识。

任务 6-2　使用 yum 管理软件包

【任务目标】

经过任务 6-1 的学习，小乔已经熟悉了 RPM 管理器的相关命令，但是在安装 gcc 软件包时遇到了问题：依赖性检测失败。

如何解决这个问题呢？这就需要用到 yum 相关的命令，因此在本任务中，小乔需要了解 yum 工具及仓库配置文件，学会搭建本地和网络 yum 仓库，并能够灵活运用常用的 yum 命令解决实际问题。

6.2.1 了解 yum 工具及仓库配置文件

使用 rpm 命令安装软件包，需要手动寻找安装该软件包所需的一系列依赖关系。当软件包需要卸载时，可能由于卸载了某个依赖关系而导致其他软件包不能用。那么，有没有一种简便的方式来管理 rpm 软件包呢？

1. 了解 yum

为了进一步降低软件安装的难度和复杂度，yum（Yellow dog Updater Modified）应运而生，它能够从指定的服务器上自动下载 rpm 软件包，自动升级、安装和卸载 rpm 软件包，自动检查依赖性并一次安装所有依赖的软件包，无需烦琐地一次次安装。

使用 yum 的关键之处是具有可靠的软件仓库，软件仓库可以是 HTTP 站点、FTP 站点或者本地软件池，但必须包含 rpm 软件包的 header，header 包括了 rpm 软件包的各种信息，如描述、功能、提供的文件及依赖性等。正是收集了这些 header 并加以分析，才能自动完成余下的任务。

2. yum 仓库配置文件

repo 文件是 Linux 系统中 yum 软件仓库的配置文件，通常一个 repo 文件定义了一个或者多个软件仓库的细节内容，比如从哪里下载需要安装或者升级的软件包，repo 文件中的设置内容将被 yum 读取和应用。软件仓库配置文件默认存储在/etc/yum.repos.d 目录中。

一般情况下，软件仓库文件包含以下几个部分。

（1）[resource name]：软件源的名称，通常和 repo 文件名保持一致。

（2）name：软件仓库的名称，和 repo 文件名保持一致。

（3）baseurl：指定 rpm 软件包的来源，合法的取值有 HTTP 网站、FTP 网站、本地源。

（4）gpgcheck：是否进行校验，确保软件包来源的安全性。

（5）enabled：软件仓库源是否启用。

6.2.2 搭建本地 yum 仓库

由于 Linux 系统的映像文件中有很多扩展的 rpm 软件包，因此本项目主要介绍本地 yum 仓库的搭建方法。

微课 6-2：搭建本地 yum 仓库

（1）在软件仓库配置文件的默认目录（/etc/yum.repos.d）中，使用 vim 命令新建并编辑 local.repo 文件，保存并退出。

```
[root@Server ~]# vim /etc/yum.repos.d/local.repo
//以下是 local.repo 文件的内容
[local]
name=local
baseurl=file:///iso（/iso 为光盘挂载目录）
gpgcheck=0
enabled=1
```

编写 local.repo 文件时，需要注意以下几点。

① 文件名 local 和 name（软件源的名称）保持一致。

② baseurl 指定的路径为映像文件挂载的路径，如果是本地仓库，则需在路径前加 file://；如果是 ftp 源，则需在路径前加 ftp://；如果是网络源，则需在路径前加 http://或 https://。

③ gpgcheck 用于校验软件包来源的安全性，0 为不校验，1 为校验。

④ enabled 用于设置是否启用该仓库源，0 为不启用，1 为启用。

（2）执行 yum clean all 命令。

```
[root@Server~ pluginconf.d]# yum clean all
已加载插件：langpacks, product-id, search-disabled-repos, subscription-manager
This system is not registered with an entitlement server. You can use subscription-manager to register.
```

（3）出现上述提示是因为 Linux 系统没有注册，将/etc/yum/pluginconf.d 目录下的 subscription-manager.conf 文件中的 enabled 值修改为 0 即可。

```
[root@Server ~]# cd /etc/yum/pluginconf.d/
[root@Server pluginconf.d]# vim subscription-manager.conf
[main]
enabled=0（将 1 修改为 0）
```

（4）再次执行 yum clean all 命令。

```
[root@Server~]# yum clean all
已加载插件：langpacks, product-id, search-disabled-repos
正在清理软件源： local
Cleaning up everything
Maybe you want: rm -rf /var/cache/yum, to also free up space taken by orphaned data from disabled or removed repos
```

6.2.3 使用 yum 命令管理软件包

微课 6-3：使用 yum 命令管理软件包

yum 命令可以安装、更新、删除、显示软件包，可以自动进行软件更新，基于软件仓库进行元数据分析，解决软件包依赖性关系。该命令格式如下。

```
yum [选项] [子命令] <package name>
```

yum 命令的常用选项及子命令分别如表 6-3 和表 6-4 所示。

表 6-3 yum 命令的常用选项

选项	说明
-h	显示帮助信息
-y	安装软件包过程中的提示全部选择“yes”
-q	不显示安装过程
--version	显示 yum 版本

表 6-4 yum 命令的常用子命令

子命令	说明
install	向系统安装一个或多个软件包
remove	删除软件包
update	更新软件包
clean	清除缓存数据，all 代表清除所有缓存数据
list	列出软件包，all 代表列出所有软件包
info	查看软件包的名称

续表

子命令	说明
history	列出 yum 命令安装软件包的历史记录
repolist	查看软件源中是否有软件包
help	显示帮助信息
makecache	建立缓存，提高速度

【例 6-4】 使用 yum install 命令，安装 gcc 软件包。

```
[root@Server ~]# yum clean all
[root@Server ~]# yum makecache
[root@Server ~]# yum install gcc -y
已安装：
gcc.x86_64 0:4.8.5-16.el7
作为依赖被安装：
cpp.x86_64 0:4.8.5-16.el7  glibc-devel.x86_64 0:2.17-196.el7  libmpc.x86_64 0:1.0.1-3.el7
完毕!
[root@Server ~]# rpm -qa|grep gcc
libgcc-4.8.5-16.el7.x86_64
gcc-4.8.5-16.el7.x86_64
```

通过上面的例题可以看出，yum 命令可以自动安装 gcc 软件包所依赖的 cpp、glibc-devel、libmpc 包，无需人工干预。

【例 6-5】 使用 yum info 命令，查看安装后的 gcc 软件包。

```
[root@Server ~]# yum info gcc
已加载插件：langpacks, product-id, search-disabled-repos
已安装的软件包
名称    : gcc
架构    : x86_64
版本    : 4.8.5
发布    : 16.el7
大小    : 37 M
源      : installed
来自源  : local
简介    :  Various compilers (C, C++, Objective-C, Java, ...)
网址    : http://gcc.gnu.org
协议    :  GPLv3+ and GPLv3+ with exceptions and GPLv2+ with exceptions and LGPLv2+ and BSD
描述    :  The gcc package contains the GNU Compiler Collection version 4.8.
        : You'll need this package in order to compile C code.
```

运行结果显示，gcc 软件包已经成功安装。

6.2.4 搭建网络 yum 仓库

微课 6-4：搭建网络 yum 仓库

Linux 系统中有一个有趣的命令 sl，也是我们通常所说的“小火车命令”，这个命令需要先安装才可以使用。

```
[root@Server yum.repos.d]# yum install sl
已加载插件：langpacks, product-id, search-disabled-repos
没有可用软件包 sl。
错误：无须任何处理
```

从上面的执行结果可以看出，当我们尝试使用 yum 命令安装 sl 软件包时，发现本地源中并没有可用的软件包，如何解决呢？这就需要搭建网络 yum 仓库。

Linux 扩展包（Extra Packages for Enterprise Linux，EPEL）是 yum 的一个软件源，包含了许多基本源没有的软件包，但是在使用之前需要先安装 EPEL 软件包。下面以 EPEL 网络源的配置为例，演示网络仓库的配置方法，其他网络仓库类似。需要注意的是，要想使用网络源，先要保证 Linux 虚拟机能够上网，上网配置方法请参考项目 5 配置网络功能的相关知识，这里不再赘述。

（1）安装 EPEL 软件包。

```
[root@Server ~]# wget http://dl.fedoraproject.org/pub/epel/7/x86_64/e/epel-release-7-12.noarch.rpm
[root@Server ~]# rpm -ivh epel-release-7-12.noarch.rpm
警告: epel-release-7-12.noarch.rpm: 头 V3 RSA/SHA256 Signature, 密钥 ID 352c64e5: NOKEY
准备中……                    ################################# [100%]
正在升级/安装……
1:epel-release-7-12          ################################# [100%]
```

安装 EPEL 软件包时，可以借助 wget 命令直接从 Fedora 官方网站获取需要的软件包，如上所示，在具体执行该命令时，wget 命令后的网址可能会随着实际版本的变更而变化。默认情况下，RHEL 7.4 已经安装了 wget 命令，如果未安装，则先使用 yum install wget -y 命令安装。

（2）编辑/etc/yum.repos.d/epel.repo 文件，配置 EPEL 网络 yum 仓库。

```
[root@Server ~]# vim /etc/yum.repos.d/epel.repo
//以下是 epel.repo 文件的内容
[epel]
name=epel-repo
baseurl=http://dl.fedoraproject.org/pub/epel/7/x86_64/
gpgcheck=0
enabled=1
priority=1
```

注意　将之前配置的 local.repo 文件中 enabled 的值修改为 0，表示不再使用本地源。

（3）清除 yum 缓存，生成 yum 缓存，查看已经配置的 yum 仓库。

```
[root@Server ~]# yum clean all
[root@Server ~]# yum makecache
[root@Server ~]# yum repolist
```

（4）安装 sl 软件包。

```
[root@ Server ~]# yum install -y sl
已加载插件: langpacks, product-id, search-disabled-repos
正在解决依赖关系
--> 正在检查事务
---> 软件包 sl.x86_64.0.5.02-1.el6 将被升级
---> 软件包 sl.x86_64.0.5.02-1.el7 将被更新
……
更新完毕:
  sl.x86_64 0:5.02-1.el7
完毕!
```

（5）执行 sl 命令，查看效果如图 6-4 所示。

```
[root@Server ~]# sl
```

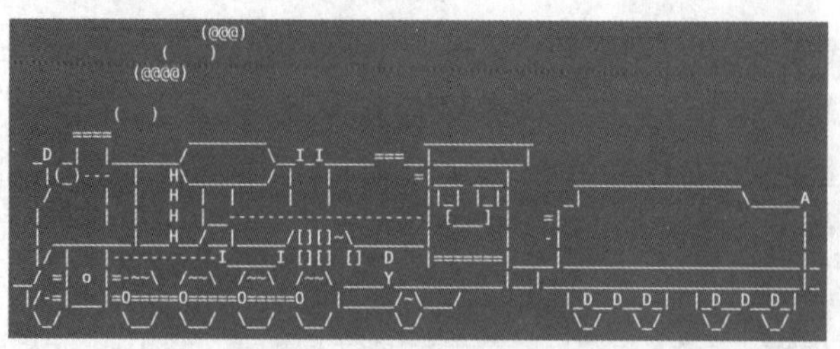

图 6-4 sl 命令运行效果图

通过以上步骤可以看出，EPEL 网络源已经配置成功，sl 命令也已经安装成功。

任务 6-3 管理进程

【任务目标】

使用 yum 命令可以安装各种需要的软件和程序，运行中的程序会占用系统资源，随着时间的推移，系统中有越来越多的程序在后台运行，严重影响了 Linux 系统的性能。在本任务中，小乔需要了解进程的概念、相关命令及如何终止进程。

6.3.1 了解 Linux 系统中的进程

Linux 是一个多用户、多任务的操作系统，各种计算机资源（如文件、内存、CPU 等）的分配和管理，都是以进程为单位的。为了协调多个进程对这些共享资源的访问，操作系统要跟踪所有进程的活动，以及它们对系统资源的使用情况，从而实现对进程和资源的动态管理。

1. 进程的概念

进程是管理事务的基本单元，是操作系统中执行特定任务的动态实体，是程序的一次运行。一般情况下，每个运行的程序至少由一个进程组成。例如，使用 Vim 编辑器编辑文件时，系统中会生成相应的进程。用 C 语言编写的代码，通过 gcc 编译器编译后最终会生成一个可执行的程序，当这个可执行的程序运行起来后，到结束前，它就是一个进程。

Linux 系统包含 3 种类型的进程。

（1）交互进程：是由 shell 启动的进程，交互进程可以在前台运行，也可以在后台运行。

（2）批处理进程：是一个进程序列，与终端没有联系。

（3）守护进程：是指在系统启动时就启动的进程，并且在后台运行。

2. 进程号

每个进程都由一个进程号（Process ID，PID）标识，范围为 0~32767。PID 是操作系统在创建进程时分配给每个进程的唯一标识，一个进程终止后，进程号随之被释放，分配给其他进程再次使用。

Linux 系统有 3 个特殊的进程。

（1）idle 进程：进程号为 0，是系统创建的第一个进程，也是唯一一个没有通过 fork 或者 kernel_thread 产生的进程。

（2）systemd 进程，进程号为 1，由 0 进程创建，用于完成系统的初始化，是系统中所有其他进程的祖先进程。系统启动完成后，该进程变为守护进程，用于监视系统中的其他进程。

（3）kthreadd 进程，进程号为 2，用于管理和调度其他内核线程，会循环执行 kthread 函数，所有内核线程都直接或者间接地以其为父进程。

6.3.2 查看进程：ps、top 命令

ps 和 top 命令可以查看 Linux 系统中的进程相关信息。

1. ps 命令

ps 命令是最基本的查看进程的命令，用来显示当前进程的状态，该命令的语法格式如下。

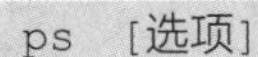

```
ps  [选项]
```

ps 命令的常用选项如表 6-5 所示。

表 6-5 ps 命令的常用选项

选项	说明
-a	显示当前控制终端的进程
-u	显示进程的用户名和启动时间等信息
-x	显示没有控制终端的进程
-e	等同于-A
-A	显示所有进程
-f	显示程序之间的关系

【例 6-6】 使用 ps 命令查看当前控制终端的进程，并显示进程的用户名和启动时间等相关信息。

```
[root@Server ~]# ps -au
USER   PID  %CPU  %MEM   VSZ   RSS TTY    STAT START   TIME COMMAND
root    1525  0.0  1.4 330448 26424 tty1    Ssl+ 10:34   0:22 /usr/bin/X :0 -background no
sc      5710  0.0   0.1 116292  2892 pts/2    Ss   13:38   0:00 bash
root    5842  0.0   0.2 220860  4248 pts/2    S    13:43   0:00 su - root
root    5848  0.0   0.1 116312  2908 pts/2    S+   13:43   0:00 -bash
root    6427  0.0   0.1 116544  3264 pts/3    Ss   14:30   0:00 -bash
root    8374  0.0   0.0 151064  1816 pts/3    R+   17:07   0:00 ps -au
```

返回结果中的每列都有特定的含义，具体含义如表 6-6 所示。

表 6-6 ps 命令返回结果各列的含义

列名	含义
USER	进程所属的用户名
PID	进程号
%CPU	进程占用的 CPU 百分比
%MEM	进程占用的内存百分比
VSZ	进程占用的虚拟内存（单位为 kbyte）
RSS	进程占用的实际内存（单位为 kbyte）
TTY	显示进程在哪个终端运行，若与终端无关，则显示“？”，若为 tty1-tty6，则代表是本地登录，若为 pts/0 等，则代表是通过网络连接到服务器的进程
STAT	该进程当前的状态，主要状态有 3 种：R（运行态）、S（睡眠态）、T（停止态）

续表

列名	含义
START	进程的启动时间
TIME	实际使用 CPU 的时间
COMMAND	进程代表的实际命令

ps 命令与 grep 命令或者管道组合在一起用于查找特定进程的相关信息。

【例 6-7】 使用 ps 命令查看 ssh 程序的进程的相关信息。

```
[root@Server~]# ps -ef|grep ssh
root   8376  0.0  0.0 112676   984 pts/3    S+   17:07   0:00 grep --color=auto ssh
[root@Server ~]# ps aux | grep sshd
root      5292  0.0  0.2 105996  4116 ?      Ss   13:15   0:00 /usr/sbin/sshd -D
root      8146  0.0  0.2 147784  5240 ?      Ss   14:47   0:00 sshd: root@pts/1
root     11159  0.0  0.2 147788  5236 ?      Ss   16:53   0:00 sshd: root@pts/2
root     11462  0.0  0.0 112676   984 pts/2  S+   17:10   0:00 grep --color=auto sshd
```

2. top 命令

ps 命令用于一次性查看进程，结果并不是动态的，要想动态地显示进程信息，可以使用 top 命令。和 ps 命令不同，top 命令可以实时监控进程的状态，是常用的性能分析命令，是系统管理员最重要的命令之一，被广泛用于监视服务器的负载。该命令的语法格式如下。

```
top  [选项]
```

top 命令的常用选项如表 6-7 所示。

表 6-7　top 命令的常用选项

选项	说明
-d	指定每两次显示屏幕信息的时间间隔，默认为 3s
-p	指定监控进程的进程号
-s	使 top 命令在安全模式中运行
-i	使 top 命令不显示空闲或者僵死的进程
-c	显示整个命令行而不是仅显示命令名

【例 6-8】 使用 top 命令查看进程的实时状态。

```
[root@Server ~]# top
Tasks: 237 total,   1 running, 236 sleeping,   0 stopped,   0 zombie
%Cpu(s):  0.3 us,  0.3 sy,  0.0 ni, 99.3 id,  0.0 wa,  0.0 hi,  0.0 si,  0.0 st
KiB Mem :  1867024 total,   123176 free,   835348 used,   908500 buff/cache
KiB Swap:  3905532 total,  3905532 free,        0 used.   796172 avail Mem

  PID USER      PR  NI    VIRT    RES    SHR S %CPU %MEM  TIME+    COMMAND
10247 root      20   0  157716   2312   1548 R  0.7  0.1  0:00.40 top
10265 root      20   0       0      0      0 S  0.3  0.0  0:00.08 kworker/0:2
    1 root      20   0  193704   6932   4064 S  0.0  0.4  0:11.53 systemd
    2 root      20   0       0      0      0 S  0.0  0.0  0:00.06 kthreadd
    3 root      20   0       0      0      0 S  0.0  0.0  0:01.91 ksoftirqd/0
```

【例 6-9】 将 top 命令显示的时间间隔修改为 15s。

```
[root@Server ~]# top -d 15
```

6.3.3 停止进程：kill、killall 命令

微课 6-6：停止进程：kill、killall 命令

在 Linux 系统中经常使用 kill 和 killall 命令来杀死进程。kill 命令用于杀死单个进程，killall 命令用来杀死一类进程。

1. kill 命令

根据不同的信号，kill 命令用于完成不同的操作，该命令的语法格式如下。

```
kill [信号] PID
```

kill 命令的常用信号如表 6-8 所示。

表 6-8 kill 命令的常用信号

信号代码	信号名称	说明
1	SIGHUP	立即关闭进程，重新读取配置文件之后重启进程
2	SIGINT	终止前台进程，等同于 Ctrl+C 组合键
9	SIGKILL	强制终止进程
15	SIGTERM	正常结束进程，该命令的默认信号
18	SIGCONT	恢复暂停的进程
19	SIGTOP	暂停前台进程，等同于 Ctrl+Z 组合键

1、9、15 这个 3 个信号是最常用、最重要的信号。从 kill 命令的语法格式可以看出，该命令是按照 PID 来确定进程的，因此在实际使用 kill 命令时，通常配合 ps 命令来获取相应的进程号。

【例 6-10】 使用 kill 命令杀死 sshd 服务程序的相关进程。

```
[root@Server ~]# systemctl start sshd
[root@Server ~]# ps aux | grep sshd
root       5292  0.0  0.2 105996  4116 ?      Ss   13:15   0:00 /usr/sbin/sshd -D
root       8146  0.0  0.2 147784  5240 ?      Ss   14:47   0:00 sshd: root@pts/1
root      11159  0.0  0.2 147788  5236 ?      Ss   16:53   0:00 sshd: root@pts/2
root      11462  0.0  0.0 112676   984 pts/2  S+   17:10   0:00 grep --color=auto sshd
[root@Server ~]# kill -9 5292
[root@Server ~]# ps aux | grep sshd
root       8146  0.0  0.2 147784  5240 ?      Ss   14:47   0:00 sshd: root@pts/1
root      11159  0.0  0.2 147788  5236 ?      Ss   16:53   0:00 sshd: root@pts/2
root      11865  0.0  0.0 112676   984 pts/2  R+   17:42   0:00 grep --color=auto sshd
```

2. killall 命令

killall 命令不再依靠 PID 来杀死单个进程，而是通过程序的进程名来杀死一类进程，该命令的语法格式如下。

```
killall [选项] [信号] 进程名
```

killall 命令的常用选项如表 6-9 所示。

表 6-9 killall 命令的常用选项

选项	说明
-i	交互式，询问是否要杀死某个进程
-l	忽略进程名的大小写

【例 6-11】 使用 killall 命令杀死 sshd 服务程序所有的相关进程。

```
[root@Server ~]# ps aux | grep sshd
root      8146  0.0  0.2 147784  5240 ?        Ss   14:47   0:00 sshd: root@pts/1
root     11159  0.0  0.2 147788  5236 ?        Ss   16:53   0:00 sshd: root@pts/2
root     11865  0.0  0.0 112676   984 pts/2    R+   17:42   0:00 grep --color=auto sshd
[root@Server ~]# killall sshd
Connection closed by foreign host.
Disconnected from remote host(192.168.159.100) at 17:54:46.
Type 'help' to learn how to use Xshell prompt。
```

可以看出，杀死sshd服务程序所有相关的进程后，Xshell远程登录工具会断开连接。如果想再次使用 Xshell 工具登录 Linux 系统，需要执行 systemctl start sshd 命令，重新开启 sshd 服务程序。

小结

通过学习本项目，我们了解了 rpm 软件包的分类、命名规则和常用的 rpm 命令，掌握了本地 yum 仓库的配置方法和常用的 yum 命令，学会了如何在 Linux 系统中安装需要的软件。

其实，不论是学习还是在以后的工作中，使用 Linux 系统都可能会遇到各种新问题，这就需要我们能根据命令操作提示，找到解决方法，不断提升独立解决问题的能力，在不知不觉中积累更多的知识，最终不断提升自身的专业技能。

本项目涉及的各个知识点的思维导图如图 6-5 所示。

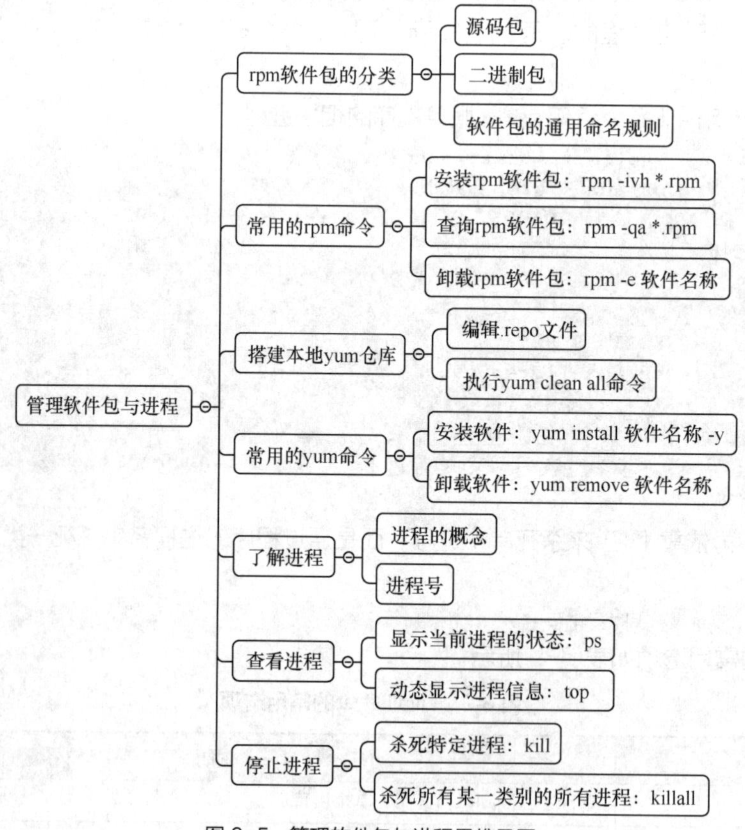

图 6-5 管理软件包与进程思维导图

项目实训　使用 yum 命令安装 gcc 和 jdk 软件包

（一）项目背景

青苔数据的开发部承接了一个开发项目，基于业务需要，现要在 Linux 服务器安装 gcc 软件包，或 jdk 软件包，为 C 语言和 Java 语言开发环境的搭建提供支持。

（二）工作任务

微课 6-7：使用 yum 命令安装 gcc 和 jdk 软件包

1．使用 yum 命令安装 gcc 软件包，并编写和运行简单的 HelloWorld 程序

（1）检查是否安装 gcc。

（2）如果没有安装，则使用 yum 命令安装软件包。

（3）编写 HelloWorld.c。

（4）编译并运行 HelloWorld.c。

2．使用 yum 命令安装 jdk 软件包，并编写和运行简单的 HelloWorld 程序

（1）检查是否安装 jdk 软件包。

（2）查看 yum 库中的 java 安装包。

（3）安装 java。

（4）通过 yum 安装 java 后，默认路径是/usr/lib/jvm。可以查看在 jvm 目录下分别有 java 和 jre 的目录，其中 java 目录包含 jre 内容。

（5）配置 java 环境变量，在/etc/profile 文件的最下面添加下面的 4 行内容。

注意　不同版本的路径会发生细微变化。

```
export JAVA_HOME=/usr/lib/jvm/java-1.8.0-openjdk-1.8.0.131-11.b12.el7.x86_64
export JRE_HOME=$JAVA_HOME/jre
export CLASSPATH=.:$JAVA_HOME/jre/lib/rt.jar:$JAVA_HOME/lib/dt.jar:$JAVA_HOME/lib/tools.jar
export PATH=$PATH:$JAVA_HOME/bin
```

（6）使环境变量生效。

（7）查看配置 java 环境变量是否正确。

（8）测试 java 和 javac 是否配置好。

（9）使用 Vim 编辑器创建新的文件 HelloWorld.java，输入 Java 代码，保存并退出。

（10）测试程序是否可以运行。

习题

一、选择题

1．使用 rpm 命令安装 gcc 软件包的命令是（　　）。

A．rpm -ivh gcc-4.8.5-16.el7.x86_64.rpm

B．rpm -q gcc-4.8.5-16.el7.x86_64.rpm

C．rpm -ivh gcc-4.8.5-16.el7.x86_64

D．rpm -e gcc-4.8.5-16.el7.x86_64.rpm

2．在 Linux 系统中，可以动态显示进程信息的命令是（　　）。

A．top　　B．ps　　C．ps –aux　　D．kill

3．查看系统中所有进程名称的命令是（　　）。

A．ps all　　B．ps aix　　C．ps auf　　D．ps aux

4．结束后台进程的命令是（　　）。

A．top　　B．kill　　C．ps　　D．killall

5．下列不是 Linux 系统进程类型的是（　　）。

A．交互进程　　B．批处理进程　　C．守护进程　　D．就绪进程

6．从后台启动进程，应在命令的结尾加上符号（　　）。

A．&　　B．@　　C．#　　D．$

7．（　　）不是进程和程序的区别。

A．程序是一组有序的静态指令，进程是程序的一次执行过程

B．程序只能在前台运行，进程可以在前台或后台运行

C．程序可以长期保存，进程是暂时的

D．程序没有状态，进程是有状态的

二、简答题

简述 RPM 与 yum 软件仓库的作用。

项目7
管理用户与用户组

情境导入

实习生及校园招聘工作圆满完成，新员工们陆续到青苔数据的各个部门报到。基于系统安全及业务需要，公司要为员工在 Linux 服务器上创建用户账号和密码，并依照所属部门划分用户组。

另外，由于新进员工等人员流动问题，需要对用户及用户组进行一系列的维护操作。小乔入职大数据平台与运维部已经有一段时间了，大路想借此机会检验她的学习成果，就把这个任务交给了小乔。

职业能力目标（含素养要点）

- 掌握 Linux 系统下用户账号的分类及相关文件。
- 掌握 Linux 系统下用户账号的创建与管理，能够使用相关命令完成用户账号的添加、修改、删除及密码管理等任务（信息安全意识）。
- 掌握 Linux 系统下用户组账号的创建与管理，能够使用相关命令实现用户组的添加、删除，能够根据需要管理用户与用户组的关系（团队意识）。

任务 7-1　认识用户与用户组

【任务目标】

用户账号是用户身份的标识，用户通过用户账号登录系统，访问被授权的系统资源。在本任务中，小乔需要了解用户和用户组的分类，理解用户和用户组 4 个文件的作用，掌握每个文件各个字段的含义。

7.1.1　了解用户与用户组的分类

Linux 系统是真正的多用户多任务操作系统，允许多个用户同时登录系统，使用系统资源。假如每个用户都具有管理员权限，系统资源的安全性就无从保证。作为网络管理员或者系统维护人员，需要对 Linux 系统的用户进行管理和分类，实现多用户多任务的运行机制。

1. 用户的作用

在系统中，每个文件、目录和进程，都归属于某一个用户。要使用 Linux 系统的资源，就必须向系统管理员申请一个账号，然后通过这个账号进入系统。

建立不同属性的用户，一方面可以合理利用和控制系统资源，另一方面可以帮助用户组织文件，提供对用户文件的安全性保护。不同用户具有不同的权限，每个用户在权限允许的范围内完成不同的任务，Linux 系统正是通过这种权限的划分与管理，实现了多用户多任务的运行机制。

2. 用户的分类

Linux 系统中的用户账号分为 3 种：超级用户、系统用户和普通用户。

（1）超级用户：也称为管理员用户，通常是 root 用户，拥有对整个 Linux 系统的管理权限，对系统有绝对的控制权，能够进行一切操作。

（2）系统用户：也称为虚拟用户、伪用户，无法用来登录系统，但也不能删除，因为一旦删除，依赖这些用户运行的服务或程序就不能正常执行，会导致系统问题。

（3）普通用户：在系统中只能访问他们本身拥有的或者具有权限执行的文件。

在 Linux 系统中，每个用户都有对应的用户编号（User ID，UID），用来唯一标识一个用户。这 3 种用户的 UID 都有特定的范围，具体范围如表 7-1 所示。

表 7-1　不同类别用户的合法 UID 范围

用户类别	说明
超级用户	UID 为 0
系统用户	UID 为 1~999
普通用户	UID 为 1000~60000

3. 用户组的分类

每个用户都至少隶属于一个用户组，管理员可以对用户组中的所有用户进行集中管理，从而提高工作效率。

在 Linux 系统中，每个用户组都有对应的组编号（Group ID，GID），用来唯一标识一个用户组。用户组有两种：初始组和附加组。

（1）初始组：也称为私有组或主要组，每个用户的初始组只能有一个，通常将与用户名同名的组作为该用户的初始组。比如，添加用户 yunwei，系统在创建该用户的同时，会建立 yunwei 组作为 yunwei 用户的初始组。

（2）附加组：用户加入的除了初始组外的其他用户组，称为该用户的附加组，一个用户可以同时加入多个附加组。

有了用户组，管理员可以直接将权限赋予某个用户组，组中的成员可以自动获取相应的权限。用户与用户组的对应关系如图 7-1 所示。

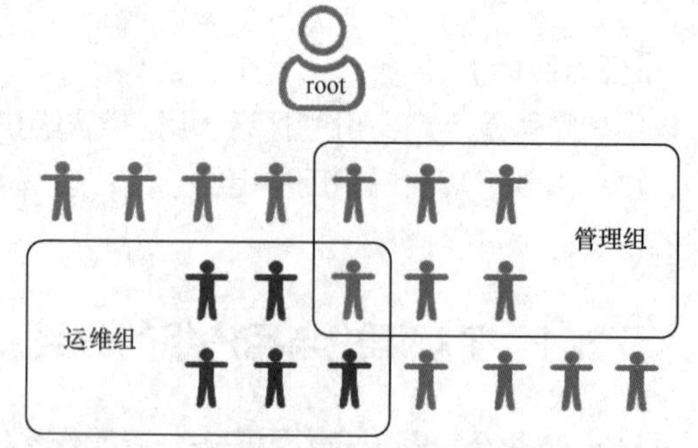

图 7-1　用户与用户组的对应关系图

7.1.2　理解用户账号文件：/etc/passwd 与/etc/shadow

Linux 系统把全部用户信息保存为普通的文本文件：/etc/passwd 和/etc/shadow 文件。系统上的大多数用户都有权限读取/etc/passwd 文件，但是只有超级用户能够修改，而/etc/shadow 对除超级用户外的所有用户都不可读。

1. /etc/passwd 文件

Linux 系统中的/etc/passwd 文件是系统的用户配置文件，存储了系统中所有用户的基本信息。

执行 head - 4 /etc/passwd 命令，打开 passwd 文件，命令及返回的内容如下。

```
[root@Server ~]# head - 4 /etc/shadow
root:x:0:0:root:/root:/bin/bash
bin:x:1:1:bin:/bin:/sbin/nologin
daemon:x:2:2:daemon:/sbin:/sbin/nologin
adm:x:3:4:adm:/var/adm:/sbin/nologin
```

可以看出，该文件的每一行代表一个用户账号的基本信息，第一个用户为 root 用户。每一行用“:”作为分隔符，划分为 7 个字段，每个字段表示的内容如下。

```
用户名: 加密口令: UID: GID: 用户的描述性信息: 主目录: 默认登录 shell
```

passwd 文件各字段的说明如表 7-2 所示，其中少数字段的内容为空。

表 7-2　passwd 文件各字段的说明

字段	说明
用户名	用户账号名称，用户登录时使用的用户名
加密口令	该字段用“x”填充，真正的密码保存在/etc/shadow 文件中
UID	用户编号
GID	用户组编号，该数字对应/etc/group 文件中的 GID
用户的描述信息	关于用户的描述性信息
主目录	用户的家目录，用户登入系统后默认的位置
默认登录 shell	用户使用的 shell，默认为“/bin/bash”

2. /etc/shadow 文件

/etc/passwd 文件用于存储 Linux 系统中的用户信息。但是由于该文件允许所有用户读取，容易导致用户密码泄露。因此，为了增强系统的安全性，Linux 系统将用户的密码信息从/etc/passwd 文件中分离出来，将经过加密之后的口令存放在/etc/shadow 文件中，该文件又称为“影子文件”。

执行 head -4 /etc/shadow 命令，打开 shadow 文件，命令及返回的内容如下。

```
[root@Server~]# head -4 /etc/shadow
root: $6$9w5Td6lg
$bgpsy3olsq9WwWvS5Sst2W3ZiJpuCGDY.4w4MRk3ob/i85fl38RH15wzVoom
ff9isV1 PzdcXmixzhnMVhMxbvO:15775:0:99999:7:::
bin:*:15513:0:99999:7:::
daemon:*:15513:0:99999:7:::
adm:*:16925:0:99999:7:::
```

shadow 文件的每一行代表一个用户的密码信息，第一个用户为 root 用户，每行用“:”作为分隔符，划分为 9 个字段，每个字段表示的内容如下。

```
用户名: 加密口令: 最后一次修改时间: 最小修改时间间隔: 最大修改日期间隔: 密码过期警告天数: 账户禁用宽限期: 账号被禁用日期: 保留字段
```

shadow 文件各字段的说明如表 7-3 所示。

表 7-3　shadow 文件各字段的说明

字段	说明
用户名	用户账号名称，用户登录时使用的用户名
加密口令	加密后的用户口令，“*”表示非登录用户，“！！”表示没有设置密码，“！”表示密码被锁定
最后一次修改日期	1970 年 1 月 1 日至上次修改密码后过去的天数
最小修改日期间隔	多少天后可以修改密码
最大修改日期间隔	多少天后必须修改密码
密码过期警告天数	密码过期前多少天提醒更改密码
账户禁用宽限期	密码过期后多少天禁用用户账号
账号被禁用日期	1970 年 1 月 1 日至账号被禁用的天数，若值为空，则永久可用
保留字段	用于功能扩展

7.1.3　理解用户组账号文件：/etc/group 与/etc/gshadow

用户组信息存储在用户组的文件中。

1. /etc/group 文件

/etc/group 文件是系统的用户组配置文件，存储了系统中所有用户组的基本信息。/etc/passwd 文件中的每个用户账号信息的第 4 个字段是用户的初始组 ID，即 GID，它就存储于/etc/group 文件中。

执行 head -4 /etc/group 命令，打开 group 文件，命令及返回的内容如下。

```
[root@Server~]# head -4 /etc/group
root:x:0:
bin:x:1:
daemon:x:2:
sys:x:3:
```

group 文件的每一行代表一个用户组的基本信息，第一个用户组为 root 组，每行用“:”作为分隔符，划分为 4 个字段，每个字段表示的内容如下。

```
组名：组口令：GID：该用户组中的用户成员列表
```

group 文件各字段的说明如表 7-4 所示。

表 7-4　group 文件各字段的说明

字段	说明
组名	用户组名称
组口令	该字段用“x”填充，真正的组密码保存在/etc/gshadow 文件中
GID	用户组编号，用于唯一标识一个用户组
该用户组中的用户成员列表	该用户组中含有的成员列表，成员之间用逗号隔开

可以看出，root 组的 GID 为 0，最后一个字段为空，意味着该组中没有其他成员。一个用户组

中如果有其他成员，则需在最后一个字段中列出，成员之间以“，”分隔。

注意 如果该用户组 A 是用户 a 的初始组，则用户 a 在用户组 A 的成员列表中并不会显示。

2. /etc/gshadow 文件

用户组的密码信息同样是从/etc/group 文件中分离出来的，经加密后的口令存放在/etc/gshadow 文件中，该文件只允许 root 用户读取。

执行 head -4 /etc/gshadow 命令，打开 gshadow 文件，命令及返回的内容如下。

```
[root@Server~]# head -4 /etc/gshadow
root:::
bin:::
daemon:::
sys:::
```

gshadow 文件中的每一行代表一个用户组的相关信息，第一个用户组为 root，每行用“:”作为分隔符，划分为 4 个字段，每个字段表示的内容如下。

```
组名:组口令:组的管理员:该组中的用户成员列表
```

gshadow 文件各字段的说明如表 7-5 所示。

表 7-5 gshadow 文件各字段的说明

字段	说明
组名	用户组名称
组口令	加密后的组口令
组的管理员	用户组编号，用于唯一标识一个用户组
该组中的用户成员列表	该组中含有的成员列表，成员之间用逗号隔开

提示 用户组密码主要用来指定组管理员，组管理员可以替代 root 用户管理用户组，比如向某个用户组中添加用户或者删除用户。但是这项功能目前很少使用，我们也很少设置组密码。

任务 7-2 管理用户账号

【任务目标】

经过任务 7-1 的学习，小乔已经熟悉了用户的作用及属性信息，她想自己添加一个用户，经过查阅资料，小乔用 useradd 命令添加了一个用户 user1。但是，当她想测试 user1 能否正常使用时遇到了问题：如何登录一个新用户、如何查看用户的状态、如何修改用户信息，等等。带着这些问题，小乔开始了本任务的学习。

微课 7-1：新建用户：useradd 命令

7.2.1 新建用户：useradd 命令

创建用户账号就是在/etc/passwd 文件中为新用户增加一条记录，使用

useradd 命令创建用户账号，命令格式如下。

```
useradd  [选项]  用户名
```

useradd 命令的常用选项如表 7-6 所示。

表 7-6　useradd 命令的常用选项

选项	说明
-u UID	指定用户的 UID（默认系统递增），不能重复，且大于 1000
-g GID	指定用户所属初始组的名称或者 GID
- G GID	指定用户所属附加组的名称或者 GID
-p	指定用户加密的口令
-d 目录	指定用户主目录，如果此目录不存在，则由系统自动创建
-e 日期	指定账号禁用日期，格式为 YYYY-MM-DD
-f	设置账号过期多少天后，账户被禁用
-s	指定用户登录的 shell，默认为/bin/bash

【例 7-1】 新建用户 user1，UID 为 1005，用户的主目录为/home/user1，用户的 shell 为/bin/bash。

```
[root@Server ~] useradd -u 1005 -d /home/user1 -s /bin/bash user1
[root@Server ~] tail -1 /etc/passwd
user1:x:1005:: /home/user1:/bin/bash
```

使用 useradd 命令添加用户时，系统执行了如下动作。

（1）修改/etc/passwd 文件，添加用户名、UID、GID、登录 shell 等账号记录。

（2）修改/etc/shadow 文件，添加加密的密码字串、密码有效期等相关记录。

（3）修改/etc/group、/etc/gshadow，添加与用户名同名的初始组记录。

（4）为用户在/home 目录下创建主目录，名称与用户名相同。

（5）将模板目录/etc/skel/下的文件复制到用户主目录下。

注意

（1）如果新建的用户已经存在，则系统会提示 user user1 exists。

（2）通常使用 7.2.3 小节中介绍的 passwd 命令设置用户密码。

7.2.2　用户切换与查看信息：su 命令

微课 7-2：用户切换与查看信息：su 命令

在 Linux 系统中，root 管理员具有最高权限，所以在本书中，给大家演示的命令都是使用 root 用户执行的。但是在实际的网络管理员工作中，很少用 root 用户进行操作，因为一旦执行了错误的命令，可能会导致系统崩溃。

su 命令可以快速在不同用户之间切换，命令格式如下。

```
su  [-]  <用户名>
```

【例 7-2】 使用 su 命令从 root 用户切换到 user1 用户。

```
[root@Server ~]# su - user1
[user1@Server~]$
```

【例 7-3】 使用 su 命令从 user1 用户切换到 root 用户。

```
[user1@Server ~]$ su - root
密码:
上一次登录：六 3月 21 09:05:33 CST 2020 从 192.168.159.10pts/2 上
[root@Server ~]#
```

提示 （1）从 root 用户切换到 user1 用户，不需要输入密码，但是从 user1 用户切换到 root 用户，需要输入密码，原因在于 root 用户具有最高权限，可以切换到任意用户。
（2）su 命令与用户名之间如果有减号（-），则表示完全切换到新的用户，即环境变量信息也要更换为新用户的环境变量。建议大家在使用 su 命令时都要携带减号（-）。

7.2.3 维护用户信息：id、usermod、passwd 命令

当新创建的用户需要修改某些信息时，需要用到 usermod、passwd 等命令。

1. id 命令

id 命令用于显示用户 UID、所属组的 GID 和附加组的信息，命令格式如下。

```
id [用户名]
```

【例 7-4】 使用 id 命令查看当前登录的用户。

```
[root@Server ~] id
uid=0(root) gid=0(root) 组=0(root) 环境=unconfined_u:unconfined_r:unconfined_t:s0-s0:c0.c1023
```

【例 7-5】 使用 id root 命令查看 root 用户的 UID 和 GID 等信息。

```
[root@Server ~] id root
uid=0(root) gid=0(root) 组=0(root)
```

微课 7-3：usermod 命令

2. usermod 命令

usermod 命令用于修改用户的属性，命令格式如下。

```
usermod [选项] 用户名
```

usermod 命令的常用选项如表 7-7 所示。

表 7-7 usermod 命令的常用选项

选项	说明
-u UID	指定用户的 UID（默认系统递增），不能重复，且大于 1000
-g GID	指定用户所属初始组的名称或者 GID
- G GID	指定用户所属附加组的名称或者 GID
-d 目录	指定用户主目录，如果此目录不存在，则同时使用-m 选项，创建主目录
-e 日期	指定账号禁用日期，格式为 YYYY-MM-DD
-L	锁定用户，禁止其登录系统
-U	解锁用户，允许其登录系统
-s	修改用户的登录 shell 类型

【例 7-6】 将用户 user1 的主目录修改为/var/user1，UID 修改为 1014，用户的 shell 类型修

改为/sbin/nologin，禁止用户登录。

```
[root@Server ~] usermod -u 1014 -d /var/user1 -s /sbin/nologin user1
[root@Server ~] tail -1 /etc/passwd
user1:x:1014::/var/user1:/sbin/nologin
```

使用 tail 命令查看 passwd 文件的最后一行，可以看出 user1 相关信息已发生了改变。

【例 7-7】 修改用户 user1 的登录 shell 类型为/bin/bash，到 2021 年 12 月 31 日禁用账号。

```
[root@Server ~] usermod -s /bin/bash -e 2021-12-31 user1
[root@Server ~] tail -1 /etc/passwd
user1:x:1014:1015::/home/user1:/bin/bash
```

【例 7-8】 将用户 user1 禁用，然后解除禁用。

```
[root@Server ~] usermod -L user1
[root@Server ~] tail -1 /etc/shadow
user1:!123456:18341:0:99999:7:::
```

通过 shadow 文件，可以看到 user1 的密文密码前面有一个“!”，说明该用户的密码已经被锁定，无法登录用户。要解锁该用户，执行 usermod -U user1 命令即可。

微课 7-4：passwd 命令

3. passwd 命令

passwd 命令用于设置或修改用户密码，如果命令后面不加用户名，则表示修改的是当前用户的密码。root 用户可以为自己和其他用户设置密码，普通用户一般只能为自己设置密码，命令格式如下。

```
passwd    [选项]    [用户名]
```

passwd 命令的常用选项如表 7-8 所示。

表 7-8　passwd 命令的常用选项

选项	说明
-l	锁定用户账号
-u	解锁用户
-S	查看用户密码的状态

【例 7-9】 使用 root 用户登录，将其密码修改为 123456。

```
[root@Server ~]# passwd
更改用户 root 的密码 。
新的密码:
无效的密码：密码少于 8 个字符
重新输入新的密码:
passwd：所有的身份验证令牌已经成功更新。
```

如果输入的密码不够复杂，则系统会提示“无效的密码”，继续确认密码即可。

【例 7-10】 使用 root 用户登录，将 user1 用户的密码修改为 123456。

```
[root@Server ~]# passwd user1
更改用户 user1 的密码 。
新的密码:
无效的密码： 密码少于 8 个字符
重新输入新的 密码:
passwd：所有的身份验证令牌已经成功更新。
```

提示 禁用和恢复用户账号有 3 种方式。

（1）使用 usermod 命令：usermod -L/U 用户名。

（2）使用 passwd 命令：passwd -l/u 用户名。

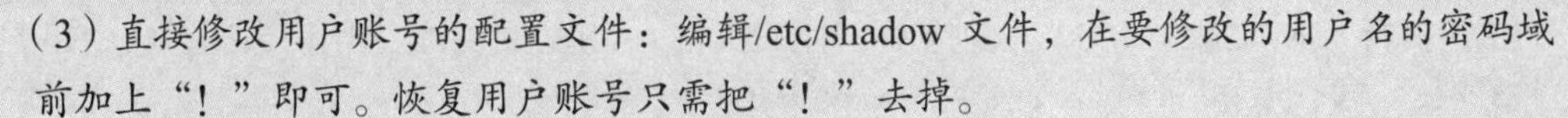

（3）直接修改用户账号的配置文件：编辑/etc/shadow 文件，在要修改的用户名的密码域前加上“！”即可。恢复用户账号只需把“！”去掉。

7.2.4 删除用户：userdel 命令

当不再使用某个用户时，可以使用 userdel 命令删除。userdel 命令的格式如下。

```
userdel  [-r]  用户名
```

【例 7-11】删除用户 user1。

```
[root@Server ~]# userdel -r user1
[root@Server ~]# tail -1 /etc/passwd
```

执行该命令时，如果不加-r 选项，则会在系统的所有与账户有关的文件中（/etc/passwd、/etc/ shadow、/etc/group）将用户的信息全部删除。

微课 7-5：删除用户：userdel 命令

如果加-r 选项执行该命令，则在删除用户账号的同时，将用户家目录及其下的所有文件和目录全部删除。

提示 如果在删除时，未加-r 选项，则删除用户后，再次添加相同的用户名时，需手动删除用户家目录/home/和/var/spool/mail 目录下的用户文件。

素养提示 一般情况下，为了方便使用 Linux 系统，不论是 root 用户还是普通用户，密码都设置得非常简单。但是近年来，用户数据泄露事件层出不穷。用户隐私信息保护已经成为各国网络空间安全监管的巨大难题。

为了保护自身安全，建议不要在多个平台使用相同的密码，并且一定要选择复杂的密码。如果这些密码难以记忆而且创建多个复杂密码的难度大，用户可以选择一些好的密码管理器。

7.2.5 批量添加用户

使用 useradd 和 passwd 命令添加用户和密码比较简单，但是如果要添加几十个、上百个甚至上千个用户，就不太可能一个一个地添加，下面介绍 Linux 系统中一种简便的创建大量用户的方法。

（1）编辑一个文本用户文件 users.txt，内容如下。

```
[root@Server ~]# vim users.txt
user001::1600:2000:newuser:/home/user001:/bin/bash
user002::1601:2000:newuser:/home/user002:/bin/bash
user003::1602:2000:newuser:/home/user003:/bin/bash
```

（2）编辑每个用户的密码对照文件，格式如实例文件 password.txt，内容如下。

```
[root@Server ~]# vim password.txt
user001:123456
user002:123456
user003:123456
```

（3）执行 newusers 命令，从刚创建的用户文件 users.txt 中导入用户数据，命令如下。

```
[root@Server ~]# newusers  <  users.txt
```

执行完命令后，检查/etc/passwd 文件是否已经出现这些用户的记录，并查看用户的主目录是否已经创建。

（4）执行 pwunconv 命令，关闭用户密码投影（shadow password）。系统会将/etc/shadow 产生的 shadow 密码解码，然后回写到/etc/passwd 中，同时将/etc/shadow 文件中的密码字段删除。

```
[root@Server ~]# pwunconv
```

（5）执行 chpasswd 命令为用户批量创建密码。chpasswd 会将经过/usr/bin/passwd 命令加密过的密码写入/etc/passwd 的密码域。

```
[root@Server ~]# chpasswd  <  password.txt
```

（6）执行 pwconv 命令，将密码经加密后写入/etc/passwd 文件中。

```
[root@Server ~]# pwconv
```

（7）执行 cat etc/passwd 命令和 cat /etc/shadow 命令，查看相关用户和密码信息是否已经成功写入。

（8）执行 su - user001 命令，切换后发现命令行提示符成了“-bash-4.2$”，不显示用户名，也不显示路径信息。.

```
[root@ Server ~]# su - user001
上一次登录：二 2月 23 20:38:48 CST 2021pts/0 上
-bash-4.2$
```

（9）分析 bash 提示符出现问题的原因发现，执行 newusers 命令创建用户时，并没有自动生成该用户账户的配置文件.bash_profile，需要手动创建.bash_profile 文件或者将原家目录中的配置文件.bash_profile 复制到新的家目录。

```
-bash-4.2$ cp /etc/skel/.bash* /home/user001
-bash-4.2$ su - user001
[user001@ Server ~]$
上一次登录：三 2月 24 08:45:10 CST 2021pts/0 上
```

注意 虽然使用 newusers 命令可以快速批量创建用户，但是由于存在步骤（8）所示的问题，因此在实际应用中，通常使用项目 10 中介绍的 shell 脚本来批量生成用户。

任务 7-3　管理用户组账户

【任务目标】

小乔掌握用户的相关命令后，需要利用相关命令创建用户组 studygroup，将用户 user1 添加到用户组 studygroup 中，将用户 user1 从用户组 studygroup 中删除。

7.3.1 新建用户组：groupadd 命令

微课 7-6：新建用户组：groupadd 命令

groupadd 命令用于添加用户组，命令格式如下。

```
groupadd [选项] 用户组名称
```

groupadd 命令的常用选项如表 7-9 所示。

表 7-9 groupadd 命令的常用选项

选项	说明
-g	指定新建用户组的 GID

【例 7-12】 创建新的用户组 studygroup，并指定其 GID 为 1200。

```
[root@Server~]# groupadd -g 1200 studygroup
[root@Server~]# tail -1 /etc/group
studygroup:x:1200:
```

7.3.2 维护用户组及其成员：groups、groupmod、gpasswd 命令

修改已存在的用户组，需要用到 groupmod、gpasswd 等命令。

1. groups 命令

groups 命令用于查询用户所在的组，命令格式如下。

```
groups
```

【例 7-13】 使用 groups 命令，查看 root 用户所属的组。

```
[root@Server~]# groups
root
```

2. groupmod 命令

groupmod 命令用于修改用户组的相关信息，命令格式如下。

```
groupmod [选项] 用户组名称
```

groupmod 命令的常用选项如表 7-10 所示。

表 7-10 groupmod 命令的常用选项

选项	说明
-g gid	指定要修改的 GID
-n group-name	指定新用户组的名称

【例 7-14】 将 studygroup 组的名称修改为 test。

```
[root@Server~]# groupmod -n test studygroup
[root@Server~]# tail -1 /etc/group
test:x:1002:
```

从【例 7-14】可以看出，用户组的名称已经改变，但需要提醒的是，用户名、组名、GID 都不要随意修改，否则容易导致管理员逻辑混乱。如果一定要修改用户名和组名，则建议先删除原来的，再建立新的用户组。

3. gpasswd 命令

微课 7-7：gpasswd 命令

通过 useradd 命令添加用户时，会生成一个与用户名同名的用户组，这就是初始组。但如果需要将用户添加到附加组中，则需要用到 gpasswd 命令，命令格式如下。

```
gpasswd [选项] 用户名 用户组名称
```

需要注意的是，组管理员使用 gpasswd 命令可以代替 root 将用户加入或者移出组，因此只有 root 用户和组管理员才能使用这个命令，gpasswd 命令的常用选项如表 7-11 所示。

表 7-11 gpasswd 命令的常用选项

选项	说明
-a	把用户加入组中
-d	把用户从组中删除
-r	取消组的密码
-A	给组指派管理员

【例 7-15】 将用户 user1 加入 studygroup 组中，并指定 user1 为该组的管理员。

```
[root@Server~]# gpasswd -a user1 studygroup
正在将用户“user1”加入“studygroup”组中
[root@Server~]# gpasswd -A user1 studygroup
```

另外，组管理员和 root 还可以使用 gpasswd 命令为用户组设置组口令。

7.3.3 删除用户组：groupdel 命令

当不再使用某个用户组时，可以使用 groupdel 命令删除用户组，命令格式如下。

```
groupdel 用户组名称
```

使用 groupdel 命令删除用户组，实际上是将/etc/group 和/etc/gshadow 文件中有关用户组的行删除。

【例 7-16】将 studygroup 组删除。

```
[root@Server~]# groupdel studygroup
```

注意 如果使用 groupdel 命令删除的是用户的初始组，则会提示“不能移除用户‘XXXX’的主组”。如果一定要删除该用户组，可以先删除用户。

7.3.4 编辑与验证用户（组）文件

除了使用命令完成用户、用户组的添加、修改、删除等管理操作外，还可以通过编辑用户和用户组的存储文件来实现管理操作。如果直接使用 Vim 等编辑器修改用户账户文件或用户组文件，则无法保证文件的一致性，从而导致错误。Linux 系统提供了 vipw 命令和 vigr 命令用于编辑用户账户文件和用户组文件，通过 pwck 命令和 grpck 命令验证文件的完整性，具体使用方式，请参照右侧二维码。

扩展阅读 2

小结

通过学习本项目，我们认识了 Linux 系统中的用户和用户组，掌握了用户账号的添加、删除与修改，用户密码的管理及用户组的管理等相关命令。

近年来，有关用户数据泄露的事件层出不穷，给合法用户带来诸多损失。所以，平时应该将个人数据，如计算机、银行卡等重要物品的用户名、密码保护好，不随意透漏给任何人和不安全网站，提高网络安全意识，保护自己免受侵害。

本项目中涉及的各个知识点的思维导图如图 7-2 所示。

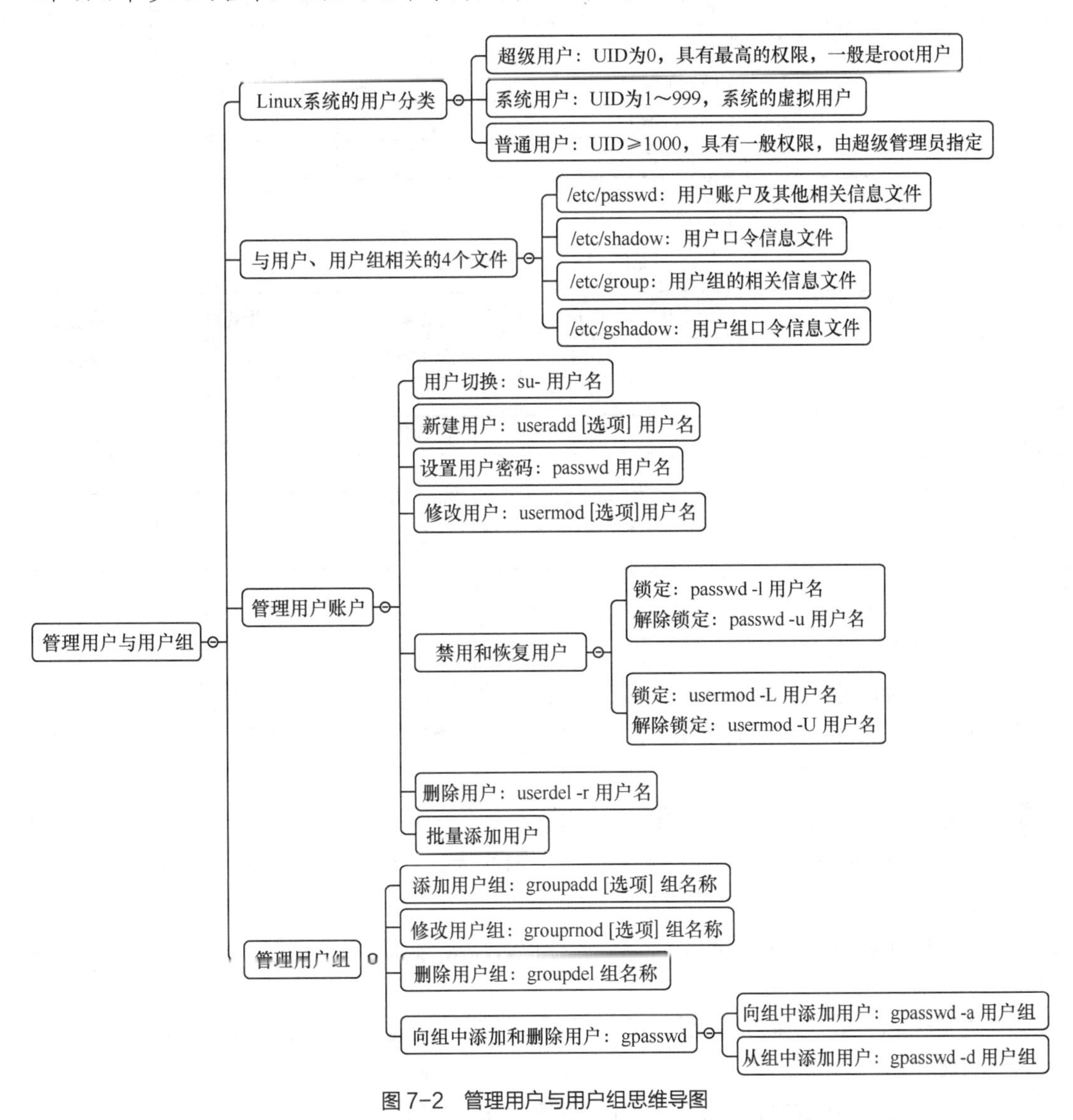

图 7-2 管理用户与用户组思维导图

项目实训 使用命令完成用户及用户组的配置

（一）项目背景

微课 7-8：使用命令完成用户及用户组的配置

青苔数据的运营部要对新进员工的用户账号进行一系列维护操作，例如，为每个新员工创建用户名，并将用户放入合适的组中，以方便后续的维护工作。

（二）工作任务

青苔数据有 4 个部门，如表 7-12 所示。

表 7-12 部门及 GID 的对应关系

部门	GID
销售部（Sale）	3000
产品部（Product）	4000
运营部（Operate）	5000
管理部（Manage）	6000

每部门的员工如表 7-13 所示。

表 7-13 员工信息表

部门	员工	UID	职务	初始组	附加组
销售部（Sale）	李雷（LiLei）	3001	销售部经理	LiLei	Sale
	韩美眉（HanMeiMei）	3002	无	HanMeiMei	Sale
产品部（Product）	孟丽（MengLi）	4001	产品部经理	MengLi	Product
	胡菲（HuFei）	4002	无	HuFei	Product
运营部（Operate）	刘明（LiuMing）	5001	运营部经理	LiuMing	Operate
管理部（Manage）	王磊（WangLei）	6001	总经理	WangLei	Manage

1. 登录 root 用户

完成以下操作。

（1）为 4 个部门分别创建用户组，GID 如表 7-12 所示。

（2）为部门中的每位员工分别创建用户账号，UID 和用户所属组见表 7-13，创建用户后，查看 WangLei 用户的 UID 和 GID。

（3）设置每位用户的初始登录密码是“123”。

（4）设置 HanMeiMei 用户密码的最短有效期为 1 天，最长有效期为 30 天，密码过期前 5 天提醒，并查看 HanMeiMei 用户的密码状态。

（5）HuFei 是临时工，为避免风险，设置 HuFei 用户的账户有效期为 2023 年 12 月 31 日，并查看修改结果。

（6）为便于总经理 WangLei 管理下属部门，修改总经理所属附加组为“Manage、Sale、Product、Operate”。

（7）将每个部门经理的用户设置为本部门用户组的管理员。

（8）临时工 HuFei 辞职，删除 HuFei 的用户账号及家目录，并验证删除结果。

（9）将 HanMeiMei 用户的密码锁定，并查看密码状态。

2. 尝试登录密码被锁定的 HanMeiMei 用户

注意不要切换用户。

3. 从 root 用户切换用户身份

完成以下操作。

（1）切换用户身份为 LiLei 用户。

（2）因工作调整，运营部经理 LiuMing 兼任销售部副经理，将 LiuMing 用户新加入 Sale 组，原来的附加组不变。

（3）查看 LiuMing 用户所属的全部组。

（4）为 Sale 组设置组密码为“888”。

习题

一、选择题

1. Linux 系统中的超级管理员是（　　）。

A. Administrator　　B. super　　C. root　　D. guest

2. 用户登录系统后，首先进入（　　）。

A. /home　　B. /root 的主目录　　C. /usr　　D. 用户家目录

3.（　　）命令可以将普通用户切换成超级用户。

A. super　　B. passwd　　C. change　　D. su

4. 为了保证系统的安全，Linux 系统一般将用户用密码加密后，保存在（　　）中。

A. /etc/group　　B. /etc/issue　　C. /etc/passwd　　D. /etc/shadow

5. 已知 studygroup 是用户 study 的初始组，在/etc/group 文件中有一行 studygroup::1200:test1,test2,test3,test4，这表示有（　　）个用户在 studygroup 中。

A. 3　　B. 4　　C. 5　　D. 6

6.（　　）命令可以删除用户 usertest，并同时删除用户的主目录。

A. userdel usertest　　B. userdel　-r　usertest

C. groupdel usertest　　D. deluser usertest

7. root 用户的 UID 为（　　）。

A. 0　　B. 1　　C. 1000　　D. 499

二、填空题

1. Linux 系统中的用户分为__________、__________、__________。

2. 在 Linux 系统中，使用 useradd 命令创建的用户账号及其相关信息均存放在__________文件中，加密后的口令存放在__________文件中。

3. __________命令的__________选项，用于为组添加用户，__________选项，用于从组中删除用户。

项目8
管理权限与所有者

情境导入

在日常工作中，青苔数据每个部门的员工都有自己的 Linux 服务器资源和目录可以访问，小乔作为大数据平台与运维部的实习生，突然发现自己竟然可以访问市场部的工作目录，她觉得这样设置是不是不太合理？带着这个困惑，去请教了自己的师傅大路。

大路看到小乔的成长，感到非常欣慰，让她带着这个问题来学习文件权限及所有者的内容，并把发现的问题解决。

职业能力目标（含素养要点）

- 掌握文件和目录的基本权限设置，能够使用字符设定法和数字设定法设置基本权限。
- 掌握文件和目录的默认权限设置，能够使用 umask 命令设置文件和目录的默认权限（网络安全意识）。
- 掌握文件访问控制列表的设置，能够使用 setfacl 命令和 getfacl 命令对指定用户进行单独的权限控制。
- 掌握文件和目录所有者的更改，能够使用 chown 命令修改文件所有者（家国情怀）。

任务 8-1　理解文件和目录的权限

【任务目标】

Linux 系统的每个文件和目录都有访问权限，这些访问权限决定了哪些用户和用户组能访问文件和能执行的哪些操作。因此，在本任务中，小乔需要理解文件和目录的权限。

8.1.1　了解文件和目录的权限

为了保证文件和目录信息的安全，Linux 系统将访问权限分为读、写和执行 3 种。文件和目录的权限稍微有些区别，具体如表 8-1 所示。

表 8-1 文件和目录的访问权限

权限	文件	目录
读（r）	可以读取文件的内容	可以读取目录内容列表
写（w）	可以打开并修改文件的内容	可以在目录中添加和删除文件
执行（x）	可以将文件作为程序运行	表示是否可以进入此目录

在 Linux 系统中，有 3 种类型的用户可以访问文件或目录：文件所有者、同组用户、其他用户。

（1）文件所有者：即文件的创建者。

（2）同组用户：与文件所有者在同一个组的用户。

（3）其他用户：其他组的用户。

文件所有者可以将这些访问权限修改为任何想指定的权限。

8.1.2 理解 ls –l 命令获取的权限信息

执行 ls –l 命令可以显示文件的详细信息，包括文件或者目录的权限信息。

```
[root@Server ~]# ls -l
总用量 192
-rwxr-xr-x.  1 root root  8512 5月   7 09:16 a.out
-rwxr--r--.  1 root root    91 4月  16 2019 date
-rw-r--r--.  1 root root  1835  4月  19 2019 dir
drwxr-xr-x.  2 root root  4096 12月  4 14:15 dir1
```

通过 ls –l 命令返回的详细信息的每一行被分成了 7 部分，每部分的含义如图 8-1 所示。

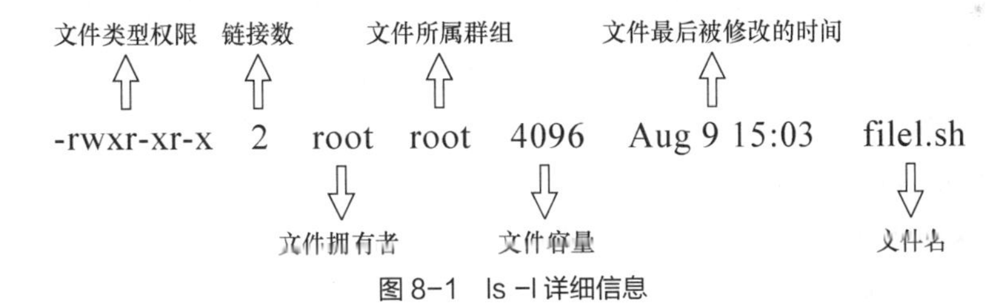

图 8-1 ls –l 详细信息

每一行的第一部分表示文件或目录的权限，共包含 10 个字符，具体含义如下。

（1）第一个字符表示文件的类型，具体的取值如下。

d：表示该文件是一个目录。

-：表示该文件是一个普通的文件。

l：表示该文件是一个符号链接文件。

b：表示该文件是一个区块设备，是一种特殊类型的文件。

（2）其余 9 个字符表示文件的基本访问权限，每 3 个字符为一组，分别是文件所有者的权限、同组用户的权限和其他用户的权限。一般为 r、w、x 的组合。但是如果没有相应的权限，则使用“-”代替。具体的文件权限示例如图 8-2 所示。

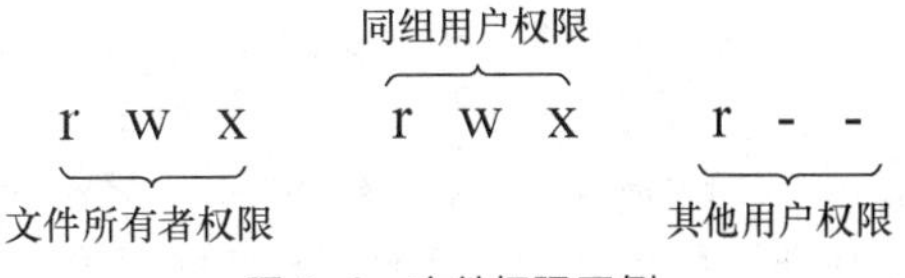

图 8-2 文件权限示例

任务 8-2 管理文件和目录的权限

【任务目标】

经过任务 8-1 的学习，小乔已经了解了文件和目录的访问权限，她想自己尝试管理用户权限，经过查阅资料，了解到可以使用 ls -l 命令查看文件的权限。但是，当她想修改文件权限时，遇到了问题：如何修改文件权限，有哪些方式可以修改，等等。因此，在本任务中，小乔需要学会管理文件和目录的权限。

8.2.1 设置文件和目录的基本权限

在文件创建时，系统会自动设置访问权限，如果基本权限无法满足需要，就可以使用 chmod 命令设置权限。chmod 命令设置文件的基本权限有两种表示方法：字符设定法和数字设定法。

1. 字符设定法

字符设定法是用字母表示不同的用户和权限，用加减符号表示是增加还是减少权限，命令格式如下。

```
chmod  [选项]  <符号>  <权限>  <文件名>
```

微课 8-1：字符设定文件基本权限

（1）常用选项。

u：表示用户（user），即文件或目录的所有者。

g：表示同组（group）用户，即与文件所有者有相同组 ID 的所有用户。

o：表示其他（others）用户。

a：表示所有（all）用户，它是系统默认值。

（2）常用符号。

+：添加某个权限。

-：取消某个权限。

=：赋予给定权限并取消其他所有权限（如果有的话）。

（3）常用权限。

r ：表示有读的权限。

w：表示有写的权限。

x ：表示有执行的权限。

【例 8-1】 将当前目录下的 abc 文件（所有者为 root）的权限修改为所有人可读写。

```
[root@Server ~] touch abc
[root@Server ~] ls -l abc
[root@Server ~] chmod a+rw  abc
[root@Server ~] ls -l abc
```

或者：

```
[root@Server ~] chmod ugo+rw  abc
```

【例 8-2】 将【例 8-1】中的 abc 的权限修改为其他用户只具有可读的权限。

```
[root@Server ~] ls -l abc
[root@Server ~] chmod o=r  abc
[root@Server ~] ls -l abc
```

2. 数字设定法

数字设定法是用八进制数字表示相应的权限，命令格式如下。

```
chmod  [选项]  <文件>
```

微课 8-2：数字设定文件基本权限

常用的选项如下。

0：表示没有权限。

1：表示执行权限。

2：表示写权限。

4：表示读权限。

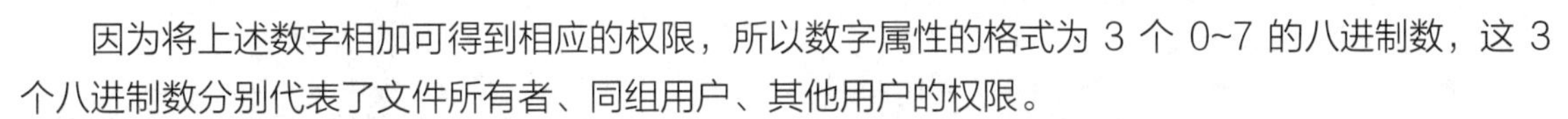

因为将上述数字相加可得到相应的权限，所以数字属性的格式为 3 个 0~7 的八进制数，这 3 个八进制数分别代表了文件所有者、同组用户、其他用户的权限。

【例 8-3】 将目录/usr/tmp 下的 abc 文件（所有者为 root）的权限修改为所有人可读写。

```
[root@Server ~] cd /usr/tmp
[root@Server tmp] touch abc
[root@Server tmp] ls -l abc
[root@Server tmp] chmod 666 abc
[root@Server tmp] ls -l abc
```

注意 如果修改的是目录，且目录包含其他的子目录，则必须使用-R 参数来同时设置所有文件及子目录的权限。

8.2.2 设置文件和目录的特殊权限

为了满足 Linux 系统对安全和灵活性的需求，除了 8.2.1 小节中所述的文件的基本权限 r、w、x 外，还产生了 SUID、SGID 和 SBIT 的特殊权限位。这是一种设置文件权限的特殊功能，通常用来弥补基本权限的不足，是对文件执行权限的一种特殊设置方法。

1. SUID

SUID 是一种针对二进制程序设置的特殊权限，可以让二进制程序的执行者临时拥有文件所有者的权限，但是需要注意的是，SUID 权限只对拥有执行权限的二进制文件有效。

为文件设置 SUID 权限，可以使用 chmod 命令的字符设定法实现，语法格式如下。

```
chmod  u + s <文件名称>
```

也可以使用 chmod 命令的数字设定法实现，由于基本权限需要使用 3 个八进制数，因此 SUID 权限也是用八进制数字 4 表示，且放在基本权限的前面，语法格式如下。

```
chmod  4<基本权限>  <文件名称>
```

当启动某个二进制程序，该程序调用了其他对象，此对象非启动者所有，也不具备相应权限时，无法成功执行。但是，当我们为这个二进制程序赋予 SUID 权限，被调用的这个对象会被临时赋予该对象的所有者权限。例如，密码文件/etc/shadow 只有 root 用户拥有修改权限，那么其他用户是如何使用 passwd 命令修改自身密码的呢？这是因为 passwd 命令拥有 SUID 权限。

```
[root@Server ~]# ls -l /etc/passwd
-rw-r--r--. 1 root root 2725 12月 17 13:08 /etc/passwd
[root@Server ~]# ls -l /bin/passwd
-rwsr-xr-x. 1 root root 27832 1月  30 2014 /bin/passwd
```

从执行 ls -l /bin/passwd 命令返回的信息中可以看到，passwd 命令的所有者权限是 rws，这就意味着其他普通用户临时获得程序所有者 root 的身份，从而能把变更的密码写入/etc/shadow 密码文件中。

注意 如果文件所有者原本的权限是 rw-，被赋予 SUID 特殊权限后“-”将变成大写的 S。

【例 8-4】 使用 root 用户登录，在/usr/tmp 下创建 abc 文件，然后设置文件所有者的 SUID 权限。

```
[root@Server tmp]# touch abc
[root@Server tmp]# chmod 4644 abc
[root@Server tmp]# ls -l abc
-rwSr--r--. 1 root root    0 6月   6 16:39 abc
```

从上述示例可以看出，如果文件所有者本来不具备执行权限，在被赋予特殊权限后，“-”将变成大写的 S。

2. SGID

SGID 权限与 SUID 权限相区别的地方是，SGID 权限不仅对文件所有者的临时权限生效，而且对用户组级别生效，因此，主要用于实现以下两种功能。

（1）让执行者临时拥有属组的权限。

（2）在某个目录中创建的文件自动继承该目录的用户组。

为文件的所有者设置 SGID 权限，可以使用 chmod 命令的字符设定法实现，语法格式如下。

```
chmod g + s <文件/目录名称>
```

也可以使用 chmod 命令的数字设定法实现，由于基本权限需要使用 3 个八进制数表示，因此 SUID 权限也是用八进制数字 2 表示，且放在基本权限的前面，语法格式如下。

```
chmod  2<基本权限>  <文件名称>
```

【例 8-5】 为/usr/tmp 目录下的 abc 文件设置同组用户的 SGID 权限。

```
[root@Server tmp]# chmod 2644 abc
[root@Server tmp]# ls -l abc
-rw-r-Sr--. 1 root root    0 6月   6 16:39 abc
```

注意 如果同组用户原本的权限是 rw-，则被赋予 SGID 特殊权限后，“-”将变成大写的 S。

3. SBIT

SBIT 权限目前只针对目录有效，可以确保用户只能删除自己的文件，而不能删除其他用户的文件。

要为其他用户设置 SBIT 权限，可以使用 chmod 命令的字符设定法实现，语法格式如下。

```
chmod o + t <目录名称>
```

也可以使用 chmod 命令的数字设定法实现，由于基本权限需要使用 3 个八进制数，因此 SUID 权限也是用八进制数字 1 表示，且放在基本权限的前面，语法格式如下。

```
chmod  1<基本权限 >  <文件名称>
```

【例 8-6】 为/usr/tmp 目录下的 abc1 目录设置同组用户的 SBIT 权限。

```
[root@Server tmp]# chmod 1644 abc
[root@Server tmp]# ls -l abc
drw-r--r-T. 1 root root    0 6月   6 16:39 abc
```

注意 如果原本的权限是 rw-，被赋予 SBIT 特殊权限后，“-”将变成大写的 T。

在上面示例中，大写的 S 和 T 都代表空，原因是如果文件所有者都不具备执行权限，则其他用户也没有相应的执行权限。

8.2.3 设置文件和目录的默认权限

文件和目录的基本权限有 r、w、x，但是当新建一个文件或者目录时，默认权限是什么？如何查看文件的默认权限？

1. 使用 umask 命令查看默认权限

微课 8-3：设置文件和目录的默认权限

umask 命令用于预先指定用户建立文件或目录时的权限默认值。如何使用 umask 命令查看默认权限呢？通常有两种方式，具体执行命令及结果如下。

```
[root@Server tmp]# umask
0022
[root@Server tmp]# umask -S
u=rwx,g=rx,o=rx
```

仅执行 umask 命令时，返回的数字有 4 位，其中第一位为特殊权限，后面 3 位为基本权限，与使用-S 参数得到的权限一致。

umask 命令实际上可以预设文件或目录的权限。但是，目录与文件的默认权限是不一样的。创建一般文件不应该有执行的权限，因为一般文件通常用于数据的记录，不需要执行的权限。所以，预设权限的默认值分为以下两类。

（1）若用户创建的是文件，则预设的默认值没有可执行(x)权限，也就是最大为 666，预设权限为-rw-rw-rw-。

（2）若用户创建的是目录，则由于 x 与是否可以进入此目录有关，因此默认所有权限均开放，亦即为 777，预设权限为 drwxrwxrwx。

注意 umask 的值指的是该默认值需要减掉的权限值，如果 umask 的值为 022，我们该如何理解呢？由于 r、w、x 的权限值分别为 4、2、1、所以，第一位 0 代表没有减去任何权限，第二位 2 代表减去了可写的权限，第三位 2 也代表减去了可写的权限。当我们在该处创建一个文件时，该文件拥有的默认权限就是 rw-r--r--。

2. 使用 umask 命令修改默认权限

通过 umask 命令可以更改默认权限，语法格式如下。

```
umask  <权限数字>
```

【例 8-7】 将/usr/tmp 目录的默认权限修改为同组用户可写，并新建文件，验证同组的用户是否具有可写权限。

```
[root@Server tmp]# umask
0022
[root@Server tmp]# umask 0002
[root@Server tmp]# umask -S
```

```
u=rwx,g=rwx,o=rx
[root@Server tmp]# umask
0002
[root@Server tmp]# touch abc
[root@Server tmp]# ls -l
-rw-rw-r--. 1 root root    0 6月   6 18:11 abc
```

素养提示 一般而言，只有经过授权的用户才能访问相应的资源。但是，一些资源可能被未授权用户访问，造成信息泄露，严重威胁网络安全。那么什么是未授权访问呢？

未授权访问，是指在不授权的情况下，访问执行需要权限的功能。这通常是认证页面存在缺陷，无认证，安全配置不当导致的，常见于服务端口无限制开放、网页功能通过链接不限制用户访问、低权限用户越权访问高权限功能的情况中。

如今，我国推出了《中华人民共和国网络安全法》，使人们在网络世界里有法可依。我们需要明确哪些行为是可做的，哪些行为是越界的，只有建立合理的安全意识，才能增强安全责任感。

8.2.4 文件访问控制列表

在前面的学习过程中，可能遇到过这样的问题，使用 su 命令切换到普通用户 test 后，无法访问 root 用户的家目录，提示权限不够。

```
[root@Server ~]# su - test
上一次登录：三 5月  6 07:36:24 CST 2020:0 上
[test@Server ~]$ cd /root
-bash: cd: /root: 权限不够
```

如何解决这个问题呢？这就要用到文件访问控制列表（Access Control List，ACL）。ACL 用于设置特定用户或者用户组对某个文件或目录的操作权限。

setfacl 和 getfacl 命令是设置 ACL 访问权限常用的两个命令。

1. setfacl 命令

setfacl 命令用于管理文件的 ACL 规则，可以精确地设置用户或用户组对文件的访问权限，命令格式如下。

```
setfacl  [选项]  <文件名称>
```

需要说明的是，如果是设定用户的 ACL 权限，则参数使用“u：用户名：权限”的格式，如果是设定用户组的 ACL 权限，则参数使用“g：组名：权限”格式。

setfacl 命令有很多选项，常用的选项如表 8-2 所示。

表 8-2　setfacl 命令的常用选项

选项	说明
-m	更改文件的访问控制列表
-x	删除指定用户或用户组的 ACL 权限
-b	删除所有的 ACL 权限
-R	递归操作子目录
-k	删除默认的 ACL 权限

【例 8-8】 使用 setfacl 命令设置普通用户 test 对/root 目录的访问权限。

```
[root@Server ~]# setfacl -Rm u:test:rwx /root
#切换到 test 用户，查看是否可以访问成功
[root@Server ~]# su - test
上一次登录：六 6月  6 19:06:07 CST 2020pts/2 上
[test@Server ~]$ cd /root/
#切换到 root 用户，查看/root 的权限信息
[root@Server ~]# ls -ld /root
dr-xrwx---+ 19 root root 4096 6月   4 09:58 /root
```

注意 常用的 ll 命令并不能看到访问控制列表的相关信息，但是当文件权限的最后一个点（.）变成了（+）时，这表示这个文件已经被设置了 ACL 访问权限。

从显示信息来看，/root 目录已经被设置了 ACL 访问权限。

2. getfacl 命令

getfacl 命令用于显示文件或者目录上设置的 ACL 权限列表信息，命令格式如下。

```
getfacl  [选项]  <文件名称>
```

getfacl 命令的常用选项如表 8-3 所示。

表 8-3　getfacl 命令的常用选项

选项	说明
-a	显示文件访问控制列表
-d	仅显示默认的文件访问控制列表
-R	递归操作子目录

【例 8-9】 使用 getfacl 命令查看/root 目录的访问权限。

```
[root@Server ~]# getfacl  /root
getfacl: Removing leading '/' from absolute path names
# file: root
# owner: root
# group: root
user::r-x
user:test:rwx
group::r-x
mask::rwx
other::---
```

任务 8-3　管理文件和目录的所有者

【任务目标】

经过任务 8-2 的学习，小乔已经学会了设置文件和目录的基本权限、特殊权限和默认权限，但

是在使用普通用户 test 新建用户 user1 时，遇到了新的问题，提示权限不够。又如，在使用 test 用户删除 root 用户创建的 abc 文件时，提示无法删除。有没有办法可以解决这些问题呢？小乔带着这些问题，接着学习了本任务的内容，最终解决了遇到的问题。

8.3.1 提升普通用户权限：sudo 命令

为了系统的安全，一般情况下，我们都是使用普通用户的身份完成各个操作，但是有时候，普通用户需要使用 root 权限，如在安装软件时。如果使用 su 命令切换到 root 用户下，效率就会比较低，而且会暴露 root 管理员的密码，增加系统的安全风险，使用 sudo 命令可以避免这种问题。

微课 8-4：提升普通用户权限：sudo 命令

sudo 是 Linux 系统的管理指令，通过给普通用户提升额外的权限来完成本该由 root 管理员才能完成的任务，命令格式如下。

```
sudo  [选项]  <命令名称>
```

sudo 命令的常用选项如表 8-4 所示。

表 8-4　sudo 命令的常用选项

选项	说明
-l	显示当前用户可以执行的命令
-u	以指定用户身份执行命令
-h	获取帮助信息

默认的 RHEL 7.4 已经安装了 sudo 包，但是要想使用 sudo 命令，还需要在 root 用户下使用 vim 命令编辑 sudo 包的配置文件/etc/sudoers，具体设置方法如下。

（1）执行 vim /etc/sudoers 命令，打开配置文件。

（2）在命令模式下输入“:set nu”，为该文件设置行号。

（3）定位到第 93 行，输入“test ALL=(ALL) ALL”，保存并退出。

注意　（1）test 为普通用户名，根据实际情况修改即可。

（2）编辑配置文件需用到 Vim 编辑器的知识点，具体参考项目 4 的内容进行编辑与处理文本文件，这里不再赘述。

（3）/etc/sudoers 是个只读文件，因此保存修改时请使用“:wq!”，强制修改即可。

【例 8-10】 在 test 用户下，创建普通用户 user1。

```
[root@Server ~]# su - test
上一次登录：二 4月 23 14:12:01 CST 2019pts/0 上
[test@Server ~]$ useradd user1
-bash: /usr/sbin/useradd: 权限不够
```

通过上面的步骤可以看出，普通用户 test 并没有执行 useradd 命令的权限。但是使用 sudo 命令后即可轻松解决这个问题。

```
[test@Server ~]$ sudo useradd user1
[sudo] test 的密码:
[test@Server ~]$ cat /etc/passwd
user1:x:1015:1016::/home/user1:/bin/bash
```

可以看出，在 test 用户下，通过 sudo 命令提升权限后，可成功添加用户 user1。

8.3.2 更改文件和目录的所有者：chown 命令

在 Linux 系统中，不仅可以更改权限，还可以更改文件和目录的所有者。

chown 命令可以修改文件和目录的所有者及所属用户组，该命令的语法格式如下。

微课 8-5：更改文件和目录的所有者：chown 命令

```
chown  [-R]  属主[.属组]  <文件名>
```

使用 chown 命令需要注意以下两点。

（1）-R：递归设置权限，也就是为子目录中的所有文件设置权限。

（2）所有者和所属组中间可以使用点（.）。

【例 8-11】 使用 test 用户将 root 用户创建的 abc 文件删除（abc 文件在/usr/tmp/目录下）。

```
[root@Server ~]# cd /usr/tmp/
[root@Server tmp]# touch abc
[root@Server tmp]# su - test
上一次登录：六 6月  6 22:20:23 CST 2020pts/3 上
[test@Server ~]$ cd /usr/tmp/
[test@Server tmp]$ rm -rf abc
rm：无法删除"abc"：不允许的操作
```

从上面的信息可以看出，abc 文件是 root 用户创建的，普通用户 test 是无法成功删除的。

```
[test@Server tmp]$ su - root
密码：
上一次登录：六 6月  6 22:28:55 CST 2020pts/3 上
[root@Server ~]# chown test.test /usr/tmp/abc
[root@Server ~]# cd /usr/tmp/
[root@Server tmp]# ll abc
-rw-r--r-T. 1 test test 0 6月   6 16:39 abc
[test@Server tmp]# rm -rf abc
```

使用 chown 命令将 abc 文件的所有者修改为 test 用户，即可删除成功。

小结

通过学习本项目，我们了解了 Linux 系统中文件和目录的权限类别，学会了设置文件和目录的基本权限、特殊权限和默认权限的常用命令，掌握了提升普通用户权限和更改文件和目录所有者的方法。

不同的用户具有不同的权限，而 root 用户拥有 Linux 系统的最高权限。因此在实际工作中，通常不会直接使用 root 用户操作 Linux 系统，而是通过 root 用户为普通用户赋权，这样可以在一定程度上保证文件的安全，防止文件被误修改或删除，同时又能让各个用户各司其职。

本项目涉及的各个知识点的思维导图如图 8-3 所示。

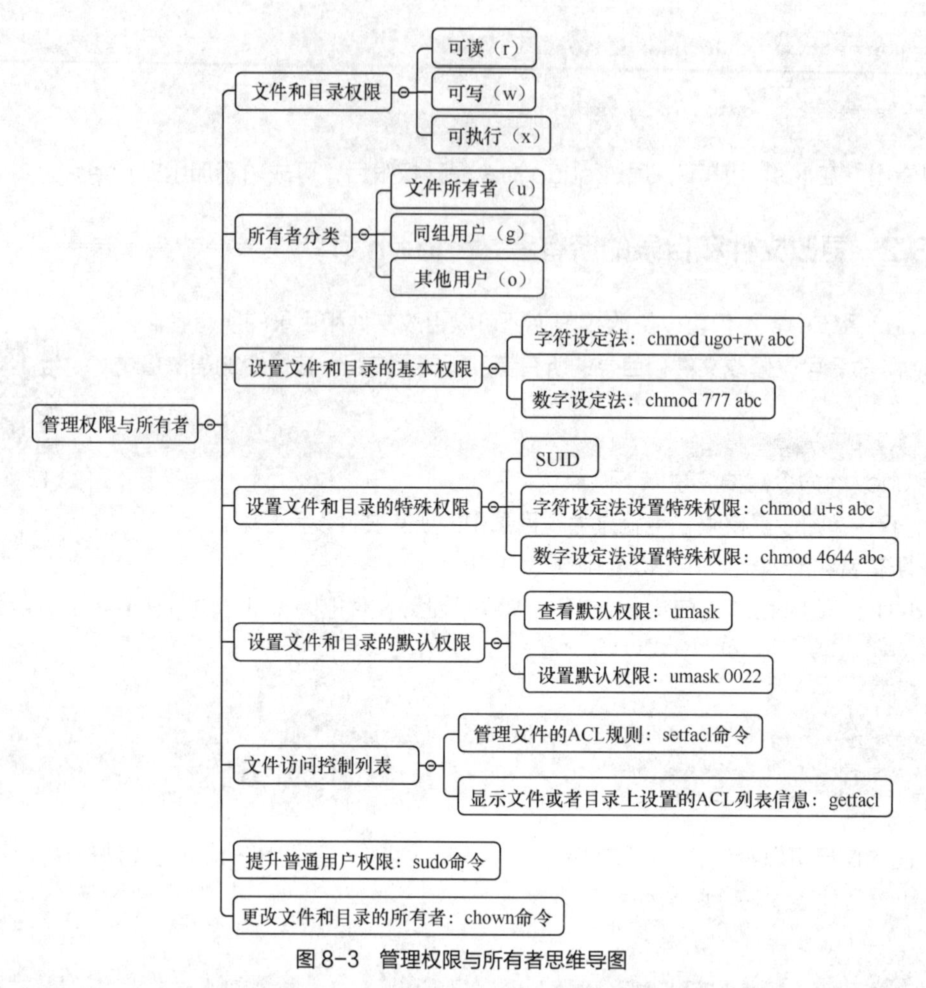

图 8-3　管理权限与所有者思维导图

项目实训　设置用户及用户组的权限

微课 8-6：设置用户及用户组的权限

（一）项目背景

青苔数据现有 60 名员工，分别在 4 个部门工作，每个人的工作内容不同。需要在服务器上为每个员工创建不同的账号，把相同部门的员工放在一个用户组中，每个员工都有自己的工作目录。

（二）工作任务

1. 设置用户权限

假设现在有用户 user1，完成以下操作。

（1）使用 root 用户登录，在用户 user1 主目录下创建目录 test，进入目录 test 创建空文件 file1，并且显示文件的权限信息，注意观察文件的权限和所属的用户和用户组。

（2）为 file1 文件设置权限，使其他用户对此文件可以进行写操作。

（3）取消同组用户对此文件的读权限。

（4）用数字设定法为 file1 文件设置权限，所有者可读、可写、可执行，其他用户和所属组只有读和执行的权限。

（5）用数字设定法更改 file1 文件的权限，使所有者只能读取此文件，其他用户都没有权限。
（6）为其他用户添加写权限。
（7）回到上层目录，查看目录 test 的权限。
（8）为其他用户添加对此目录的写权限。

2．改变文件的所有者

（1）查看目录 test 及其中文件的所属用户和用户组。
（2）把目录 test 及其下所有文件的所有者改为 bin，所属组改为 daemon。
（3）删除目录 test 及其下的文件。

习题

一、选择题

1．Linux 系统中存放配置信息的目录是（　　）。

A．/etc　　B．/bin　　C．/sbin　　D．/root

2．存放基本命令的目录是（　　）。

A．/etc　　B．/bin　　C．/sbin　　D．/lib

3．（　　）命令用于查看文件的权限信息。

A．ls -a　　B．ls　　C．ls -l　　D．ls -d

4．系统中有两个用户 user1 和 user2，它们都属于 user 用户组，在 user1 的用户目录下有个文件 abc，如果 user2 想修改 user1 用户目录下的 abc 文件，则 user2 需要拥有（　　）权限。

A．664　　B．744　　C．646　　D．746

5．如果工作目录为/home/user1/linux，那么“linux”的父目录是（　　）。

A．/home/user1　　B．/home　　C．/　　D．/sea

6．（　　）命令可以将用户身份临时变为 root，（　　）命令可以提升普通用户的权限。

A．su、sudo　　B．su、su　　C．login、login　　D．SU、sudo

7．某文件的权限为 drw-r--r--，该文件的类型是（　　），用数字表示该权限为（　　）。

A．d、646　　B．d、644　　C．d、746　　D．-、646

8．如果 umask 被设置为 022，则默认的新建文件的权限为（　　）。

A．-----w--w-　　B．-rwxr-xr-x　　C．-r-xr-x---　　D．-rw-r--r--

9．使用 chmod 命令的数字设定法，可以改变（　　）。

A．文件的访问特权　　B．目录的访问特权　　C．文件/目录的访问特权　　D．以上说法都不对

10．改变文件所有者的命令为（　　）。

A．chmod　　B．touch　　C．chown　　D．cat

二、填空题

1．执行 ls -l abc 命令，返回的信息如果是 drwxr--r--，则表示 abc 的文件属性是________。

2．可以用 ls －al 命令来观察文件的权限，每个文件的权限都用 10 位表示，并分为 4 段，其中第二段占 3 位，表示________对该文件的权限。

3．将文件 test.pl 的属性设为-rwxrw-r-x 的命令是________。

项目9

管理磁盘分区与文件系统

情境导入

随着公司业务规模的不断扩大，公司最近准备为 Linux 服务器平台扩充磁盘容量，并且为了保证用户有效、合理地使用存储空间，维护所有用户公平使用的磁盘容量，需要为不同的用户设置磁盘配额。小乔工作一直很认真，所以申请来负责这个任务。

职业能力目标（含素养要点）

- 掌握 Linux 系统下磁盘分区的原则及创建磁盘分区命令 fdisk（工匠精神）。
- 掌握 Linux 系统下文件系统的创建与检查，能够使用相关命令执行文件系统的创建与检查等任务。
- 掌握 Linux 系统下文件系统的手动挂载、卸载与自动挂载、卸载，能够使用相关命令执行文件系统的挂载等任务。
- 掌握磁盘配额的设置方法，能够使用相关命令执行磁盘配额的管理等任务（学习能力）。
- 能够使用相关命令创建、扩容、缩小和删除逻辑卷（职业素养）。

任务 9-1 创建磁盘分区

【任务目标】

在项目 1 中，我们了解了在安装 RHEL 7.4 之前，需要根据实际情况进行分区规划，那么如何在磁盘上进行分区和命名？

在本任务中，小乔需要了解磁盘分区的概念和原则，了解物理设备的命名原则，掌握查看系统中的块设备与分区的命令 lsblk 和磁盘分区的命令 fdisk。

9.1.1 了解磁盘分区的概念和原则

安装 Linux 系统之前，需要根据实际情况划分磁盘空间。

1. 磁盘分区的概念

磁盘分区是指在磁盘的自由空间（自由空间是指磁盘上没有被分区的部分）上创建的、将一块物理磁盘划分成多个能够被格式化和单独使用的逻辑单元的一种操作。就像我们在 Windows 系统中使用的 C、D、E、F 盘一样。

磁盘划分分区的目的是使各分区各司其职，方便用户使用，因此磁盘分区并不是磁盘的物理功能，只是一种软件上的划分。在 Linux 系统中，需要多个磁盘分区，比如，根分区“/”“/boot”和 swap 分区（交换分区）等。

2. 磁盘分区的格式

常见的磁盘分区格式包括 MBR 和 GPT 两种，两者具有不同的特点。

（1）主引导记录（Main Boot Record，MBR）分区的特点。

- 最多支持 4 个主分区。
- 在 Linux 系统上使用扩展分区和逻辑分区最多可以创建 15 个分区。
- 由于分区中的数据以 32 位存储，所以使用 MBR 分区最大支持 2TB 的空间。

（2）全局唯一标识分区列表（GUID Partition Table，GPT）分区的特点。

- 是 UEFI 标准的一部分，主板必须支持 UEFI 标准。
- GPT 分区支持最大 128PB（1PB=1024TB）的空间。
- 可以定义 128 个分区。
- 没有主分区、扩展分区和逻辑分区的概念，所有分区都能格式化。
- gdisk 管理工具可以创建 GPT 分区。

目前较为常用的分区格式为 MBR，因此本文后续内容中所指的分区都是指 MBR 格式的分区。

3. 磁盘分区的类型

Linux 系统中的磁盘分区有 3 种类型：主分区、扩展分区、逻辑分区。

（1）主分区：也称为引导分区，用来启动操作系统。

（2）扩展分区：实际在磁盘中是看不到扩展分区的，也无法直接使用。在扩展分区上可以划分逻辑分区。

（3）逻辑分区：相当于一块存储介质，在扩展分区上可以创建多个逻辑分区，用来存储数据。

4. 磁盘分区的原则

在为磁盘划分分区时，各种类型的分区数量并不是无限的，需要遵循以下几个原则。

（1）主分区：最多只能有 4 个。

（2）扩展分区。

- 最多只能有一个。
- 主分区加扩展分区最多有 4 个。
- 不能写入数据，只能包含逻辑分区。

（3）逻辑分区：用来写入数据。

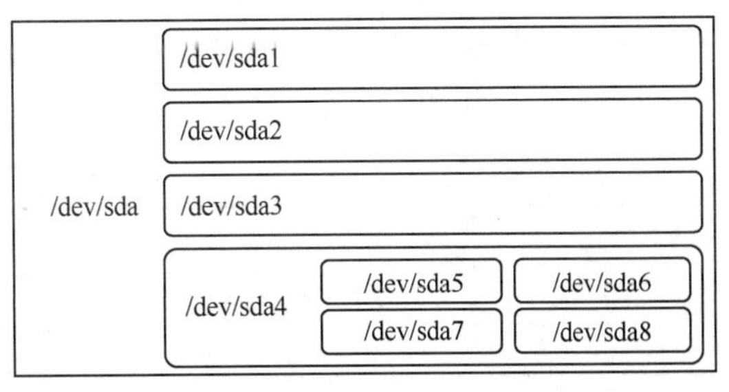

图 9-1　磁盘分区示意图

在使用相关命令对磁盘进行分区时，可以参考图 9-1 进行划分。

9.1.2　了解物理设备的命名规则

微课 9-1：了解物理设备的命名规则

我们知道，Linux 系统中一切皆文件，硬件设备也不例外。Linux 系统对各个常用的硬件设备都有规范的命名规则，目的是让用户通过设备文件的名称猜出设备的大致属性及分区信息。Linux 系统常见的硬件设备文件名称如表 9-1 所示。

表 9-1　Linux 系统常见的硬件设备及文件名称

硬件设备	文件名称
IDE 设备	/dev/hd[a-d]，a 表示系统同类接口中第一个被识别到的设备
SCSI/SATA 设备	/dev/sd[a-p]，a 表示系统同类接口中第一个被识别到的设备
光驱	/dev/cdrom
鼠标	/dev/mouse

使用 fdisk -l 命令可以查看当前系统中的所有分区设备，那么返回的文件名称/dev/hda5 包含哪些信息呢？如图 9-2 所示。

下面基于 IDE 类型的磁盘和 SCSI 类型的磁盘来细化分区数量及表示方法。

/dev/hda1 表示 IDE0 盘的第一个主分区。

/dev/hda2 表示 IDE0 盘的第二个主分区

/dev/hda5 表示 IDE0 盘的第一个逻辑分区。

/dev/hda8 表示 IDE0 盘的第四个逻辑分区。

/dev/hdb1 表示 IDE1 盘的第一个主分区。

/dev/sda1 表示第一个 SCSI 磁盘的第一个主分区。

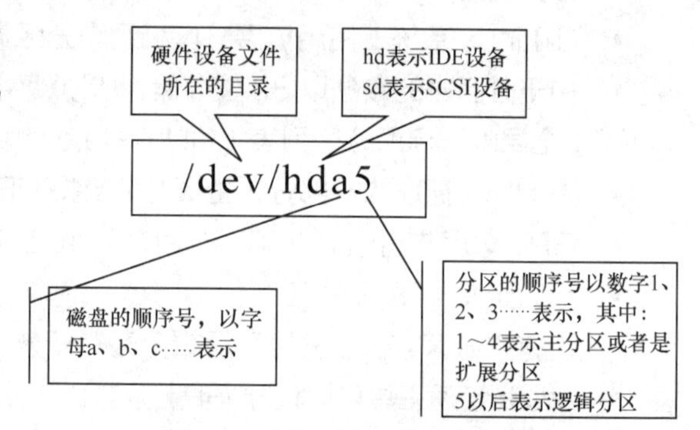

图 9-2　硬件设备文件名称的含义

9.1.3　查看系统中的块设备与分区：lsblk 命令

lsblk 命令默认情况下以树状列出系统中所有可用块设备的信息，包括磁盘、CD-ROM 等，但不包含 RAM 盘的信息，命令格式如下。

```
lsblk  [选项]
```

lsblk 命令的常用选项如表 9-2 所示。

表 9-2　lsblk 命令的常用选项

选项	说明
-l	以列表形式显示所有设备名称
-S	获取 SCSI 设备的列表
-b 设备名称	用于列出指定设备的信息
-m	用于列出一个特定设备的拥有关系，同时也可以列出组和模式

【例 9-1】 使用 lsblk 命令查看当前系统中所有可用的块设备。

```
[root@Server ~]# lsblk
NAME       MAJ:MIN RM  SIZE  RO TYPE MOUNTPOINT
sda        8:0      0  30G   0  disk
├─sda1     8:1      0  300M  0  part /boot
├─sda2     8:2      0  9.3G  0  part /
├─sda3     8:3      0  7.5G  0  part /home
```

```
 ├─sda4   8:4    0   1K   0 part
 ├─sda5   8:5    0  3.7G  0 part /usr
 ├─sda6   8:6    0  3.7G  0 part /var
 ├─sda7   8:7    0  953M  0 part /tmp
 └─sda8   8:8    0  3.7G  0 part [SWAP]
sdb       8:16   0  10G   0 disk
 ├─sdb1   8:17   0   1G   0 part
 ├─sdb2   8:18   0   1K   0 part
 └─sdb5   8:21   0  500M  0 part /disk5
sr0       11:0   1  1024M 0 rom
```

该命令返回信息中各个参数的解释如下。

- NAME：表示块设备名。
- MAJ:MIN：显示主要和次要设备号。
- RM：显示设备是否为可移动设备。注意，在本例中，设备 sr0 的 RM 值等于 1，这说明它是可移动设备。
- SIZE：列出设备的容量大小信息。例如，298.1G 表明该设备的容量大小为 298.1GB，1K 表明该设备的容量大小为 1KB。
- RO：表明设备是否为只读。在本例中，所有设备的 RO 值为 0，表明它们不是只读的。
- TYPE：显示块设备是否是磁盘或磁盘上的一个分区。在本例中，sda 和 sdb 是磁盘，而 sr0 是只读存储（rom）。
- MOUNTPOINT：显示设备挂载的挂载点。

9.1.4 磁盘分区命令：fdisk 命令

fdisk 命令是 Linux 系统中常用的磁盘分区命令，其常用的功能选项有两个。

（1）使用 fdisk -l 命令查询当前系统中已有分区的详情。

（2）使用 fdisk 命令加上要分区的磁盘作为参数，完成磁盘分区操作。

本小节主要介绍如何利用 fdisk 命令对新增磁盘进行分区。

微课 9-2：fdisk 命令

1. 在虚拟机上新增一块 SCSI 磁盘

（1）打开 VMware Workstation Pro 15，选择“虚拟机”→“设置”命令，打开“虚拟机设置”对话框，单击“添加”按钮，如图 9-3 所示。

（2）弹出“添加硬件向导”对话框，“硬件类型”选择“硬盘”，如图 9-4 所示，单击“下一步”按钮。

（3）选择“虚拟磁盘类型”为“SCSI”，单击“下一步”按钮，如图 9-5 所示。

注意，如果虚拟机没有关闭，则“虚拟磁盘类型”不能选择 IDE。

（4）选择磁盘，默认选择第一个选项“创建新虚拟磁盘”，单击“下一步”按钮，如图 9-6 所示。

（5）指定磁盘容量，默认为 20GB，可以根据实际情况设置，这里设置“最大磁盘大小”为 10GB，单击“下一步”按钮，如图 9-7 所示。

（6）指定磁盘文件，默认的文件名是虚拟机的名称加上后缀 vmdk，可以根据实际情况设置，单击“完成”按钮，如图 9-8 所示。

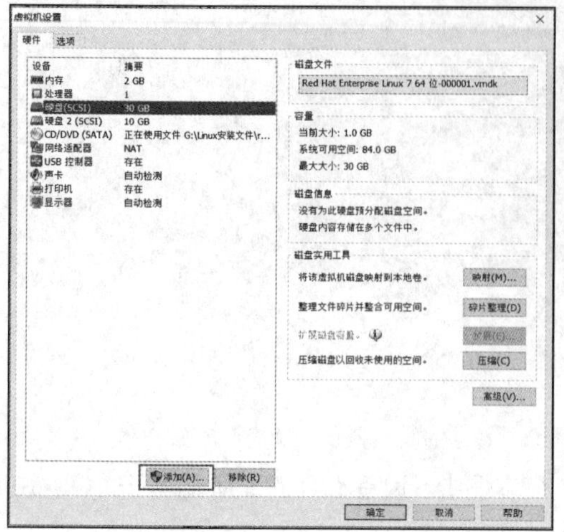

图 9-3　单击“添加”按钮

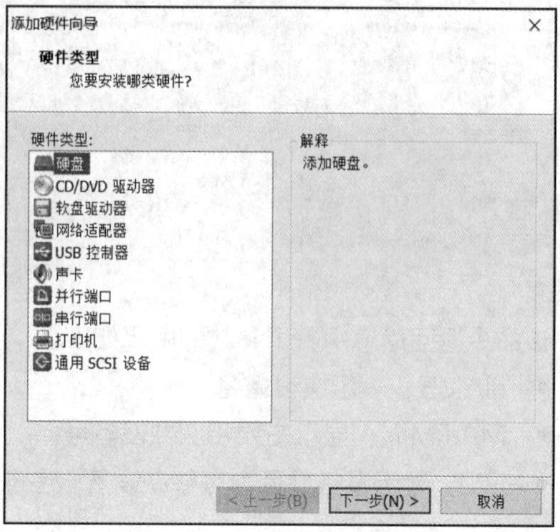

图 9-4　硬件类型为“硬盘”

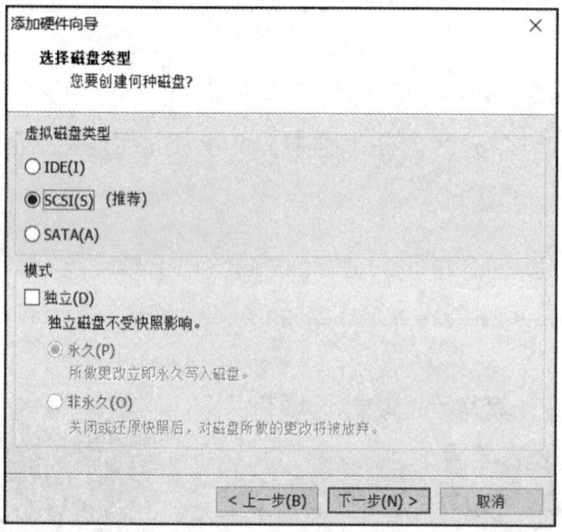

图 9-5　选择磁盘类型

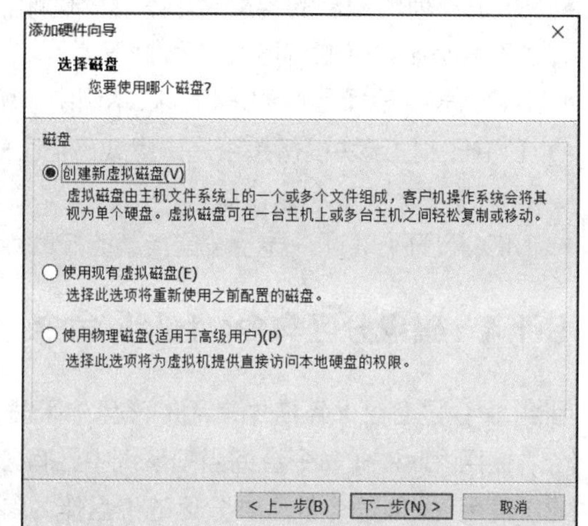

图 9-6　选择“创建新虚拟磁盘”

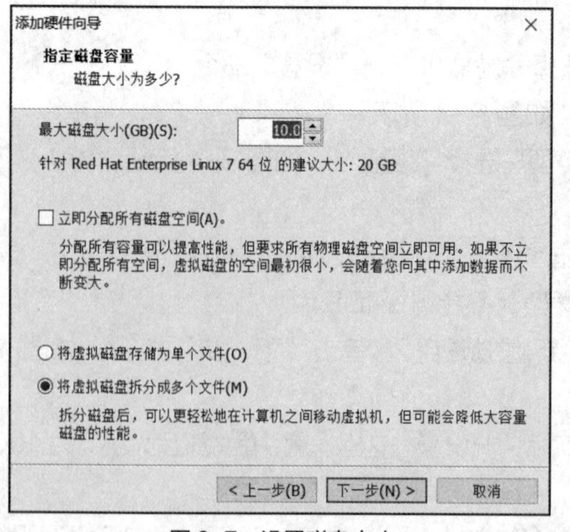

图 9-7　设置磁盘大小

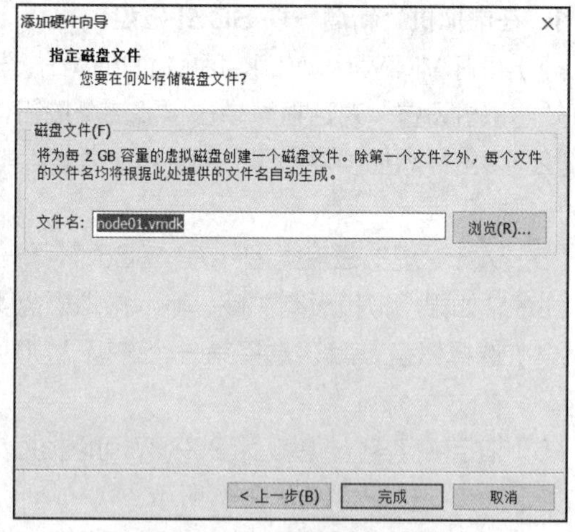

图 9-8　指定磁盘文件名称

（7）完成以上步骤后，重新启动 Linux 虚拟机，即可读取新添加的磁盘设备。使用 fdisk-l 命令可查看到新添加的磁盘文件的名称为/dev/sdb。

```
[root@Server ~]# fdisk -l
磁盘 /dev/sda: 32.2 GB, 32212254720 字节, 62914560 个扇区
Units = 扇区 of 1 * 512 = 512 bytes
扇区大小(逻辑/物理): 512 字节 / 512 字节
I/O 大小(最小/最佳): 512 字节 / 512 字节
磁盘标签类型: dos
磁盘标识符: 0x000dcad9
   设备 Boot      Start         End      Blocks   Id  System
/dev/sda1   *        2048      616447      307200   83  Linux
/dev/sda2          616448    20146175     9764864   83  Linux
/dev/sda3        20146176    35770367     7812096   83  Linux
/dev/sda4        35770368    62914559    13572096    5  Extended
/dev/sda5        35772416    43583487     3905536   83  Linux
/dev/sda6        43585536    51396607     3905536   83  Linux
/dev/sda7        51398656    53350399      975872   83  Linux
/dev/sda8        53352448    61163519     3905536   82  Linux swap / Solaris

磁盘 /dev/sdb: 10.7 GB, 10737418240 字节, 20971520 个扇区
Units = 扇区 of 1 * 512 = 512 bytes
扇区大小(逻辑/物理): 512 字节 / 512 字节
I/O 大小(最小/最佳): 512 字节 / 512 字节
磁盘标签类型: dos
磁盘标识符: 0x0b59d777
   设备 Boot      Start         End      Blocks   Id  System
```

从以上信息可以看出，磁盘/dev/sdb 还未划分分区。

2. 使用 fdisk /dev/sdb 命令划分分区

在终端中执行 fdisk /dev/sdb 命令，返回如下信息。

```
[root@Server ~]# fdisk /dev/sdb
欢迎使用 fdisk (util-linux 2.23.2)。
更改将停留在内存中，直到您决定将更改写入磁盘。
使用写入命令前请三思。
命令(输入 m 获取帮助):
```

在“命令（输入 m 获取帮助）”提示后输入相应的命令，fdisk 命令的常用选项如表 9-3 所示。

表 9-3 fdisk 命令的常用选项

选项	功能
d	删除磁盘分区
l	列出所有支持的分区类型
m	列出所有命令
n	创建新分区
p	列出磁盘分区表
q	退出磁盘分区，并且不保存更改
t	更改分区类型
w	将更改写入磁盘分区表，并退出
x	列出高级选项

下面以在/dev/sdb 磁盘上创建大小为 1GB，文件系统类型为 ext4 的/dev/sdb1 主分区为例，

讲解 fdisk 命令的使用方法，具体操作步骤如下。

（1）执行 fdisk /dev/sdb 命令，打开 fdisk 命令操作菜单。

```
[root@Server ~]# fdisk /dev/sdb
命令(输入 m 获取帮助):
```

（2）输入 p，列出当前分区表，从执行结果可以看出，在磁盘/dev/sdb 上还没有任何分区。

```
命令(输入 m 获取帮助): p

磁盘 /dev/sdb: 10.7 GB, 10737418240 字节，20971520 个扇区
Units = 扇区 of 1 * 512 = 512 bytes
扇区大小(逻辑/物理): 512 字节 / 512 字节
I/O 大小(最小/最佳): 512 字节 / 512 字节
磁盘标签类型: dos
磁盘标识符: 0x0b59d777

   设备 Boot      Start         End      Blocks   Id  System

命令(输入 m 获取帮助):
```

（3）输入 n，创建一个新分区，再输入 p，此处选择创建主分区（也可分别输入 e 或者 l，选择创建扩展分区或和逻辑分区）。再输入数字 1，创建第一个主分区，并输入第一个分区的大小为 1GB。

```
命令(输入 m 获取帮助): n
Partition type:
   p   primary (0 primary, 0 extended, 4 free)
   e   extended
Select (default p): p
分区号 (1-4，默认 1): 1
起始 扇区 (2048-20971519，默认为 2048):
将使用默认值 2048
Last 扇区, +扇区 or +size{K,M,G} (2048-20971519，默认为 20971519): +1G
分区 1 已设置为 Linux 类型，大小设为 1 GiB

命令(输入 m 获取帮助):
```

（4）输入 w，将第一个主分区的分区信息写入磁盘分区表并退出。

```
命令(输入 m 获取帮助): w
The partition table has been altered!

Calling ioctl() to re-read partition table.

WARNING: Re-reading the partition table failed with error 16: 设备或资源忙.
The kernel still uses the old table. The new table will be used at
the next reboot or after you run partprobe(8) or kpartx(8)
正在同步磁盘。
```

（5）采用相同的方法，建立主分区/dev/sdb2、扩展分区/dev/sdb3。

（6）要删除磁盘分区，在 fdisk 命令操作菜单下输入 d，并选择相应的磁盘分区即可。删除后输入 w，保存退出。

任务 9-2　创建与检查文件系统

【任务目标】

经过任务 9-1 的学习，小乔已经掌握了磁盘分区的创建及物理设备的命名规则，并尝试着添加

了新的磁盘，完成了分区的设置。

当她尝试在新的分区/dev/sdb1 上存储文件时，遇到了新的问题，经过询问资深员工，她了解到要想在新的分区上存储文件，需要先对分区创建文件系统。在本任务中，小乔需了解常见的文件系统，并掌握创建和检查文件系统的常用命令。

9.2.1 了解常见的文件系统

文件系统（File System）是指磁盘上有特定格式的一片物理空间。Linux 系统支持多种文件系统。随着 Linux 系统的不断发展，它支持的文件系统类型也在迅速扩充，达到了数十种，目前常见的类型有 ext2、ext3、ext4、XFS、ISO 9660、swap 等。

（1）ext2：是为解决 Ext 文件系统的缺陷设计的可扩展的、高性能的文件系统类型，ext2 类型文件系统又称为二级扩展文件系统。它是 Linux 系统支持的文件系统中使用最多的类型，并且在速度和 CPU 利用率上较为突出，ext2 类型文件系统是 GNU/Linux 系统中标准的文件系统。ext2 类型文件系统存取文件的性能极好，对于中、小型的文件更显优势。尽管 Linux 系统可以支持的文件系统种类繁多，但是 2000 年以前几乎所有的 Linux 系统发行版本都使用 ext2 类型文件系统作为默认的文件系统。

（2）ext3：是 ext2 的下一代，ext3 类型文件系统是一款日志文件系统，能够在系统异常的情况下避免文件系统资料丢失，并且能够修复数据的不一致及错误。但是，当磁盘容量较大时，所需的修复时间也会增长，无法百分之百保证资料不会丢失，将整体磁盘的每个写入动作细节预先记录，在发生异常时，可追踪到被中断的部分，尝试修补。

（3）ext4：是 ext3 的改进版本。ext4 类型文件系统是 RHEL 6 的默认文件管理系统，支持的存储容量高达 1EB，还能够包含无限多的子目录。另外该文件管理系统能够批量分配 block 块，极大地提高了读写效率。

（4）XFS：XFS 类型文件系统是一个高性能的日志文件系统，而且是 RHEL 7.4 默认的文件管理系统，优势在于发生意外可以快速恢复可能被破坏的文件。其强大的日志功能只需要较低的计算和存储性能即可实现，最大支持存储容量达 18EB，可以满足多种需求。

（5）ISO 9660：光盘使用的文件系统类型，Linux 系统对光盘已有了很好的支持。它不仅提供对光盘的读写，还可以实现光盘刻录。

（6）swap：swap 类型文件系统在 Linux 系统中作为交换分区使用。在安装 Linux 系统时，交换分区是必须建立的，并且它采用的文件系统类型必须是 swap，没有其他选择。

为了使用户在读取或写入文件时不用关心底层的磁盘结构，Linux 内核中的软件层为用户程序提供了一个虚拟文件系统（Virtual File System，VFS）接口，这样，用户实际在操作文件时，就是统一对这个虚拟文件系统进行操作，而不用关注各种文件系统的不同。

9.2.2 为分区创建文件系统：mkfs 命令

微课 9-3：为分区创建文件系统：mkfs 命令

在任务 9-1 中，我们学会了在新的磁盘上创建分区，但是，新建的分区还不能直接存储数据，需要在分区上创建文件系统，也称为格式化。这个操作实际上类似于 Windows 系统中的格式化磁盘。由于在分区中创建文件系统会清除分区上的数据，并且不可恢复，因此在分区中创建文件系统之前，需确定分区中的数据不再使用。

mkfs 命令用于创建文件系统，命令格式如下。

```
mkfs  [选项]  文件系统
```

mkfs 命令的常用选项如表 9-4 所示。

表 9-4 mkfs 命令的常用选项

选项	说明
-t type	指定要创建的文件系统类型
-c	建立文件系统之前先检查坏块
-l file	从文件 file 中读取磁盘坏块列表
-V	输出建立文件系统的详细信息

【例 9-2】 在设备/dev/sdb1 上建立 ext4 类型的文件系统，并检查坏块和显示详细信息。

```
[root@Server~]# mkfs -t ext4 -V -c /dev/sdb1
mkfs，来自 util-linux 2.23.2
mkfs.ext4 -c /dev/sdb1
mke2fs 1.42.9 (28-Dec-2013)
文件系统标签=
OS type: Linux
块大小=4096 (log=2)
分块大小=4096 (log=2)
Stride=0 blocks, Stripe width=0 blocks
65536 inodes, 262144 blocks
13107 blocks (5.00%) reserved for the super user
第一个数据块=0
Maximum filesystem blocks=268435456
8 block groups
32768 blocks per group, 32768 fragments per group
8192 inodes per group
Superblock backups stored on blocks:
    32768, 98304, 163840, 229376

Checking for bad blocks (read-only test): done
Allocating group tables: 完成
正在写入 inode 表: 完成
Creating journal (8192 blocks): 完成
Writing superblocks and filesystem accounting information: 完成
```

9.2.3 检查文件系统：fsck 命令

fsck 命令主要用于检查文件系统的正确性，并对磁盘进行修复，命令的语法格式如下。

```
fsck  [选项]  文件系统
```

fsck 命令的常用选项如表 9-5 所示。

表 9-5 fsck 命令的常用选项

选项	说明
-t	指定文件系统类型
-s	逐个执行 fsck 命令进行检查

续表

选项	说明
-C	显示完整的检查进度
-d	列出 fsck 的 debug 结果
-a	如果检查中发现错误，则自动修复
-r	如果检查有错误，则询问是否修复

【例 9-3】 检查/dev/sdb1 分区是否有错误，如果有错误，则自动修复。

```
[root@Server~] fsck -a /dev/sdb1
fsck，来自 util-linux 2.23.2
/dev/sdb1: clean, 12/65536 files, 12955/262144 blocks
```

任务 9-3 手动挂载与卸载文件系统

【任务目标】

经过任务 9-1 和任务 9-2 的学习，小乔完成了磁盘分区和文件系统的创建。接下来需要将新建的文件系统挂载到相应的目录中，才可以完成文件的存储。手动挂载文件系统需要用到哪些命令呢？挂载完成后，如何在新的分区上存储文件呢？本任务中，小乔需掌握挂载、卸载文件系统的常用命令。

9.3.1 挂载文件系统：mount 命令

创建好的文件系统需要挂载到 Linux 系统中才能使用，文件系统挂载到的目录称为挂载点。Linux 系统提供了两个专门的挂载点/mnt 和/media。但是在一般情况下，我们会创建一个新的目录作为挂载点。

微课 9-4：挂载文件系统：mount 命令和 umount 命令

文件系统可以在系统引导过程中自动挂载，也可以使用 mount 命令手动挂载，mount 命令的语法格式如下。

```
mount [选项] 设备 挂载点
```

mount 命令的常用选项如表 9-6 所示。

表 9-6 mount 命令的常用选项

选项	说明
-t	指定要挂载的文件系统的类型
-r	以只读方式挂载文件系统
-w	以可写的方式挂载文件系统
-a	挂载/etc/fstab 文件中记录的设备

【例 9-4】 把文件系统类型为 ext4 的分区/dev/sdb1 挂载到新建目录/linux 下。

```
[root@Server ~]# mkdir /linux
[root@Server ~]# mount -t ext4 /dev/sdb1 /linux
```

9.3.2　卸载文件系统：umount 命令

已经挂载的文件系统可以使用 umount 命令卸载，命令格式如下。

```
umount  设备/挂载点
```

【例 9-5】 将挂载的/linux 目录卸载。

```
[root@Server ~]# umount /linux
```

注意　使用 umount 命令卸载目录之前，需退出挂载的目录，否则会提示设备忙。

9.3.3　查看挂载情况：df 命令

df 命令用来查看文件系统的磁盘空间占用情况，获取磁盘被占用了多少空间，还剩了多少空间等信息，还可以查看分区的挂载情况，该命令语法格式如下。

```
df  [选项]
```

df 命令的常用选项如表 9-7 所示。

表 9-7　df 命令的常用选项

选项	说明
-a	显示所有文件系统磁盘使用情况
-i	显示 i 节点信息
-k	以字节为单位显示
-T	显示文件系统的类型
-t	显示指定类型的文件系统的磁盘空间使用情况

【例 9-6】 使用 df 命令查看文件系统的挂载情况。

```
[root@Server ~]# df
文件系统          1K-块      已用      可用    已用% 挂载点
/dev/sda2       9480384    95496 8880264    2% /
/dev/sda5       3778616 3352724  214232    94% /usr
/dev/sdb5        487634     2318  455620     1% /disk5
/dev/sda1        289285   145407  124422    54% /boot
/dev/sda7        944120    79484  799460    10% /tmp
/dev/sda6       3778616   544300 3022656    16% /var
/dev/sda3       7558312   124636 7026688     2% /home
```

9.3.4　在新的分区上读写文件

经过磁盘分区、创建文件系统、挂载等操作后，接下来可以在新的分区上读写文件。下面通过以下步骤在新的磁盘上读写文件，这实际上就像是在 Windows 系统中使用 U 盘或者移动磁盘存储文件一样。

（1）执行 mount 命令将/dev/sdb1 文件系统挂载到/linux 目录下。

```
[root@Server ~]# mount /dev/sdb1 /linux
[root@Server ~]# cd /linux/
```

```
[root@Server linux]# ls
lost+found
```

进入 linux 文件夹后，执行 ls 命令可以看到在工作目录下有 lost+found 文件夹，表明/dev/sdb1 文件系统被成功挂载到/linux 目录下。

（2）在/linux 目录下创建 abc 目录。

```
[root@Server linux]# mkdir abc
[root@Server linux]# ls
abc  lost+found
```

（3）进入 abc 目录，创建 study 文件，并在该文件中输入一些信息，保存并退出。

```
[root@Server abc]# touch study
[root@Server abc]# vim study
[root@Server abc]# cat study
English
Chinese
France
```

（4）退出 abc 目录，执行卸载命令，然后查看/linux 目录下是否还存在 lost+found 文件夹和 abc 目录。

```
[root@Server abc]# cd ..
[root@Server linux]# cd ..
[root@Server /]# umount /linux/
[root@Server /]# cd /linux/
[root@Server linux]# ls
```

从以上信息可以看出，abc 目录是保存在/dev/sdb1 文件系统上的。

（5）再次执行 mount 命令，将/dev/sdb1 文件系统挂载到/linux 目录下，进入/linux 目录即可看到之前创建的文件。

```
[root@Server /]# mount /dev/sdb1 /linux
[root@Server /]# cd /linux/
[root@Server linux]# ls
abc  lost+found
```

任务 9-4　开机自动挂载文件系统

【任务目标】

经过任务 9-3 的学习，小乔发现在使用文件系统之前，每次都手动挂载是比较麻烦的，有没有一种方式可以实现文件系统的自动挂载呢？在本任务中，小乔需要掌握设计自动开机挂载文件系统的方法。

9.4.1　认识/etc/fstab 文件

在设置自动挂载之前，先来认识/etc/fstab 文件。这个文件记录了引导系统时需要挂载的文件系统及文件系统的类型和挂载参数。因此，在系统启动过程中会读取该文件的内容，根据该文件的配置参数挂载相应的文件系统。

执行 cat /etc/fstab 命令，得到该文件的信息如下。

```
# /etc/fstab
# Created by anaconda on Wed Feb 27 00:28:49 2019
#
```

```
# Accessible filesystems, by reference, are maintained under '/dev/disk'
# See man pages fstab(5), findfs(8), mount(8) and/or blkid(8) for more info
#
UUID=1cc45947-e31a-4118-8f3f-6dc3d1951d27  /      ext4    defaults       1 1
UUID=5224d47b-2a3e-4164-96f7-2e74dd7c00d0  /boot  ext4    defaults       1 2
UUID=37734db6-af90-45b6-8c49-a8eded88fd7e   /tmp  ext4   defaults        1 2
UUID=4e7be998-2032-4e52-8273-439dbcca0fee   /usr   ext4   defaults       1 2
UUID=6c90f5e7-dfe7-4179-9ff2-244259159b69   /var   ext4   defaults       1 2
UUID=a5ed3ba9-a25b-41c0-98af-b43594cbb8b2   swap   swap   defaults       0 0
/dev/sdb5        /disk5      ext4      defaults   0  0
```

返回信息中的每一行代表一个文件系统，每一行又包含 6 列内容，各列内容的含义如下。

第一列：device，磁盘设备文件或者该设备的 Label 或者 UUID。

第二列：Mount point，磁盘设备的挂载点，就是要挂载到哪个目录下。

第三列：filesystem，磁盘文件系统的类型，包括 ext2、ext3、reiserfs、nfs、vfat 等。

第四列：parameters，磁盘文件系统的参数，一般设置为默认 defaults。其他比较常用的参数有：auto 和 noauto 等。auto 表示在启动或输入 mount -a 命令时自动挂载。noauto 表示只在命令下被挂载。

第五列：能否被 dump 备份命令作用，dump 是一个用来备份的命令，通常这个参数的值为 0 或者 1。

第六列：是否检验扇区，在开机的过程中，系统默认用 fsck 命令检验系统是否完整。

例如，上面返回信息最后一行的含义是将设备/dev/sdb5 作为 ext4 类型的文件系统挂载到/disk5 目录下。

微课 9-5：设置开机自动挂载文件系统

9.4.2 设置开机自动挂载文件系统

认识/etc/fstab 文件后，接下来通过一个简单实例来演示如何将文件系统设置为自动挂载。

【例 9-7】 设置将文件系统类型为 ext4 的文件系统/dev/sdb2 自动挂载到/linux 目录下。

```
[root@localhost ~]# vim /etc/fstab
UUID=a5ed3ba9-a25b-41c0-98af-b43594cbb8b2  swap     swap   defaults       0 0
文件的最后加上：
/dev/sdb2        /linux      ext4      defaults   0  0
```

编辑完成后，保存并退出，然后重启 Linux 系统，就能实现/dev/sdb2 的自动挂载了。

注意 修改/etc/fstab 文件时，一定要特别仔细，否则会影响系统的正常启动。

任务 9-5 管理磁盘配额

【任务目标】

Linux 是一个多用户多任务的操作系统，为了防止某个用户或者用户组占用过多的磁盘空间，通过磁盘配额功能限制用户和用户组对磁盘空间的使用。在本任务中，小乔需要了解磁盘配额功能和设置磁盘配额的方法，逐步具备合理设置磁盘配额的能力。

9.5.1 了解磁盘配额功能

磁盘配额是一种磁盘空间的管理机制，使用磁盘配额可限制用户或用户组在某个特定文件系统中能使用的最大空间。

由于 Linux 是多用户多任务操作系统，在使用系统时，会出现多用户共同使用一个磁盘的情况，如果有用户占用了大量的磁盘空间，势必会压缩其他用户的磁盘空间和使用权限。因此，系统管理员应该适当开放磁盘的权限给用户，以合理分配系统资源。

在 Linux 系统中，可以通过索引节点数和磁盘块区数来限制用户和用户组对磁盘空间的使用。

（1）限制用户和用户组的索引节点数（inode）：限制用户和用户组可以创建的文件数量。

（2）限制用户和用户组的磁盘块区数（block）：限制用户和用户组可以使用的磁盘容量。

9.5.2 设置磁盘配额

ext4 类型的文件系统是 RHEL 7.4 支持的标准文件系统，因此本节介绍的磁盘配额是基于 ext4 类型的文件系统进行的。为 ext4 类型的文件系统设置磁盘配额功能大致分为 5 个步骤。

（1）启动磁盘配额功能（quota）。

（2）建立磁盘配额文件。

（3）设置用户和用户组的磁盘配额。

（4）启动与关闭磁盘限额功能。

（5）检查磁盘配额的使用情况。

1. 启动磁盘配额功能（quota）

- 将/dev/sdb1 格式化为 ext4 类型的文件系统，并挂载到目录/disk1 上。

```
[root@Server ~]# mkfs -t ext4 -V -c /dev/sdb1
mkfs，来自 util-linux 2.23.2
mkfs.ext4 -c /dev/sdb1
mke2fs 1.42.9 (28-Dec-2013)
文件系统标签=
OS type: Linux
块大小=4096 (log=2)
分块大小=4096 (log=2)
Stride=0 blocks, Stripe width=0 blocks
65536 inodes, 262144 blocks
13107 blocks (5.00%) reserved for the super user
第一个数据块=0
Maximum filesystem blocks=268435456
8 block groups
32768 blocks per group, 32768 fragments per group
8192 inodes per group
Superblock backups stored on blocks:
    32768, 98304, 163840, 229376
Checking for bad blocks (read-only test): done
Allocating group tables: 完成
```

```
正在写入 inode 表：完成
Creating journal (8192 blocks)：完成
Writing superblocks and filesystem accounting information：完成
[root@Server ~]# mkdir /disk1
[root@Server ~]# mount /dev/sdb1 /disk1
```

- 针对目录/disk1 增加其他用户的写权限，保证其他用户能正常写入数据。

```
[root@Server ~]# chmod -Rf  o+w  /disk1
```

- 查看系统中是否已经安装了 quota 软件包，实际上 RHEL 7.4 中已经默认安装。

```
[root@Server ~]# rpm -qa quota
quota-4.01-14.el7.x86_64
```

- 编辑/etc/fstab 文件，在文件末尾增加如下内容，启动文件系统的磁盘配额功能，并重启系统使配置生效。

```
[root@Server ~]# vim /etc/fstab
/dev/sdb1 /disk1 ext4 defaults,usrquota,grpquota 0 0
[root@Server ~]# reboot
```

注意 如果只是想要在本次开机过程中测试磁盘配额功能，那么可以使用以下方式来手动加入磁盘配额功能的支持。

```
[root@Server ~]# mount -o remount,usrquota,grpquota /disk1
```

- 重启系统后，使用 mount 命令查看磁盘配额是否生效。

```
[root@Server ~]# mount |grep disk1
/dev/sdb1 on /disk1 type ext4 (rw,relatime,seclabel,quota,usrquota,grpquota,data=ordered)
```

2. 建立磁盘配额文件

磁盘配额通过分析整个文件系统中的每个用户（用户组）所拥有的文件总数与总容量，将这些数据记录放在文件系统顶层目录下的磁盘配额文件（aquota.user 和 aquota.group）中，然后再比较磁盘配额文件中的限制值来规范用户或用户组的磁盘用量。

quotacheck 命令用于检查磁盘的使用空间和限制，并建立磁盘配额文件。该命令的语法格式如下。

```
quotacheck  [选项]
```

quotacheck 命令的常用选项如表 9-8 所示。

表 9-8　quotacheck 命令的常用选项

选项	说明
-a	扫描/etc/fstab 文件，查看其中是否有加入磁盘配额设置的分区
-v	显示详细的执行过程
-u	用于检查用户的磁盘配额
-g	用于检查用户组的磁盘配额
-m、-f	强制执行

【例 9-8】 使用 quotacheck 命令，生成磁盘配额文件 aquota.user（设置用户的磁盘配额）和 aquota.group（设置用户组的磁盘配额）。

```
[root@Server ~]# quotacheck -auvg -mf
quotacheck: Your kernel probably supports journaled quota but you are not using it. Consider switching to journaled quota to avoid running quotacheck after an unclean shutdown.
quotacheck: Scanning /dev/sdb1 [/disk1] done
quotacheck: Checked 2 directories and 2 files
quotacheck: Scanning /dev/sda3 [/home] done
quotacheck: Checked 558 directories and 3700 files
```

3. 设置用户和用户的磁盘配额

对用户和用户的磁盘配额限制分为两种。

（1）软限制（soft limit），是指用户和用户组在文件系统上可以使用的磁盘空间和文件数。超过软限制后，在一定期限内，用户仍可继续存储文件，但是系统会对用户提出警告，建议用户清理文件，释放空间。超过警告期限后，用户不能继续存储文件。

（2）硬限制（hard limit），是指用户和用户组可以使用的最大磁盘空间或最多的文件数，超过之后，用户和用户组将无法再在相应的文件系统上存储文件。如果 hard limit 的取值为 0，则表示不受限制。

使用 edquota -u 和 edquota -g 命令设置用户和用户组的磁盘配额。

【例 9-9】 使用 edquota-u 命令，设置 user1 用户的磁盘配额，硬盘使用量（blocks）的软限制和硬限制分别为 3MB（3072KB）和 6MB（6144KB），文件数量（inodes）的软限制和硬限制分别为 3 个和 6 个。

```
[root@Server ~]# useradd user1
[root@Server ~]# edquota -u user1
Disk quotas for user user1 (uid 1005):
  Filesystem        blocks        soft        hard      inodes      soft      hard
  /dev/sdb1         0             3072        6144      0           3         6
```

如果需要对多个用户进行设置，可以重复上面的操作。如果每个用户的设置都相同，可以使用“edquota -p 参考用户 待设定用户 ”命令，把参考用户的设置复制给待设定用户。

【例 9-10】 使用 edquota -p 命令，为 user2 设置与 user1 相同的磁盘配额。

```
[root@Server ~]# useradd user2
[root@Server ~]# edquota -p user1 user2
[root@Server ~]# edquota -u user2
```

对用户组的设置和对用户的设置相似，这里不再赘述。

4. 启动与关闭磁盘配额功能

设置好用户及用户组的磁盘配额后，磁盘配额功能还不能产生作用，需要使用 quotaon 命令启动磁盘配额功能。要关闭该功能可以使用 quotaoff 命令。

quotaon 和 quotaoff 命令的常用选项如表 9-9 所示。

表 9-9 quotaon 和 quotaoff 命令的常用选项

选项	说明
-u	针对用户启动（aquota.user）
-g	针对用户组启动（aquota.group）
-v	显示启动过程的相关信息
-a	根据/etc/mtab 内设定的 filesystem 启动有关的磁盘配额功能

【例 9-11】 使用 quotaon 命令启动磁盘配额功能。

```
[root@Server ~]# quotaon -avug
/dev/sdb1 [/disk1]: group quotas turned on
/dev/sdb1 [/disk1]: user quotas turned on
```

5. 检查磁盘空间的使用情况

管理员可以使用 repquota 命令生成完整的磁盘使用报告，查看磁盘空间的使用情况。

【例 9-12】 使用 repquota 命令，查看/dev/sdb1 上的磁盘空间使用情况。

```
[root@Server ~]# su - user1
[user1@Server ~]$ cd /disk1
[user1@Server disk1]$ ls
aquota.group  aquota.user  lost+found
[user1@Server disk1]$ touch sample.tar
[user1@Server disk1]$ exit
登出
[root@Server ~]# repquota /dev/sdb1
*** Report for user quotas on device /dev/sdb1
Block grace time: 7days; Inode grace time: 7days
                      Block limits                File limits
User          used    soft    hard  grace    used  soft  hard  grace
----------------------------------------------------------------------
root      --    20       0       0              2     0     0
user1     --     0    3072    6144              1     3     6
```

用户名后的“--”用于判断该用户是否超出了磁盘空间限制及索引节点数限制。超出限制时，“--”会变成“+”。

要想查看所有启用了磁盘配额功能的文件系统的磁盘空间使用情况，可以使用 repquota -a 命令。

9.5.3 测试磁盘配额

经过 9.5.2 小节的学习，我们已经成功设置了磁盘配额，接下来通过以下几个步骤测试磁盘配额功能能否正常使用。

（1）切换到 user1 用户登录。

```
[root@Server ~]# su - user1
```

（2）使用 dd 命令分别写入 5MB 和 8MB 的文件。

```
[user1@Server ~]$ dd if=/dev/zero of=/disk1/testfile1 bs=5M count=1
sdb1: warning, user block quota exceeded.
记录了 1+0 的读入
记录了 1+0 的写出
5242880 字节(5.2 MB)已复制，0.00555389 秒，944 Mbit/s
[user1@Server ~]$ dd if=/dev/zero of=/disk1/testfile2 bs=8M count=1
sdb1: write failed, user block limit reached.// 超出软限制
dd: 写入"/disk1/testfile2" 出错: 超出磁盘限额
记录了 1+0 的读入
记录了 0+0 的写出
1048576 字节(1.0 MB)已复制，0.288635 秒，3.6 Mbit/s
[user1@Server ~]$ exit
```

从返回信息中可以看出，使用 dd 命令向“/disk1/testfile1”和“/disk1/testfile2”文件写入内容时，分别提示“超出软限制”和“超出磁盘限额”，这说明之前关于磁盘配额的设置都是正确的，那为什么会提示这些信息呢？原因在于，在【例 9-9】中设置的磁盘的软限制和硬限制分别为 3MB 和 6MB。

提示 测试完成后，为了避免影响其他实训操作，建议将环境恢复到初始设置后，重新启动 Linux 系统。将环境恢复到初始设置的方法如下。

（1）执行 vim /etc/fstab 命令，将该文件中的最后一行删除或者注释掉：/dev/sdb1/disk1 ext4 defaults,usrquota,grpquota 0 0。

（2）执行 reboot 命令。

任务 9-6 管理逻辑卷

【任务目标】

磁盘进行分区后，想再次调整磁盘分区的大小就不容易了。但是在实际应用中，经常有根据实际需求调整磁盘分区大小的情形，比如随着业务量的增加，用于存放交易记录的数据库目录的大小也在不断增加，导致原有的磁盘分区在使用上逐渐捉襟见肘。为此，Linux 系统引入了 LVM 的概念，允许用户对磁盘资源进行动态调整，增加磁盘的“灵活性”。在本任务中，小乔需要了解 LVM 的概念及如何创建、扩容、缩小和删除逻辑卷。

9.6.1 了解 LVM 的概念

逻辑卷管理（Logical Volume Manger，LVM）是 Linux 系统对磁盘分区进行管理的一种机制，是建立在磁盘和磁盘分区之上的一个逻辑层，可以提高磁盘分区管理的灵活性。逻辑卷相比传统分区，其好处是可以动态调整分区大小，而不会损坏分区中存储的数据。

LVM 将物理磁盘或者磁盘分区转换为物理卷（Physical Volume，PV），通过将物理卷划分为相同大小的物理区域（Physical Extents，PE），再将一个或多个物理卷组合形成卷组（Volume Group，VG），最后再进行分配形成逻辑卷（Logical Volume，LV）。

LVM 本质上是一个虚拟设备驱动，处于物理设备和文件系统层之间，维护逻辑盘区和物理盘区之间的映射。LVM 的技术架构如图 9-9 所示。

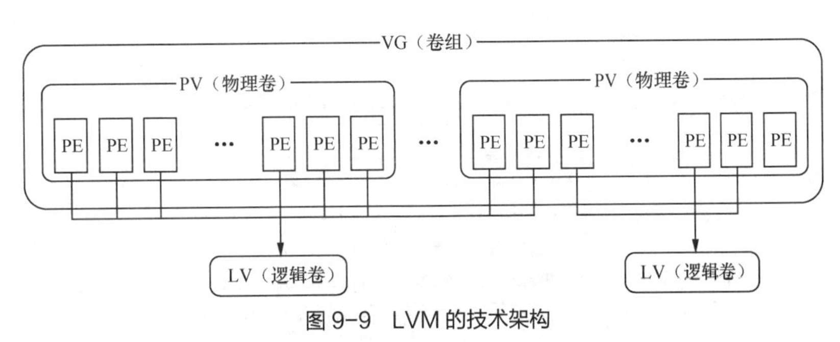

图 9-9 LVM 的技术架构

物理卷处于 LVM 中的最底层，通常指的是物理磁盘、磁盘分区或者 RAID 磁盘阵列。一个卷组包含多个物理卷。

逻辑卷与物理卷没有直接的关系，逻辑卷是指利用卷组中空闲的资源建立的，在建立之后可以动态扩展或缩小逻辑卷的空间。

9.6.2 创建逻辑卷

创建逻辑卷时，需要分别配置物理卷、卷组和逻辑卷。常用的物理卷、卷组、逻辑卷管理命令分别如表 9-10～表 9-12 所示。

表 9-10　常用的物理卷管理命令

命令	说明
pvscan	扫描
pvcreate	建立
pvdisplay	显示
pvremove	删除

表 9-11　常用的卷组管理命令

命令	说明
vgscan	扫描
vgcreate	建立
vgdisplay	显示
vgremove	删除
vgextend	扩展
vgreduce	缩小

表 9-12　常用的逻辑卷管理命令

命令	说明
lvscan	扫描
lvcreate	建立
lvdisplay	显示
lvremove	删除
lvextend	扩展
lvreduce	缩小

为了更好地展示 LVM 技术，下面新加两块磁盘来创建逻辑卷，具体步骤如下所示。

（1）新增两块磁盘，大小分别为 10GB 和 5GB，添加磁盘的方法请参考 9.1.4 小节，这里不再赘述。

（2）使用 pvcreate 命令，为新增的两块磁盘创建物理卷。

```
[root@Server ~]# pvcreate /dev/sdb /dev/sdc
WARNING: dos signature detected on /dev/sdb at offset 510. Wipe it? [y/n]: y
  Wiping dos signature on /dev/sdb.
  Physical volume "/dev/sdb" successfully created.
  Physical volume "/dev/sdc" successfully created.
```

（3）创建 group 卷组，把两块磁盘设备加入 group 卷组中。

```
[root@Server ~]# vgcreate group /dev/sdb /dev/sdc
  Volume group "group" successfully created
[root@Server ~]# vgdisplay
   --- Volume group ---
   VG Name               group
   ......
   VG Size               14.99 GiB
   PE Size               4.00 MiB
   Total PE              3838
   ......
```

（4）切割出一个大小为 300MB 的逻辑卷设备 l1。

```
[root@Server ~]# lvcreate -n l1 -L 300M group
  Logical volume "l1" created.
[root@Server ~]# lvdisplay
  --- Logical volume ---
  LV Path                /dev/group/l1
  LV Name                 l1
  VG Name                 group
  ……
  # open                   0
  LV Size                300.00 MiB
  Current LE             75
```

（5）格式化逻辑卷设备 l1，然后挂载。

```
[root@Server ~]# mkfs.ext4 /dev/group/l1
mke2fs 1.42.9 (28-Dec-2013)
文件系统标签=
OS type: Linux
块大小=1024 (log=0)
分块大小=1024 (log=0)
Stride=0 blocks, Stripe width=0 blocks
76912 inodes, 307200 blocks
15360 blocks (5.00%) reserved for the super user
第一个数据块=1
Maximum filesystem blocks=33947648
38 block groups
8192 blocks per group, 8192 fragments per group
2024 inodes per group
Superblock backups stored on blocks:
    8193, 24577, 40961, 57345, 73729, 204801, 221185
Allocating group tables: 完成
正在写入inode表: 完成
Creating journal (8192 blocks): 完成
Writing superblocks and filesystem accounting information: 完成
[root@Server ~]# mkdir /group
[root@Server ~]# mount /dev/group/l1 /group
```

（6）查看挂载状态，验证后，卸载设备。

```
[root@Server ~]# df -h
文件系统                    容量   已用   可用   已用% 挂载点
……
/dev/sda7                  922M   78M  781M   10% /tmp
tmpfs                      183M   12K  183M    1% /run/user/42
tmpfs                      183M     0  183M    0% /run/user/0
/dev/mapper/group-l1       283M  2.1M  262M    1% /group
[root@Server ~]# umount /group/
```

9.6.3 扩容和缩小逻辑卷

在 9.6.2 小节中，卷组由两块磁盘设备组成，但是在实际使用时，用户并不能感受到设备的底层架构和布局，只要卷组中有足够的资源，就可以一直为逻辑卷扩容。但是当卷组中没有足够的空间分配给逻辑卷时，可以通过增加物理卷的方法来增加卷组的空间。为逻辑卷扩容和缩小可以采用如下步骤。

1. 扩容逻辑卷

（1）为虚拟机增加一块大小为 20GB 的磁盘，添加磁盘的方法请参考 9.1.4 小节的内容，这里不再赘述。

（2）增加新的物理卷到卷组。

添加磁盘的方法请参考 9.1.4 小节的内容，这里不再赘述。

```
[root@Server ~]# pvcreate /dev/sdd
  Physical volume "/dev/sdd" successfully created.
[root@Server ~]# vgextend group /dev/sdd
  Volume group "group" successfully extended
[root@Server ~]# vgdisplay
  --- Volume group ---
  ......
  VG Size               <19.99 GiB
  PE Size               4.00 MiB
  ......
```

（3）将 9.6.2 小节中逻辑卷设备 l1 的容量扩充至 500MB。

```
[root@Server ~]# lvextend -L 500M /dev/group/l1
  Size of logical volume group/l1 changed from 300.00 MiB (75 extents) to 500.00 MiB (125
extents).
  Logical volume group/l1 successfully resized.
```

（4）检查磁盘完整性，并重置磁盘容量。

```
[root@Server ~]# e2fsck -f /dev/group/l1
fsck，来自 util-linux 2.23.2
e2fsck 1.42.9 (28-Dec-2013)
第一步：检查 inode,块,和大小
第二步：检查目录结构
第 3 步：检查目录连接性
Pass 4: Checking reference counts
第 5 步：检查簇概要信息
/dev/mapper/group-l1: 11/76912 files (0.0% non-contiguous), 19977/307200 blocks
[root@Server ~]# resize2fs /dev/group/l1
resize2fs 1.42.9 (28-Dec-2013)
Resizing the filesystem on /dev/group/l1 to 512000 (1k) blocks.
The filesystem on /dev/group/l1 is now 512000 blocks long.
```

提示 以上第一步~第 5 步的中英文和两种数字形式交替出现，是执行命令后返回的信息。

（5）挂载磁盘后，重新查看挂载状态。

```
[root@Server ~]# mount /dev/group/l1 /group/
[root@Server ~]# df -h
文件系统                容量   已用  可用   已用% 挂载点
......
tmpfs                   183M     0  183M    0% /run/user/0
/dev/mapper/group-l1    477M  2.3M  446M    1% /group
[root@Server ~]# umount /dev/group/l1
```

2. 缩小逻辑卷

在对逻辑卷进行缩容时，应该注意丢失数据的风险，其余步骤和扩容逻辑卷一样，只不过需要使用 lvreduce 命令减少逻辑卷的容量，具体步骤如下。

（1）检查文件系统的完整性。

```
[root@Server ~]# e2fsck -f /dev/group/l1
fsck，来自 util-linux 2.23.2
e2fsck 1.42.9 (28-Dec-2013)
```

```
……
Resizing the filesystem on /dev/group/l1 to 512000 (1k) blocks.
The filesystem on /dev/group/l1 is now 512000 blocks long.
```

（2）把逻辑卷 l1 的容量减少到 200MB。

```
[root@Server ~]# resize2fs /dev/group/l1 200M
resize2fs 1.42.9 (28-Dec-2013)
Resizing the filesystem on /dev/group/l1 to 122880 (1k) blocks.
The filesystem on /dev/group/l1 is now 122880 blocks long.

[root@Server ~]# lvreduce -L 200M /dev/group/l1
  WARNING: Reducing active logical volume to 200.00 MiB.
  THIS MAY DESTROY YOUR DATA (filesystem etc.)
Do you really want to reduce group/l1? [y/n]: y
  Size of logical volume group/l1 changed from 500.00 MiB (125 extents) to 200.00
MiB (50 extents).
  Logical volume group/l1 successfully resized.
```

（3）挂载磁盘后，重新查看挂载状态。

```
[root@Server ~]# mount /dev/group/l1 /group/
[root@Server ~]# df -h
文件系统                容量   已用  可用   已用% 挂载点
……
/dev/mapper/group-l1    186M 1.6M 171M   1% /group
```

9.6.4 删除逻辑卷

在实际应用中，如果不再需要 LVM 技术，可以删除逻辑卷。在删除之前，需要备份好重要的信息。删除逻辑卷的步骤如下。

（1）卸载逻辑卷，或者取消逻辑卷与物理设备的关联。

```
[root@Server ~]# umount /dev/group/l1
```

（2）删除逻辑卷。

```
[root@Server ~]# lvremove /dev/group/l1
Do you really want to remove active logical volume group/l1? [y/n]: y
  Logical volume "l1" successfully removed
```

（3）删除卷组。

```
[root@Server ~]# vgremove group
  Volume group "group" successfully removed
```

（4）删除物理设备。

```
[root@Server ~]# pvremove /dev/sdb /dev/sdc /dev/sdd
  Labels on physical volume "/dev/sdb" successfully wiped.
  Labels on physical volume "/dev/sdc" successfully wiped.
  Labels on physical volume "/dev/sdd" successfully wiped.
```

注意 删除逻辑卷时，需要依次删除逻辑卷、卷组和物理设备，切记顺序不可调换。

小结

通过学习本项目，我们了解了磁盘分区的概念及原则，学会了磁盘分区的创建，文件系统的创建、检查、挂载和卸载，掌握了磁盘配额和逻辑卷的管理方法。

在设置自动挂载某个分区时，可能因为/etc/fstab 文件的修改不正确，导致整个系统无法正常启动。所以，在学习的过程中，要注重细节，一丝不苟，逐步养成精益求精的学习态度。“不积跬步，无以至千里”。

本项目涉及的各个知识点的思维导图如图 9-10 所示。

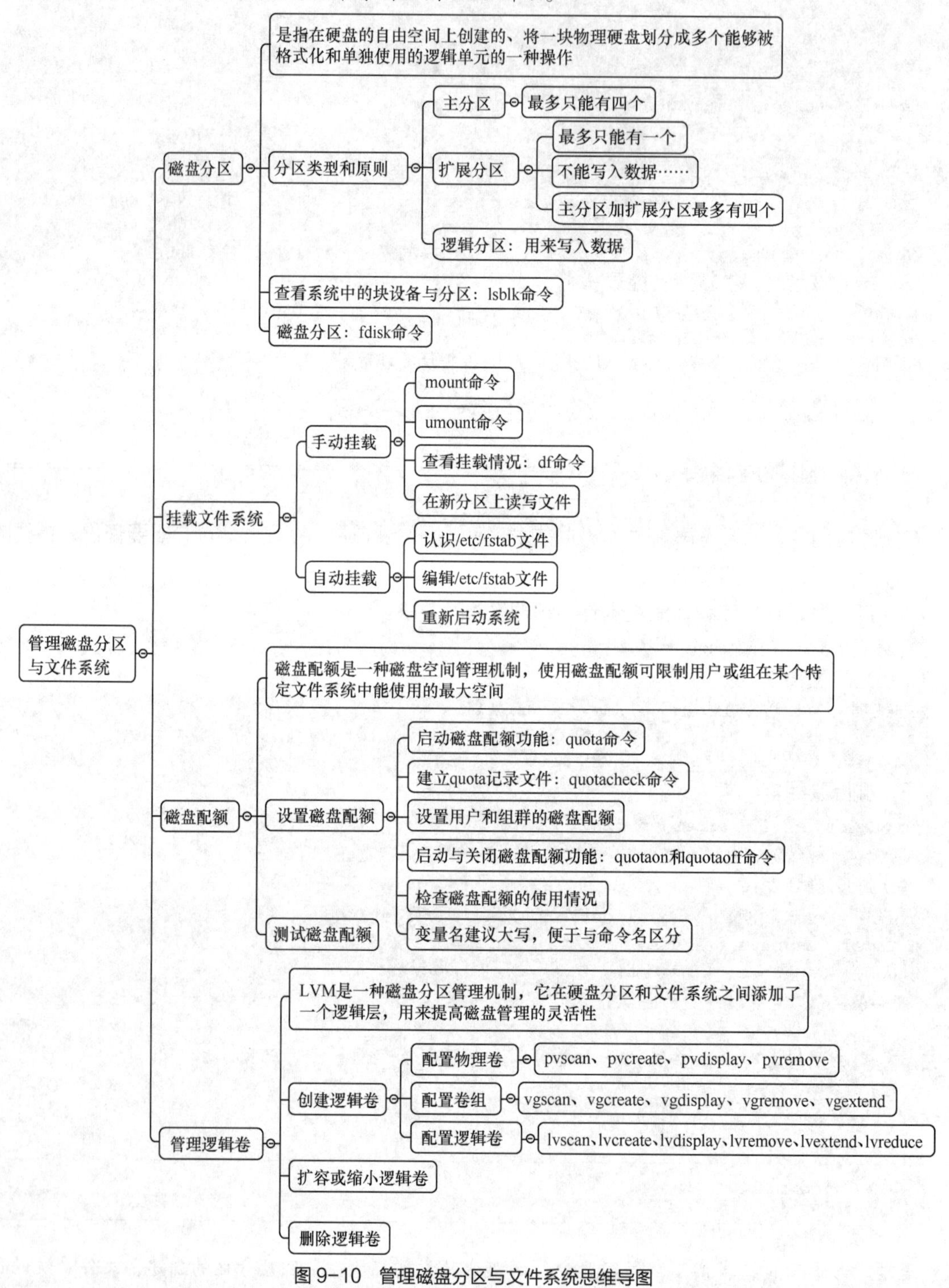

图 9-10　管理磁盘分区与文件系统思维导图

项目实训　管理磁盘配额及逻辑卷

（一）项目背景

青苔数据的维护人员要在 Linux 服务器中新增一块磁盘/dev/sdb 并为其划分分区，要求 Linux 系统的分区能支持磁盘限额和分区容量动态调整。

微课 9-6：管理磁盘配额及 LVM 逻辑卷

（二）工作任务

1．新增一块磁盘，并完成主分区、扩展分区、逻辑分区的创建，以及文件系统的挂载

（1）添加一块磁盘/dev/sdb。

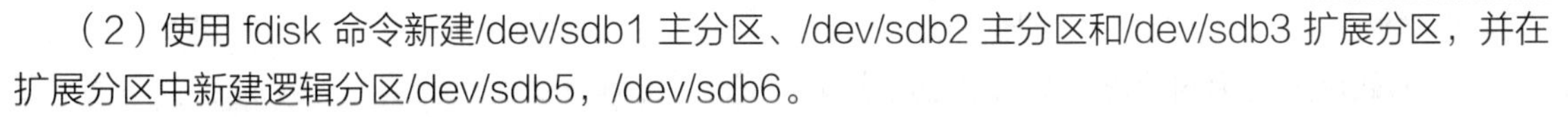

（2）使用 fdisk 命令新建/dev/sdb1 主分区、/dev/sdb2 主分区和/dev/sdb3 扩展分区，并在扩展分区中新建逻辑分区/dev/sdb5，/dev/sdb6。

（3）为主分区/dev/sdb1 创建 ext4 类型的文件系统。

（4）使用 fsck 命令检查文件系统。

（5）将/dev/sdb1 挂载到/linux 目录上。

（6）在/linux 目录下创建测试文件。

（7）卸载/linux 目录。

2．磁盘限额配置

创建用户 user1，设置 user1 对/dev/sdb1 分区的磁盘限额。设置 user1 对磁盘使用量的软限制值为 5000，硬限制值为 10000，对文件数量的软限制值为 5000，硬限制值为 10000。

（1）为/etc/fstab 文件中的/dev/sdb1 分区添加用户和用户组的磁盘限额，要求将/dev/sdb1 格式化为 ext4 类型的文件系统，并挂载到目录/disk1 上。

（2）重新启动 Linux 系统。

（3）建立磁盘配额文件。

（4）设置用户和用户组的磁盘配额。

（5）启动磁盘限额功能。

（6）测试磁盘配额的使用情况。

3．管理逻辑卷

（1）使新增的磁盘（sdc）支持 LVM 技术。

（2）把磁盘设备加入 group 卷组中。

（3）切割出一个大小为 300MB 的逻辑卷设备。

（4）格式化逻辑卷。

（5）将逻辑卷挂载到/linux 目录下。

习题

一、选择题

1．在一个新分区上建立文件系统应该使用（　　）命令。

A. fdisk　　B. makefs　　C. mkfs　　D. format

2. 以下命令中，可以列出已知分区信息的是（　　）。

A. fdisk -dump　　B. fdisk -l　　C. fdisk -view　　D. dumppart

3. 在终端下输入 mount -a 命令的作用是（　　）。

A. 强制进行磁盘检查

B. 显示当前挂载的所有磁盘分区的信息

C. 挂载/etc/fstab 文件中除 noauto 以外的所有磁盘分区

D. 以只读方式重新挂载/etc/fstab 文件中的所有分区

4. Linux 系统中文件系统的目录结构是一个倒挂的树，文件都按照其作用分门别类地放在相关的目录中，现有一个外部设备文件，我们应该将其放在（　　）目录中。

A. /bin　　B. /etc　　C. /dev　　D. /lib

5. 假如用户使用的计算机系统中有两块 IDE 磁盘，Linux 系统位于第一块磁盘上，查询第二块磁盘的分区情况的命令是（　　）。

A. fdisk -l /dev/hda1　　B. fdisk -l /dev/hda2

C. fdisk -l /dev/hdb　　D. fdisk -l /dev/hda

6. 统计磁盘空间或者文件系统使用情况的命令是（　　）。

A. df　　B. dd　　C. du　　D. fdisk

7. Linux 系统通过 VFS 支持多种文件系统，RHEL 7.4 默认的文件系统是（　　）。

A. VFAT　　B. XFS　　C. ext4　　D. NTFS

8. Linux 系统设置开机自动挂载文件系统，需要编辑（　　）文件。

A. /etc/fstab　　B. /etc/ftab　　C. /dev/sda　　D. /dev/sdb

二、填空题

1. 常见的文件系统格式有：________、________、________、________、________等。

2. 光盘所使用的标准的文件系统是________________。

3. 用于检查文件系统正确性的命令是________________。

4. 通过________和________来限制用户和用户组对磁盘空间的使用。

项目10 编写shell脚本

10

情境导入

青苔数据近期有一批新员工入职，大路安排小乔为这些新员工创建 Linux 服务器的用户账号。虽然小乔对添加用户的命令 useradd 已经非常熟悉了，但是如果使用 Linux 命令一个一个地添加，效率太低了，有没有什么方法可以提高效率呢？她请教了有经验的同事，了解到要高效完成此任务，需要使用 shell 脚本，于是小乔踏上了学习 shell 脚本之路。

职业能力目标（含素养要点）

- 理解 shell 脚本的概念（编码规范意识）。
- 学会使用 shell 脚本创建程序（科学思维）。
- 掌握条件分支结构的用法（责任担当）。
- 掌握循环的用法（工匠精神）。

任务 10-1　创建 shell 脚本

【任务目标】

小乔能够使用 C 语言和 Java 语言编写程序，但是如何编写 shell 脚本呢？她先查阅资料，尝试创建了第一个 shell 脚本。在本任务中，小乔需要掌握 shell 脚本的编写和运行方法。

10.1.1　创建并运行第一个 shell 脚本

1. 理解 shell 脚本

shell 脚本（shell script）是一种为 shell 编写的脚本程序。

shell 脚本是一种非常棒的编程语言，不需要经过编译就能够运行，非常方便。同时能够提供数组、循环结构、分支和逻辑判断等重要的功能。因此，作为系统管理人员，需要掌握 shell 脚本的编写方法，以简化系统管理任务，提高工作效率。

shell 脚本的结构如图 10-1 所示。由此可以看出，shell 脚本由以“#!”开头的解释器、以“#”开头的注释行和程序体 3 部分组成。

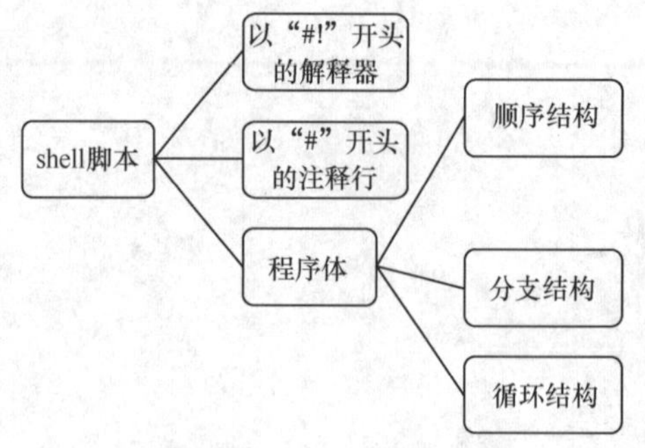

图 10-1　shell 脚本结构

注意　shell 脚本文件必须被赋予执行权限，才能执行。可以使用 chmod 命令赋予其执行权限：chmod u+x XX.sh

微课 10-1：编写并运行第一个 shell 脚本程序

2. 编写第一个 shell 脚本

在本项目中，以输出“Hello World!”为例，讲解 shell 脚本的编写及运行方法。

（1）编写程序输出“Hello World!”。

```
[root@Server ~]# mkdir shellscript
[root@Server ~]# cd shellscript/
[root@Server shellscript]# vim HelloWorld.sh
1 #!/bin/bash
2 #Program
3 #This program shows "Hello World!" in your screen.
4 #History
5 # #2020/06/08 test First release
6 echo -e "Hello World!\a\n"
```

（2）注意事项。

- 第 1 行“#!/bin/bash”不能省略，表示执行脚本时使用的 shell 的名称为“/bin/bash”。
- 第 2~5 行为注释行，以“#”开头，通常用于标注程序的功能、创建时间、修改时间等。在编写程序时，添加适当的注释是良好的编程习惯，有助于以后的维护工作。
- 第 6 行为主程序部分，使用 echo 命令输出“Hello World!”。

（3）设置执行权限，并运行 HelloWorld.sh 文件。

编写完 HelloWorld.sh 文件后，在工作目录下，可以通过 sh HelloWorld.sh、source HelloWorld.sh 和./ HelloWorld.sh 3 种命令运行该脚本。

```
[root@Server shellscript]# chmod a+x HelloWorld.sh
[root@Server shellscript]# sh HelloWorld.sh
Hello World!
```

或者

```
[root@Server shellscript]# source HelloWorld.sh
Hello World!
```

或者

```
[root@Server shellscript]# ./HelloWorld.sh
Hello World!
```

10.1.2 定义 shell 变量、接收用户输入：read 命令

为了实现更加复杂的功能，在 shell 脚本编写中能定义各种类型的变量，并能实现与用户交互赋值。

微课 10-2：定义 shell 变量、接收用户输入：read 命令

1. shell 变量的类型

与其他程序设计语言一样，shell 变量根据作用范围也分为全局变量（环境变量）和局部变量（自定义普通变量）。

- 局部变量的作用范围仅限制在其命令行所在的 shell 或 shell 脚本文件中。
- 全局变量的作用范围包括本 shell 进程及其子进程。
- 利用 export 命令将局部变量设置为全局变量。

2. shell 环境变量

shell 环境变量是指由 shell 定义和赋初值的 shell 变量，它可以在创建它们的 shell 及其派生出来的任意 shell 子进程中使用。环境变量又可以分为自定义环境变量和 bash 内置的环境变量。

环境变量可以在命令行中设置和创建，用户退出命令行时，这些变量值会丢失，想要永久保存环境变量，可在用户家目录下的.bash_profile 或.bashrc（非用户登录模式特有，如 SSH）文件中定义，也可在/etc/profile 文件中定义，这样每次用户登录时，这些变量都将被初始化。

（1）使用 export 命令设置环境变量。

在 bash 中，设置环境变量可以使用 export 命令，命令格式如下。

```
export 环境变量=变量的值
```

例如，使用 export 命令设置用户的主目录为/home/test，并使用 cd $HOME 命令切换到用户主目录。

```
[root@Server ~]# mkdir /home/test
[root@Server ~]# export HOME=/home/test
[root@Server root]# cd $HOME
[root@Server ~]# pwd
/home/test
[root@Server ~]# echo $HOME
/home/test
```

（2）修改/etc/profile 文件，设置环境变量。

使用 export 命令可以设置临时性的环境变量，命令行退出时，环境变量就失效了，要想永久保存环境变量，需要修改/etc/profile 文件。

例如，为 Java 设置环境变量，在/etc/profile 文件的最后加入如下代码。

```
[root@Server ~]# vim /etc/profile
export JAVA_HOME=/usr/lib/jvm/java-1.8.0-openjdk-1.8.0.131-11.b12.el7.x86_64
export JRE_HOME=$JAVA_HOME/jre
export CLASSPATH=.:$JAVA_HOME/jre/lib/rt.jar:$JAVA_HOME/lib/dt.jar:$JAVA_HOME/lib/tools.jar
export PATH=$PATH:$JAVA_HOME/bin
[root@Server ~]# echo $JAVA_HOME
/usr/lib/jvm/java-1.8.0-openjdk-1.8.0.131-11.b12.el7.x86_64
[root@Server ~]# echo $CLASSPATH
```

```
.:/usr/lib/jvm/java-1.8.0-openjdk-1.8.0.131-11.b12.el7.x86_64/jre/lib/rt.jar:/usr/lib/jvm/java-1.8.0-openjdk-1.8.0.131-11.b12.el7.x86_64/lib/dt.jar:/usr/lib/jvm/java-1.8.0-openjdk-1.8.0.131-11.b12.el7.x86_64/lib/tools.jar
[root@Server ~]# echo $PATH
/usr/local/sbin:/usr/local/bin:/usr/sbin:/usr/bin:/usr/lib/jvm/java-1.8.0-openjdk-1.8.0.131-11.b12.el7.x86_64/bin:/root/bin
```

3. 定义 shell 局部变量

局部变量是任何一种编程语言必不可少的组成部分，由开发者在脚本中创建。

shell 脚本通常不需要在使用变量之前声明其类型，直接赋值即可，格式如下。

```
name=string
```

name 为变量名，值为 string，等号为赋值符号。变量的命名需遵循一定的规则，具体如下。

- 变量名由数字、字母、下画线组成。
- 必须以字母或者下画线开头。
- 等号两侧不能有空格。
- 变量值若包含空格，则必须用引号引起来。
- 变量名建议大写，便于与命令名区分。

【例 10-1】 定义变量 VAR、STR，并打印变量的值。

```
[root@Server ~]# VAR=100
[root@Server ~]# STR="Hello Linux"
[root@Server ~]# echo $VAR
100
[root@Server ~]# echo $STR
Hello Linux
```

【例 10-2】 定义变量 a，值为“HelloWorld”，并打印变量 a。

```
[root@Server shellscript]# vim printa.sh
#!/bin/bash
#对变量赋值
a="HelloWorld"
echo "a is:"
echo $a
[root@Server shellscript]# sh printa.sh
a is:
HelloWorld
```

4. 接受用户输入：read 命令

read 命令用于从键盘读取变量的值，通常用在 shell 脚本与用户进行交互的场合中。命令格式如下。

```
read  [选项]  <变量名>
```

read 命令有很多选项，常用的选项如表 10-1 所示。

表 10-1　read 命令的常用选项

选项	说明
-p	打印提示信息，即输入前打印提示信息
-e	在输入时，使用命令补全功能
-n	指定输入文本的长度
-t	等待读取输入的时间

【例 10-3】通过提示“Please enter your name:”输入用户的姓名，在屏幕上输出“Hello XX，welcome to the linux classroom!”。

```
[root@Server scripts]# vim myname.sh
#!/bin/bash
#Program
#This program shows "Hello ××!" in your screen.
#History
#2019/11/12 Bobby First release
read -p "Please enter your name:" name
echo  "Hello $name,welcome to the linux classroom!"
exit 0
[root@Server scripts]# sh myname.sh
Please enter your name:bobby
Hello bobby,welcome to the linux classroom!
```

任务 10-2　条件测试与分支结构

【任务目标】

shell 脚本和其他大多数程序设计语言一样，为了实现更加复杂的功能，也有用于控制程序执行流程的“条件分支语句”。小乔有了任务 10-1 的基础后，继续投入任务 10-2 的学习中。

10.2.1　条件测试

test 命令用来检查某个条件是否成立。执行条件测试操作以后，通过预定义变量$? 获取测试命令的返回状态，返回值为 0 表示条件成立，返回值为 1 表示条件不成立。

常见的测试类型有文件测试、整数值比较、字符串比较和逻辑测试。

1. 文件测试

例如，常用的关于某个文件名的判断，如 test -e filename 表示判断文件名是否存在。除了-e 选项外，其他常用选项如表 10-2 所示。

表 10-2　文件测试其他常用选项

选项	说明
-d	是否为目录
-f	是否为文件
-r	测试当前用户是否有读权限
-w	测试当前用户是否有写权限
-x	测试当前用户是否有执行权限

【例 10-4】使用 test 命令判断/root 目录是否存在。

```
[root@Server ~]# test -d /root
[root@Server ~]# echo $?
0
```

echo $?语句用于查看上一条命令的返回值，返回 0 表示/root 目录存在。

2．整数值比较

两个整数之间的比较，如 test num1 -eq num2 表示判断 num1 和 num2 是否相等，除了-eq 选项外，其他常用选项如表 10-3 所示。

表 10-3　整数值比较的其他常用选项

选项	说明
-ne	两数值不相等
-gt	num1 大于 num2
-lt	num1 小于 num2
-ge	num1 大于等于 num2
-le	num1 小于等于 num2

【例 10-5】 使用 test 命令比较 10 和 11 是否相等。

```
[root@Server ~]# test 10 -eq 11
[root@Server ~]# echo $?
1
```

通过 echo $?语句查看到上一条命令的返回值为 1，表示 10 和 11 不相等。

3．字符串比较

两个字符串之间的比较，如 test -z string 表示判断字符串 string 是否为空，若为空，则返回 true。除了-z 选项外，其他常用选项如表 10-4 所示。

表 10-4　字符串比较的其他常用选项

选项	说明
-n	判断字符串是否不为空
str1=str2	判断 str1 是否等于 str2，若相等则返回 true
str1!=str2	判断 str1 是否不等于 str2，若相等则返回 false

【例 10-6】 使用 test 命令判断字符串 sas 和 sas 是否相等。

```
[root@Server ~]# test "sas"="sas"
[root@Server ~]# echo $?
0
```

通过 echo $?语句查看到上一条命令的返回值为 0，表示两个字符串相等。

4．逻辑测试（多重条件判断）

测试某个条件是否成立，如 test 表达式，若返回 0，则表示表达式为真。逻辑测试常用选项如表 10-5 所示。

表 10-5　逻辑测试的常用选项

选项	说明
！表达式	表达式为假
表达式 1 -a 表达式 2	表达式同时为真，也可以用&&符号表示
表达式 1 -o 表达式 2	表达式至少一个为真，也可以用||符号表示

【例 10-7】 使用 test 命令判断/root 目录是否“不存在”。

```
[root@Server ~]# test ! -e /root/
[root@Server ~]# echo $?
1
```

通过 echo $?语句查看到上一条命令的返回值为 1，表示/root 目录存在。

10.2.2 if 语句

if 语句有 3 种类型：单分支 if 语句、双分支 if 语句、多分支 if 语句。

1. 单分支 if 语句

单分支 if 语句是最常见的条件判断式。当“条件成立”时，执行相应的操作，否则不执行任何操作。其语法格式如下所示。

```
if [ 条件判断式 ]
then
    命令序列
fi
```

单分支 if 语句的流程图如图 10-2 所示。

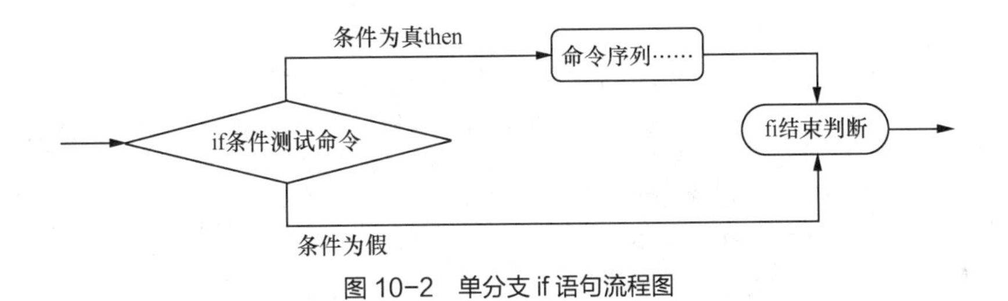

图 10-2 单分支 if 语句流程图

【例 10-8】 编写如下程序，文件名为 compare.sh，测试运行结果。

```
[root@Server ~]# vim compare.sh
#!/bin/bash
FIRST=50
SECOND=10
if [ $FIRST -gt $SECOND]
then
    echo "$FIRST > $SECOND"
fi
[root@Server ~]# chmod a+x compare.sh
[root@Server ~]# ./compare.sh
50 > 10
```

在【例 10-8】中，指定了 FIRST 和 SECOND 的值，因此在执行过程中，可以执行到 if 分支语句。但是如果根据用户的输入来判断条件是否成立，就需要用到双分支 if 语句了。

注意 为避免出现语法错误，在 if 语句的语法格式中，中括号[]的“[”和“]”两侧都要用空格字符分隔，即

```
if [ 条件表达式 ]
```

2. 双分支 if 语句

双分支 if 语句在“条件成立”和“条件不成立”时执行不同的操作，其语法格式如下。

```
if [ 条件判断式 ]
then
    命令序列 1
else
    命令序列 2
fi
```

双分支 if 语句流程图如图 10-3 所示。

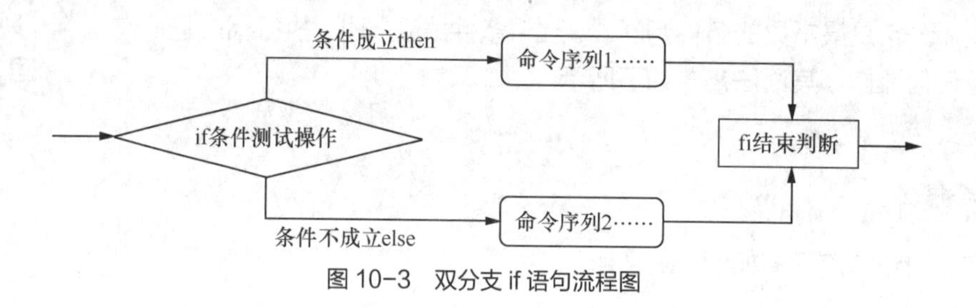

图 10-3 双分支 if 语句流程图

【例 10-9】 使用双分支 if 语句改进【例 10-8】，测试运行结果。

```
[root@Server ~]# vim compare.sh
#!/bin/bash
read -p "Please input the first num:" first
read -p "Please input the second num:" second
if [ $first -gt $second ]
then
    echo "$first > $second"
else
    echo "$first <= $second"
fi
[root@Server ~]# sh compare.sh
Please input the first num:12
Please input the second num:45
12 <= 45
```

3. 多分支 if 语句

多分支 if 语句相当于 if 语句嵌套，针对多个条件执行不同操作，其语法格式如下。

```
if [ 条件表达式 1 ]
then
   命令序列 1
elif [ 条件判断式 2 ]
   命令序列 2
elif ......
else
   命令序列 n
fi
```

多分支 if 语句流程图如图 10-4 所示。

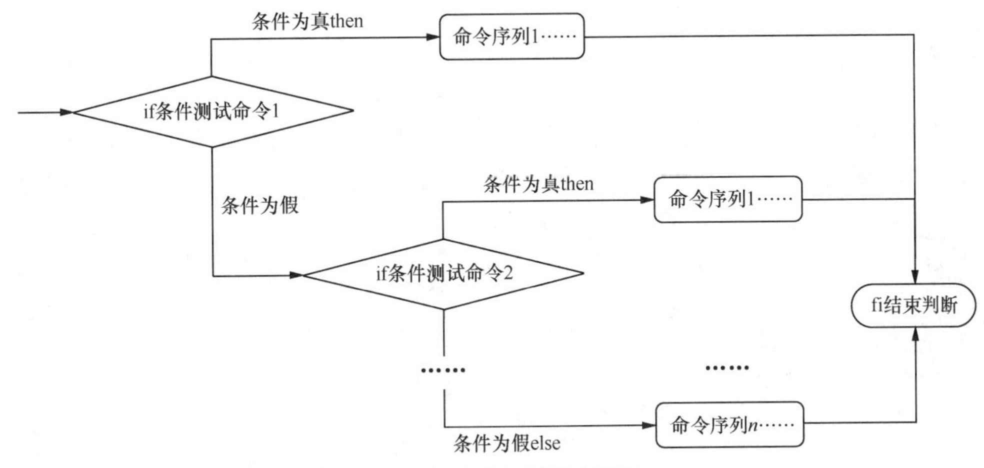

图 10-4 多分支 if 语句流程图

【例 10-10】 根据输入的成绩，判断成绩档次是优秀、良好、及格还是不及格。

```
[root@Server ~]# vim scorelevel.sh
#!/bin/bash
read -p "请输入您的成绩(0-100):" score
if (( $score >= 90 )) && (($score <= 100))
then
    echo "$score, 属于优秀档次! "
elif (($score < 90)) && (($score >= 80))
then
    echo "$score, 属于良好档次! "
elif (($score < 80)) && (($score >= 60))
then
    echo "$score, 属于及格档次! "
else
    echo "$score, 属于不及格档次! "
fi
[root@Server ~]# chmod a+x scorelevel.sh
[root@Server ~]# ./scorelevel.sh
请输入您的成绩(0-100):99
99, 属于优秀档次!
```

提示 本例中，使用了 if 语句的双括号运算符，语法格式如下。

```
if((表达式 1,表达式 2…))
```

特点如下。

（1）在双括号结构中，所有表达式可以像 C 语言一样，如：a++, b--等。

（2）在双括号结构中，所有变量可以不加入“$”符号前缀。

（3）双括号可以进行逻辑运算、四则运算。

（4）双括号结构扩展了 for、while、if 条件测试运算。

（5）双括号结构支持多个表达式运算，各个表达式之间用“，”分开。

双括号运算符不仅可以用在 if 语句中，也可以用在 case 分支及循环结构中，大大地简化了代码编写的复杂性，是对 shell 中算数及赋值运算的扩展。

10.2.3 case 语句

在【例 10-10】中，利用多分支 if 语句实现了成绩的档次分类，但是我们发现 if 语句太多的话，代码量比较多，代码逻辑容易混乱。其实，case 语句可以很好地实现多分支的条件判断，达到更好的效果。

微课 10-4：case 语句

case 语句的语法格式如下。

```
case 变量 in
    值 1)
        命令序列 1
        ;;
    值 2)
        命令序列 2
        ;;
    值 3)
        命令序列 3
        ;;
    ......
    *)
    默认的执行命令序列
    ;;
esac
```

（1）使用 case 语句需要注意以下 3 点。

① 首行关键字是 case，末行关键字是 esac（case 反过来写）。

② 选择项后面都有“)”。

③ 每个分支语句结尾一般会有两个分号“;;”。

（2）case 语句的执行过程。

① shell 通过计算变量的值，将其结果依次与值 1、值 2、值 3……比较，直到找到一个匹配项。

② 若找到匹配项，则执行它后面的命令，直到遇到一对分号“;;”为止。

③ 若找不到匹配项，则执行“*）”默认分支。

具体执行过程如图 10-5 所示。

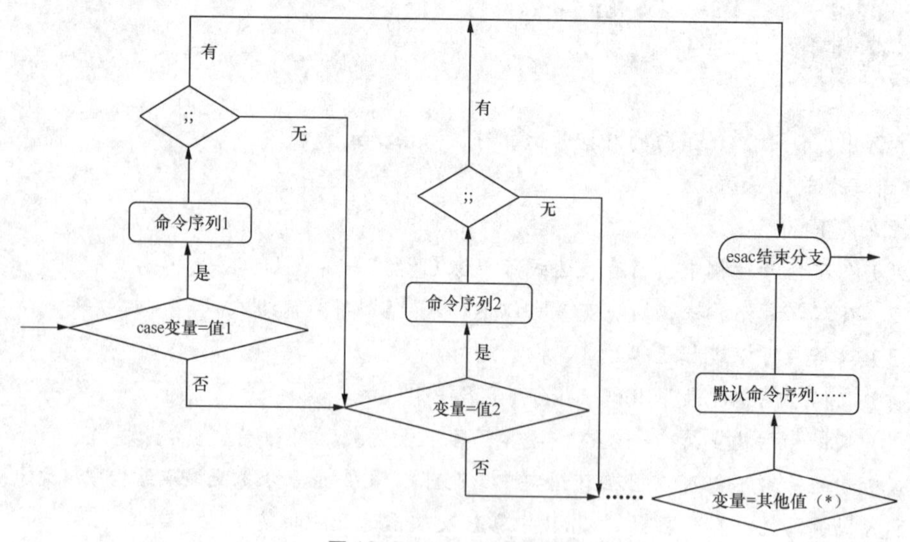

图 10-5 case 语句流程图

【例 10-11】 使用 case 语句实现：根据输入的成绩，判断成绩等级是优秀、良好、中等还是差。

```
[root@Server ~]# vim caselevel.sh
#!/bin/bash
read -p "Please input your score:" score
case $score in
      [9][0-9]|100)
           echo "成绩为：$score,等级为优秀"
           ;;
      [8][0-9])
           echo "成绩为：$score,等级为良好"
           ;;
      [6-7][0-9])
           echo "成绩为：$score,等级为中等"
           ;;
      [0-9]|[0-5][0-9])
           echo "成绩为：$score,等级为差"
           ;;
      *)
           echo "输入的成绩不合法：$score" ;;
esac
[root@Server ~]# sh caselevel.sh
Please input your score:45
成绩为：45,等级为差
[root@Server ~]# sh caselevel.sh
Please input your score:86
成绩为：86,等级为良好
[root@Server ~]# sh caselevel.sh
Please input your score:94
成绩为：94,等级为优秀
```

素养提示 使用 if 语句和 case 语句都可以实现多分支程序，但是不管哪种实现方式，在程序执行的同一时刻，只能选择其中一个分支运行。在日常生活中，我们也经常面临各种各样的选择，有时选择比努力重要，但只有努力才能拥有更多的选择。

任务 10-3 循环结构

【任务目标】

小乔在掌握了变量的定义、分支等基础知识后，想尝试着批量添加用户，这时，有经验的同事告诉她，还需要掌握循环的相关知识才能实现该任务，于是小乔投入到了循环结构的学习中。

10.3.1 for 循环语句

for 循环语句对一个变量依次赋值后，重复执行同一个命令序列。赋给变量的几个数值既可以在程序中以数值列表的形式提供，也可以在程序以外以位置参数的形式提供。for 循环语句有两种语法格式。

微课 10-5：for 循环

1. for 循环语句的第一种语法格式

```
for 变量名 in 取值列表
do
      命令序列
done
```

使用该语法格式需要注意以下 3 点。

- 取值列表指的是循环变量所能取到的值。
- do 和 done 之间的所有语句都称为循环体。
- 循环执行的次数取决于取值列表中的元素个数，有几个元素就执行几次。

该语句的执行流程如图 10-6 所示。

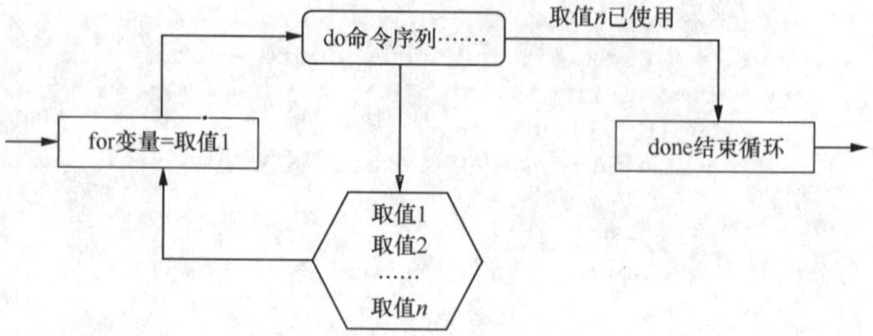

图 10-6　for 循环语句执行流程图

2. for 循环语句的第二种语法格式

for 循环语句的第二种语法格式如下。

```
for ((初始值; 限制值; 执行步长))
do
    命令序列
done
```

使用该语法格式需要注意以下 3 点。

- 初始值通常是条件变量的初始化语句。
- 限制值用来决定是否执行 for 循环。
- 执行步长通常用来改变条件变量的值，如递增或递减。

【例 10-12】 求 1+2+3+……+100 的和。

```
[root@Server ~]# vim forloop.sh
#/bin/bash
s=0
for ((i=1;i<=100;i=i+1))
do
    s=$(($s+$i))
done
echo "The result of '1+2+......+100' is ==> $s"
[root@Server ~]# sh forloop.sh
The result of '1+2+......+100' is ==> 5050
```

10.3.2　while 循环语句

微课 10-6：while 循环

while 循环语句也称为不定循环语句，其语法格式如下。

```
while 条件测试
do
    命令段
done
```

当“条件测试”成立时，执行命令段，不成立时，跳出循环。使用该语句需要注意以下两点特殊情况。

- break：要跳过当前所在的循环体，执行循环体后面的语句。
- continue：如果需要跳过循环体内余下的语句，则重新判断条件以便执行下一次循环。

【例 10-13】 求 1+2+3+……+100 的和。

```
[root@Server ~]# vim whileloop.sh
#/bin/bash
```

```
s=0
i=0
while [ "$i" != "100" ]
do
    i=$(($i+1))
    s=$(($s+$i))
done
echo "The result of '1+2+......+100' is ==> $s"
[root@Server ~]# sh whileloop.sh
The result of '1+2+......+100' is ==> 5050
```

【例 10-14】 将【例 10-13】中的代码修改为如下形式。

```
#/bin/bash
s=0
i=0
while:
do
    i=$(($i+1))
    s=$(($s+$i))
done
echo "The result of '1+2+......+100' is ==> $s"
```

再次运行并观察结果，发现程序进入了死循环状态，在命令行中按 Ctrl+C 组合键强制终止程序执行。

素养提示 仔细观察上述两段代码，我们不难发现，两者的区别仅在于 while 语句后面是“["$i" != "100"]”还是“:”，但是执行结果的差别却是十万八千里，正所谓“失之毫厘，谬以千里”。在学习一门编程语言时，一定要严格遵循语法标准和规范，养成严谨细致的学习态度和工作作风。

10.3.3 until 循环语句

until 循环语句也称为不定循环语句，其执行过程与 while 循环语句正好相反，其语法格式如下。

```
until 条件测试
do
    命令段
done
```

微课 10-7：until 循环

当“条件测试”成立时，终止循环，不成立时，继续执行循环中的命令段。使用该语句需要注意以下两点特殊情况。

- break：跳过当前所在的循环体，执行循环体后面的语句。
- continue：跳过循环体内余下的语句，重新判断条件，执行下一次循环。

【例 10-15】 求 1+2+3+……+100 的和。

```
[root@Server ~]# vim untilloop.sh
#/bin/bash
s=0
i=1
until (($i>100))
do
    s=$(($s+$i))
    i=$(($i+1))
done
echo "The result of '1+2+......+100' is ==> $s"
```

```
[root@Server ~]# sh untilloop.sh
The result of '1+2+……+100' is ==> 5050
```

小结

通过学习本项目，我们学会了创建和运行 shell 脚本的方法，掌握了 shell 脚本中的分支结构与循环结构。

在 Linux 系统的实际运维过程中，很多配置工作都是通过自动化设置来完成的。所以，我们只有脚踏实地掌握好基础知识，才能聚焦能力向高端发展，正所谓“千里之行，始于足下”。

本项目涉及的各个知识点的思维导图如图 10-7 所示。

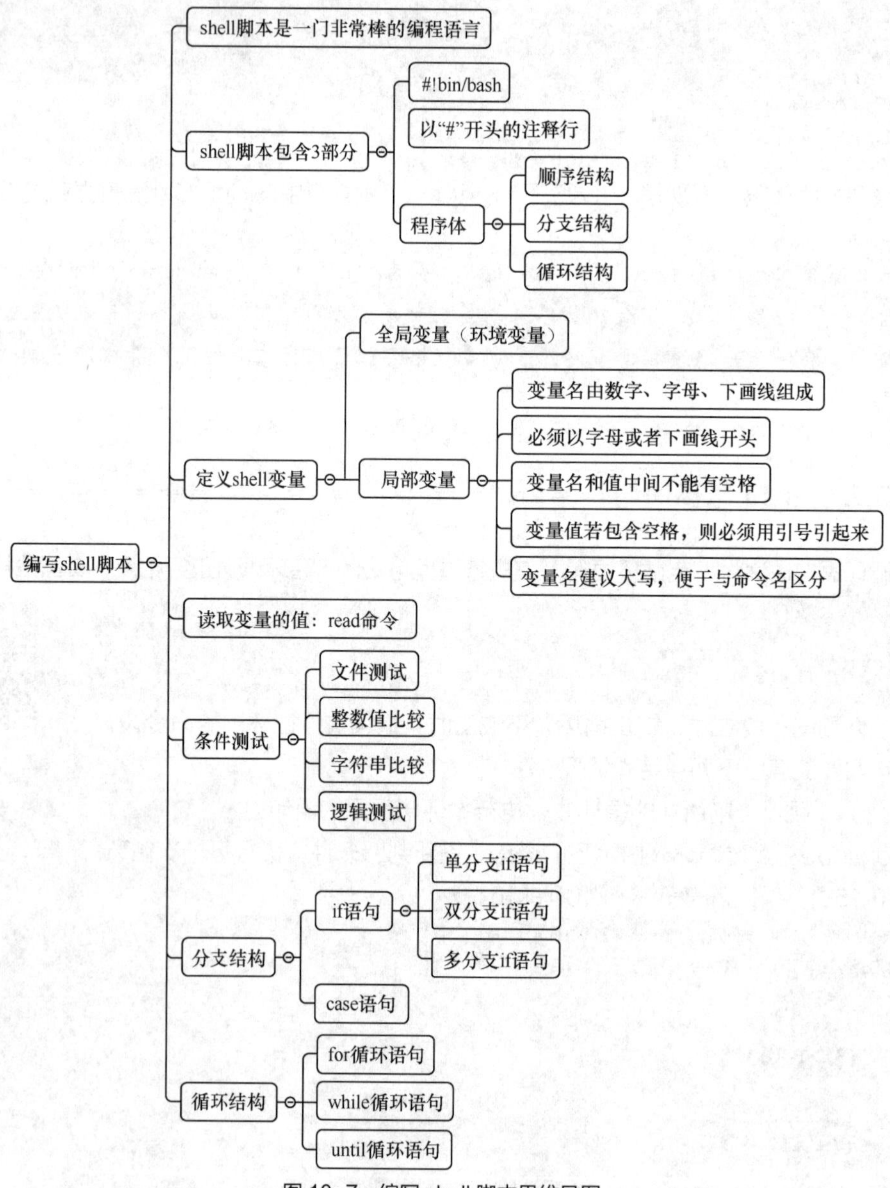

图 10-7　编写 shell 脚本思维导图

项目实训　批量创建新员工账号和密码

（一）项目背景

青苔数据新入职了若干新员工，小乔需要利用 shell 脚本为这些员工批量创建账号和密码。

微课 10-8：批量创建新员工账号和密码

（二）工作任务

批量创建本地用户，脚本文件名称为/root/createusers.sh，并且满足以下条件。

（1）这些用户的用户名来自一个包含文件名列表的文件 userlist。

（2）用户的初始密码与用户名相同。

（3）这些用户都属于新员工用户组 newgroup。

（4）createusers.sh 文件创建完成后，验证用户是否批量创建成功。

userlist 文件的内容如表 10-6 所示。

表 10-6　userlist 文件的内容

用户名	密码
LiLei	LiLei
HanMeiMei	HanMeiMei
MengLi	MengLi
HuFei	HuFei
LiuMing	LiuMing
WangLei	WangLei

习题

编程题

1. 创建一个 shell 脚本，执行 shell 脚本后让用户输入一个数字，程序可以实现计算“1+2+3……”，一直累加到用户输入的数字为止。

2. 分别利用 if 和 case 语句实现功能：根据输入的成绩，判断成绩档次是优秀、良好、及格还是不及格。

项目11 配置DHCP服务器

11

情境导入

青苔数据因业务发展需要，新招聘了一批员工，成立大客户事业部。为了提高工作效率，公司为每位新员工都配备了一台笔记本电脑，可是他们不懂如何配置计算机的 IP 地址，导致无法上网，于是纷纷向大路求助。

大路把这项任务安排给了小乔，让她配置一台 DHCP 服务器，使用 DHCP 服务为大客户事业部员工的笔记本电脑自动分配 IP 地址，解决计算机的上网问题。

职业能力目标（含素养要点）

- 了解 DHCP 服务的工作过程（热爱工作）。
- 掌握 DHCP 服务器的安装、配置和运维（脚踏实地、坚持不懈）。
- 掌握 DHCP 客户端（Windows 和 Linux 系统）的配置方法。

任务 11-1 了解 DHCP 服务的工作原理

【任务目标】

DHCP 是一种有效的 IP 地址管理手段，它能动态地为网络中的每台机器分配 IP 地址，并提供安全、可靠和统一的 TCP/IP 网络配置，确保不发生 IP 地址冲突。为了能成功地配置一台 DHCP 服务器，小乔决定先查阅资料来认识 DHCP 服务，并熟悉 DHCP 服务的工作过程。

11.1.1 认识 DHCP 服务

动态主机配置协议（Dynamic Host Configuration Protocol，DHCP）主要用于对局域网中的机器动态分配 IP 地址、网关地址、DNS 服务器地址等网络信息，技术人员通过 DHCP 能更好地对局域网机器设备进行集中管理。

DHCP 基于 UDP 实现，根据角色分为 DHCP 服务器和 DHCP 客户端，其中 DHCP 服务器负责管理 IP 地址池和 DNS 服务器地址等信息，并动态分配给客户端；DHCP 客户端从服务器处动态获取 IP 地址、网关地址、DNS 服务器地址等信息。

动态获取 IP 地址、网关地址、DNS 服务器地址等信息。

简单来说，DHCP 是一个不需要账号密码登录，自动给网络中的客户端分配 IP 地址等信息的协议。

11.1.2 熟悉 DHCP 服务的工作过程

在 DHCP 客户端初次被分配 IP 地址的过程中，客户端发送广播数据包给整个局域网内的所有主机，只有局域网内存在 DHCP 服务器时，才会响应客户端的 IP 参数请求，因此，DHCP 服务器与 DHCP 客户端应该处于同一个局域网内。

DHCP 在提供服务时，DHCP 客户端是以 UDP 68 号端口进行数据传输的，而 DHCP 服务器是以 UDP 67 号端口进行数据传输的。DHCP 服务不仅体现在为 DHCP 客户端自动分配 IP 地址的过程中，还体现在后面的 IP 地址续约和释放过程中。

DHCP 服务器为 DHCP 客户端初次自动分配 IP 地址的过程一共经过了以下 4 个阶段，如图 11-1 所示。

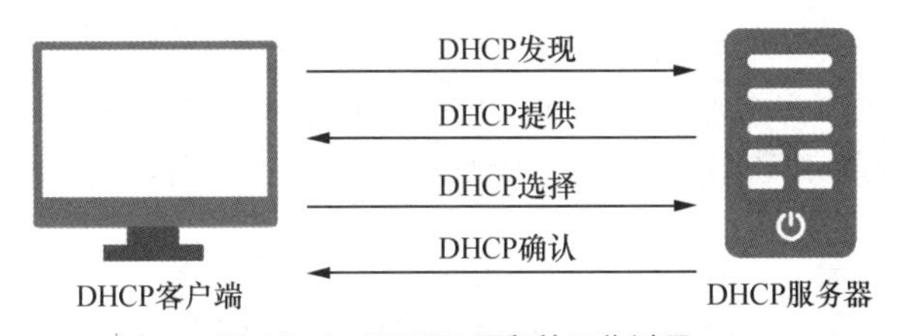

图 11-1　DHCP 服务的工作过程

1. 发现阶段

在发现阶段，DHCP 客户端获取网络中 DHCP 服务器信息。客户端配置了 DHCP 客户端程序并启动网络后，使用 0.0.0.0 IP 地址和 UDP 68 号端口在局域网内以广播方式发送 DHCP DISCOVER（DHCP 发现）报文，此报文中包含了客户端网卡的 MAC 地址等信息，寻找网络中的 DHCP 服务器，请求 IP 地址租约。

2. 提供阶段

在提供阶段，DHCP 服务器向 DHCP 客户端提供预分配的 IP 地址。网络中的每个 DHCP 服务器接收到 DHCP 客户端的 DHCP DISCOVER 报文后，都会根据自己地址池中 IP 地址分配的优先次序选出一个 IP 地址，然后使用 UDP 67 号端口以广播方式发送 DHCP OFFER（DHCP 提供）报文给客户端的 UDP 68 号端口，此报文包含了待出租的 IP 地址及地址租期等信息。客户端通过与封装在帧中的目的 MAC 地址比对来确定是否接收该帧。理论上，当网络中存在多个 DHCP 服务器时，DHCP 客户端可能会收到多个 DHCP OFFER 报文，但 DHCP 客户端只接受第一个到来的 DHCP OFFER 报文。

在该阶段，DHCP 服务器通过 DHCP OFFER 报文向 DHCP 客户端提供 IP 地址预分配信息。

3. 选择阶段

在选择阶段，DHCP 客户端选择 IP 地址。如果有多台 DHCP 服务器向 DHCP 客户端发来 DHCP OFFER 报文，则该客户端只接受第一个收到的 DHCP OFFER 报文，然后以广播方式发送 DHCP REQUEST（DHCP 请求）报文作为回应。该报文包含 DHCP 服务器在 DHCP OFFER

报文中预分配的 IP 地址、对应的 DHCP 服务器 IP 地址等。这也就相当于同时告诉其他 DHCP 服务器，它们可以释放已提供的地址，并将这些地址回收到可用地址池中。

在该阶段，DHCP 客户端通过 DHCP REQUEST 报文确认选择第一个 DHCP 服务器为它提供 IP 地址自动分配服务。

4．确认阶段

在确认阶段，DHCP 服务器确认分配给 DHCP 客户端的 IP 地址。被客户端选择的 DHCP 服务器收到 DHCP 客户端发来的 DHCP REQUEST 报文后，如果确认将地址分配给该客户端，则以广播方式返回 DHCP ACK（DHCP 确认响应）报文作为响应，正式确认客户端的租用请求；否则返回 DHCP NAK（DHCP 拒绝响应）报文，表明地址不能分配给该客户端。

在该阶段，被客户端选择的 DHCP 服务器通过 DHCP ACK 报文把在 DHCP OFFER 报文中准备的 IP 地址租给对应的客户端。

提示 当客户端的 IP 租约期限达到 50%和 87.5%时，客户端会向为其提供 IP 地址的 DHCP 服务器发出 DHCP REQUEST 请求更新 IP 租约。如果客户端接收到该服务器回应的 DHCP ACK 消息包，客户端就根据包中提供的新租期及其他已经更新的 TCP/IP 参数更新自己的配置，IP 租约更新完成。若租约期限达到 100%时，DHCP 客户端尚未更新租约，则必须放弃当前使用的 IP 地址，重新申请。

任务 11-2 安装与配置 DHCP 服务器

【任务目标】

小乔要为大客户事业部配置一台 DHCP 服务器，给局域网中员工的计算机分配 IP 地址、网关地址和 DNS 服务器地址等网络信息。局域网中有 30 台计算机，这些计算机中既有 Windows 客户端，也有 Linux 客户端，要求该部门经理使用固定的 IP 地址，其他员工使用动态分配的 IP 地址。该网络的拓扑结构如图 11-2 所示。

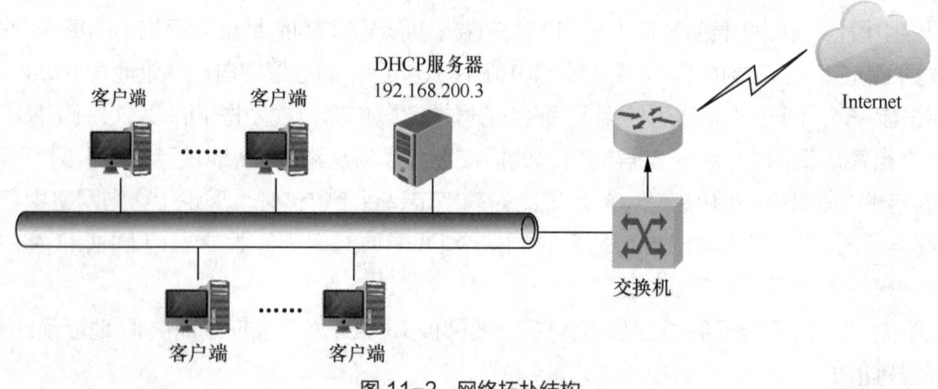

图 11-2 网络拓扑结构

执行本任务，小乔要使用一台最小化安装的 RHEL 7.4 虚拟机来配置 DHCP 服务器，再分别使用两台 Linux 虚拟机作为 DHCP 客户端进行测试。所有虚拟机的网卡连接模式都设置为 NAT

模式，并关闭 VMware 虚拟 DHCP 服务器。虚拟机节点的具体规划如表 11-1 所示。

表 11-1 虚拟机节点规划

主机名	IP 地址/掩码	MAC 地址	说明
dhcp-server	192.168.200.3/24	00:0C:29:0F:EB:90	DHCP 服务器（Linux 系统）
client1	使用 DHCP 设置 IP 地址	00:0C:29:B0:74:32	DHCP 客户端 1（Linux 系统）
client2	使用 DHCP 设置固定 IP 地址	00:0C:29:79:E8:9E	DHCP 客户端 2（Linux 系统）

DHCP 服务器的配置参数如下。

（1）DHCP 服务器的 IP 地址为 192.168.200.3/24。

（2）DHCP 服务器分配给客户端的 IP 地址池是 192.168.200.50~192.168.200.99，子网掩码为 255.255.255.0，网关地址为 192.168.200.2，DNS 服务器地址为 8.8.8.8。

（3）地址池中的 192.168.200.50 保留为静态 IP 地址，分配给固定的客户端 client2 使用。

（4）客户端 client1 使用动态分配的 IP 地址。

提示 在安装 Linux 服务器过程中选择安装包时，一般应遵循“最小化安装原则”，即不需要的或者不确定是否需要的软件包不安装，这样可以在一定程度上为系统瘦身，使服务器生产环境简洁，最大限度确保系统安全。

11.2.1 安装 DHCP 服务器软件

在 Linux 系统中配置 DHCP 服务器，要根据局域网的地址分配需求设置网络参数，并安装 DHCP 服务器软件。

1. 配置网络环境

在 VMware Workstation Pro 15 主界面中，选择“编辑”→“虚拟网络编辑器”菜单命令。在打开的“虚拟网络编辑器”对话框中，单击名称为“VMnet8”的网络（类型为 NAT 模式），对 VMnet8 网络环境进行配置。

（1）将子网 IP 地址设置为 192.168.200.0，将子网掩码为 255.255.255.0。

（2）取消勾选“使用本地 DHCP 服务将 IP 地址分配给虚拟机”复选框，关闭 VMware 软件提供的本地 DHCP 服务。

微课 11-1：安装 DHCP服务器软件

（3）单击“NAT 设置”按钮，在弹出的“NAT 设置”对话框中，将网关 IP 地址设置为 192.168.200.2。

操作界面如图 11-3 所示。

2. 配置 DHCP 服务器的主机名

（1）将要配置为 DHCP 服务器的 Linux 虚拟机开机，使用 hostnamectl 命令设置主机名为 dhcp-server。

```
[root@localhost ~]# hostnamectl set-hostname dhcp-server
[root@localhost ~]# hostname
dhcp-server
```

（2）使用 SSH 客户端重新连接 Linux 虚拟机，使主机名生效。

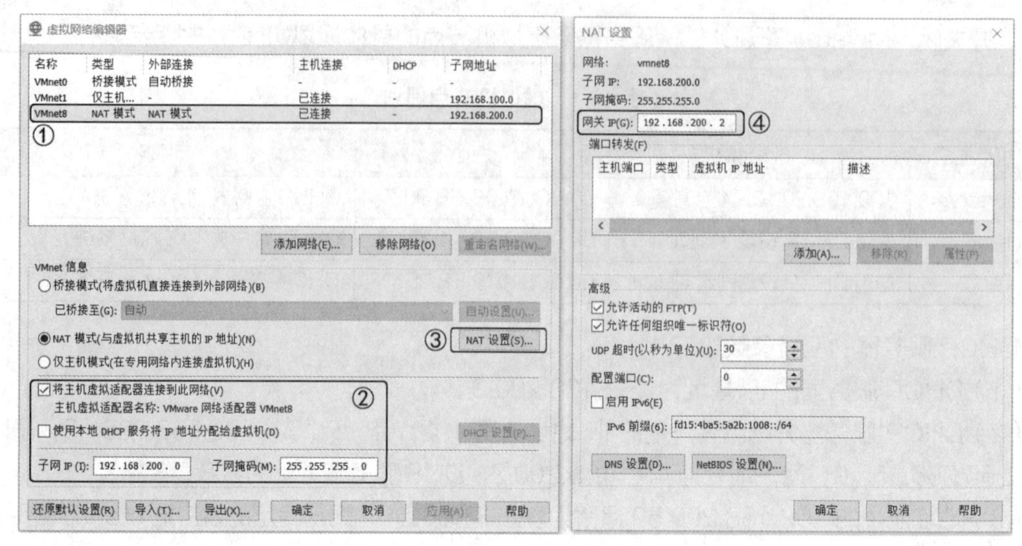

图 11-3　设置 VMnet8 的子网

3. 配置 DHCP 服务器的网络地址参数

（1）在 dhcp-server 节点上，编辑网卡配置文件/etc/sysconfig/network-scripts/ifcfg-ens33，命令如下。

```
[root@dhcp-server ~]# vi /etc/sysconfig/network-scripts/ifcfg-ens33
```

修改 ifcfg-ens33 文件中的以下选项。

```
BOOTPROTO=static            # 为 DHCP 服务器设置静态 IP 地址
ONBOOT=yes                  # 网卡开机启用
IPADDR=192.168.200.3        # 设置 DHCP 服务器的 IP 地址为 192.168.200.3
PREFIX=24                   # 设置子网掩码
GATEWAY=192.168.200.2       # 设置网关
DNS1=8.8.8.8                # 设置首选 DNS 服务器
```

说明：符号“#”为网卡配置文件中的注释符。

（2）重启 network 服务，使配置生效。

```
[root@dhcp-server  ~]# systemctl restart network
```

提示  由于最小化安装的 RHEL 中未安装 Vim 编辑器等软件，所以本书在进行服务器配置时，使用默认已安装的 Vi 编辑器。

4. 获得 DHCP 服务器软件

dhcp 是在 Linux 系统中配置 DHCP 服务器的软件包，RHEL 7.4 系统安装光盘中自带该软件包（版本号为 4.2.5）。为了便于解决 dhcp 软件包安装时的依赖关系，一般采用 yum 方式安装。

5. 配置本地 yum 仓库

（1）将 dhcp-server 节点虚拟机的 CD/DVD 设备连接 RHEL 7.4 系统安装光盘的 ISO 映像文件。

（2）创建 RHEL 7.4 系统安装光盘的挂载点/iso，并挂载光盘。

```
[root@dhcp-server ~]# mkdir /iso
[root@dhcp-server ~]# mount /dev/cdrom /iso
```

（3）创建本地 yum 仓库的配置文件/etc/yum.repos.d/local.repo。

```
[root@dhcp-server ~]# vi /etc/yum.repos.d/local.repo
```

在 local.repo 文件中增加以下内容。

```
[local]
name=local
baseurl=file:///iso
gpgcheck=0
enabled=1
```

（4）重建 yum 缓存，确保 yum 本地软件仓库可用。

```
[root@dhcp-server ~]# yum clean all
[root@dhcp-server ~]# yum makecache
[root@dhcp-server ~]# yum repolist
```

6. 安装 dhcp 软件包

使用 yum 命令安装 dhcp 软件包。

```
[root@dhcp-server ~]# yum install -y dhcp
```

11.2.2 配置 DHCP 服务器

DHCP 服务器的主配置文件是/etc/dhcp/dhcpd.conf，默认该文件没有实质的内容，仅包含一些以“#”开头的注释。模板文件/usr/share/doc/dhcp-4.2.5/dhcpd.conf.example 给出了 dhcpd.conf 文件配置的参考示例，配置 DHCP 服务器时通常会参考该模板文件。配置完毕，便可启动 DHCP 服务器。

微课 11-2：配置 DHCP 服务器

1. 熟悉 DHCP 服务器的主配置文件

（1）dhcpd.conf 文件。

dhcpd.conf 文件的内容由全局配置和局部配置两部分构成。全局配置对整个 DHCP 服务器生效，局部配置仅对所声明的子网生效。dhcpd.conf 文件中的配置项包括声明、参数和选项 3 种类型。dhcpd.conf 文件的结构如下。

```
# 第一部分：全局配置
参数或选项;
# 第二部分：局部配置
声明 {
参数或选项;
}
```

（2）DHCP 服务器的声明。

“声明”用来描述 DHCP 服务器中对网络布局的划分，即声明 IP 地址作用域。DHCP 服务器常用的声明如表 11-2 所示。

表 11-2　DHCP 服务器常用的声明

声明	说明
shared-network	用来指定共享相同网络的子网，即声明超级作用域
subnet	描述一个子网，即声明作用域
range	用来提供动态分配 IP 地址的范围
host	声明一个需要特别设置的主机，比如为客户端分配固定 IP 地址
group	为一组参数提供声明
allow bootp / deny bootp	是/否响应 bootp 激活查询

subnet 是 dhcpd.conf 文件最常用的声明。例如，声明一个网络号为 192.168.200.0 的子网作用域，子网掩码为 255.255.255.0，格式如下。

```
subnet 192.168.200.0 netmask 255.255.255.0{
# 配置参数或选项;
}
```

（3）DHCP 服务器的参数。

“参数”由参数关键字和参数值组成，用来确定 DHCP 服务器的运行参数，表明 DHCP 服务器如何工作，如默认租约时间、最大租约时间等。参数总是以分号“;”结束，可以位于全局配置或声明的局部配置中。DHCP 服务器常用的参数如表 11-3 所示。

表 11-3　DHCP 服务器常用的参数

参数	说明
ddns-update-style	设置动态 DNS 的更新模式，包括 none（不支持动态更新）、interim（互动更新）、ad-hoc（特殊更新模式）
allow/ignore client-updates	允许/忽略客户端更新 DNS 记录
default-lease-time	默认租约时间，单位为 s
max-lease-time	最大租约时间，单位为 s
hardware	指定网卡接口类型和 MAC 地址
server-name	向客户端通知 DHCP 服务器的名称
fixed-address	给客户端分配一个保留的固定 IP 地址

（4）DHCP 服务器的选项。

“选项”以 option 关键字开头，后面跟具体的配置关键字和对应的选项值，一般用于配置 DHCP 服务器的可选参数，如网关地址、子网掩码、DNS 服务器地址等。选项也以分号“;”结束，可以位于全局配置或声明的局部配置中。DHCP 服务器常用的选项如表 11-4 所示。

表 11-4　DHCP 服务器常用的选项

选项	说明
subnet-mask	为客户端设定子网掩码
domain-name	为客户端指定 DNS 域名
domain-name-servers	为客户端指定 DNS 服务器地址
host-name	为客户端指定主机名称
routers	为客户端指定默认网关地址
broadcast-address	为客户端指定广播地址
ntp-server	为客户端指定网络时间服务器（ntp 服务器）的 IP 地址
time-offset	为客户端指定与格林威治时间的偏移时间，单位为 s

2. 配置 DHCP 服务器

编辑配置文件/etc/dhcp/dhcpd.conf。

```
[root@dhcp-server ~]# vi /etc/dhcp/dhcpd.conf
```

在 dhcpd.conf 配置文件中增加以下内容。

```
# 全局配置
ddns-update-style none;                          # 不支持动态更新
ignore client-updates;                           # 忽略客户端更新 DNS 记录
# 局部配置
subnet 192.168.200.0  netmask 255.255.255.0 {    # 声明一个内部子网
  range 192.168.200.50 192.168.200.99;           # 定义 IP 地址池
  option domain-name-servers 8.8.8.8;            # 定义 DNS 服务器地址
  option routers 192.168.200.2;                  # 定义客户端的网关地址
  option broadcast-address 192.168.200.255;      # 定义客户端的广播地址
  default-lease-time 600;                        # 默认超时时间，单位为 s
  max-lease-time 7200;                           # 最大超时时间，单位为 s
}
host client2{                                    # 声明客户端 client2 绑定固定的 IP 地址
  hardware ethernet 00:0C:29:79:E8:9E;           # 客户端 client2 的 MAC 地址
  fixed-address 192.168.10.50;                   # 固定的 IP 地址
}
```

说明：为客户端分配固定 IP 地址时，MAC 地址处应填入客户端机器实际的 MAC 地址。

3. 启动 dhcpd 服务程序

（1）dhcpd 是提供 DHCP 服务器的服务程序，启动 dhcpd 服务程序并设置开机自动启动。

```
[root@dhcp-server ~]# systemctl start dhcpd
[root@dhcp-server ~]# systemctl enable dhcpd
Created symlink from /etc/systemd/system/multi-user.target.wants/dhcpd.service to /usr/lib/systemd/system/dhcpd.service.
```

（2）使用 netstat 查看 dhcpd 服务程序的开启状态。

```
[root@dhcp-server ~]# netstat -auntlp | grep dhcp
udp        0      0 0.0.0.0:67             0.0.0.0:*             8151/dhcpd
udp        0      0 0.0.0.0:51438          0.0.0.0:*             8151/dhcpd
udp6       0      0 :::29570               :::*                  8151/dhcpd
```

从命令执行结果可以看到，DHCP 服务器已监听 UDP 67 号端口。

11.2.3 DHCP 的应用与运维

在 Linux 系统中配置的 DHCP 服务器可以支持 Linux 系统的客户端和非 Linux 系统（如 Windows 系统）的客户端自动获取 IP 地址。

1. 配置 Windows 客户端

以 Windows 10 系统的物理机为例，介绍 DHCP 客户端的配置方法。

（1）设置网卡自动获取 IP 地址。

在 Windows 系统中打开“网络和共享中心”界面，单击该界面左侧的“更改适配器设置”选项，打开图 11-4 所示的“网络连接”界面。

微课 11-3：配置 DHCP 客户端

用鼠标右键单击“Ethernet0”图标（Ethernet0 是要自动获取 IP 地址的网卡），在弹出的快捷菜单中选择“属性”菜单项，打开图 11-5 所示的“Ethernet0 属性”对话框。

双击“Internet 协议版本 4（TCP/IPv4）”项目，在弹出的属性对话框中，分别选中“自动获得 IP 地址”和“自动获得 DNS 服务器地址”单选按钮，然后单击“确定”按钮，如图 11-6 所示。

（2）完成上述设置后，客户端立即向 DHCP 服务器申请并获得 IP 地址。用鼠标右键单击图 11-4 所示的“网络连接”界面中的“Ethernet0”图标，在弹出的快捷菜单中选择“状态”菜单项，打开“Ethernet0 状态”对话框。单击该对话框中的“详细信息...”按钮，在弹出的“网络连接详细信息”对话框中显示了 Windows 客户端已获取的 IP 地址等信息，如图 11-7 所示。

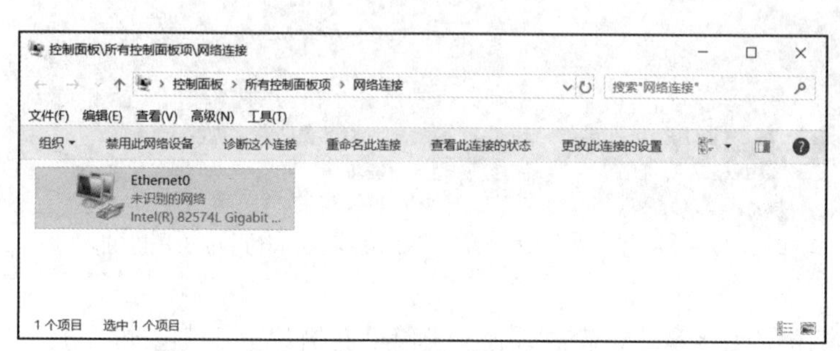

图 11-4 “网络连接”界面

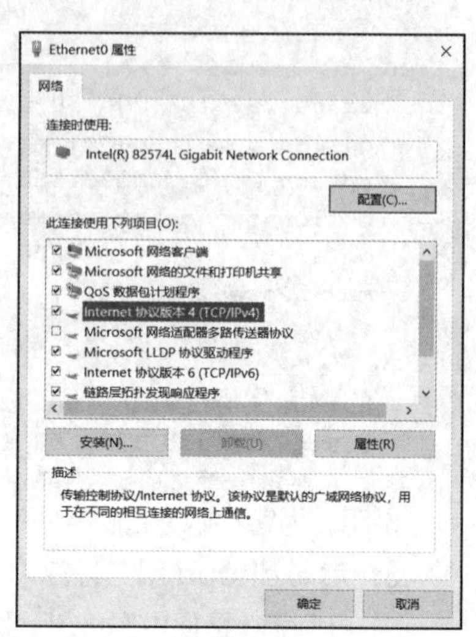

图 11-5 “Ethernet0 属性”对话框

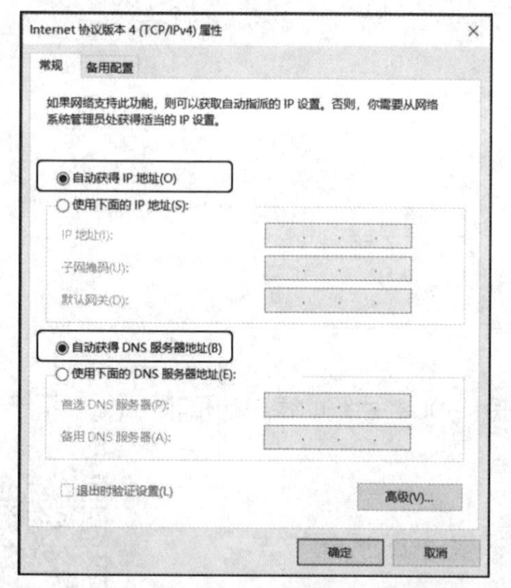

图 11-6 “Internet 协议版本 4（TCP/IPv4）属性”对话框

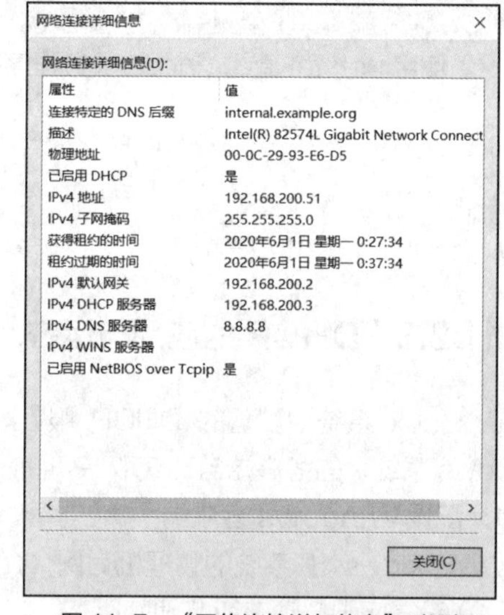

图 11-7 “网络连接详细信息”对话框

（3）如果客户端不再需要从 DHCP 服务器获取的 IP 地址，可以在 CMD（Windows 命令行）中使用“ipconfig /release”命令将已获取的 IP 地址释放。要重新向 DHCP 服务器申请 IP 地址，可使用“ipconfig /renew”命令。

2. 配置 Linux 客户端

以客户端 client2 为例，介绍 DHCP 客户端的配置方法。

（1）在客户端 client2 中修改网卡配置文件，使客户端能从 DHCP 服务器处获取 IP 地址。

使用 Vi 编辑器编辑/etc/sysconfig/network-scripts/ifcfg-ens33 配置文件。

```
[root@client2 ~]# vi /etc/sysconfig/network-scripts/ifcfg-ens33
```

修改 ifcfg-ens33 文件中以下内容。

```
BOOTPROTO=dhcp          # 使用 DHCP 协议获取网络地址
ONBOOT=yes              # 开机自动启用该网卡
```

（2）重启 network 服务。

重启 network 服务，客户端 client2 向 DHCP 服务器申请并获取 IP 地址。

```
[root@client2 ~]# systemctl restart network
```

（3）查看获取的 IP 地址。

使用 ifconfig 命令查看客户端 client2 获取的 IP 地址、子网掩码等信息。

```
[root@client2 ~]# ifconfig ens33
ens33: flags=4163a<UP,BROADCAST,RUNNING,MULTICAST>  mtu 1500
        inet 192.168.200.50  netmask 255.255.255.0  broadcast 192.168.200.255
        inet6 fe80::ad37:c535:47d6:b7ba  prefixlen 64  scopeid 0x20<link>
        ether 00:0c:29:79:e8:9e  txqueuelen 1000  (Ethernet)
        RX packets 223  bytes 192696 (188.1 KiB)
        RX errors 0  dropped 0  overruns 0  frame 0
        TX packets 128  bytes 13581 (13.2 KiB)
        TX errors 0  dropped 0 overruns 0  carrier 0  collisions 0
```

命令返回的执行结果显示，客户端 client2 获取的 IP 地址为 192.168.200.50，该 IP 地址是在 DHCP 服务器的 dhcpd.conf 配置文件中为客户端 client2 分配的固定 IP 地址。

请读者按照上述步骤，自行完成客户端 client1 的配置。

3. DHCP 租约管理

DHCP 服务器的/var/lib/dhcpd/dhcpd.leases 文件中存放着 DHCP 租约数据库内容。租约数据库文件用于保存客户端的 DHCP 租约，其中包括客户端的主机名、MAC 地址、分配的 IP 地址，以及 IP 地址的有效期等信息。该数据库文件是可以编辑的 ASCII 格式文本文件，每当租约发生变化时，都在此文件的结尾追加新的租约记录。

DHCP 服务器首次启动时，会自动创建空的租约数据库文件/var/lib/dhcpd/dhcpd.leases，该文件的格式如下。

```
leases 分配的 IP 地址 {
声明;
}
```

DHCP 服务器正常运行时，使用 cat、less 等命令可以查看/var/lib/dhcpd/dhcpd.leases 文件的内容，如下所示。

```
[root@dhcp-server ~]# cat /var/lib/dhcpd/dhcpd.leases
# The format of this file is documented in the dhcpd.leases(5) manual page.
# This lease file was written by isc-dhcp-4.2.5

lease 192.168.200.50 {                     # DHCP 服务器分配给客户端的 IP 地址
  starts 1 2020/06/01 00:11:14;            # 租约的开始时间
  ends 1 2020/06/01 00:21:14;              # 租约的结束时间
  tstp 1 2020/06/01 00:21:14;
  cltt 1 2020/06/01 00:11:14;
  binding state free;                      # 租约的绑定状态
  hardware ethernet 00:0c:29:79:e8:9e;     # 客户端的 MAC 地址
}
```

素养提示 我们在配置服务器时，哪怕有一个步骤出错，服务器都可能无法启动或者运转不正常。服务器是互联网中各种服务的载体，服务器配置与运维的质量主要体现在性能、可用性、伸缩性、安全性等方面，运转不稳定的服务器会严重影响客户的使用体验。

由于服务器基础架构的变动不是很大，服务器运维工作越久越受欢迎。但是运维工作不是随随便便就能干好的，运维工作讲究的是工匠精神，运维人员应脚踏实地、坚持不懈，做每件事都精益求精，在工作中不断解决问题，形成经验沉淀。

小结

通过学习本项目，我们了解了 DHCP 的基本工作原理，掌握了 DHCP 服务器和 DHCP 客户端的配置技术，会对 DHCP 服务器进行简单的运维管理。

DHCP 的应用十分广泛，在企业、家庭、公共场所都会见到它的身影。在网络中配置 DHCP 服务器可以降低配置客户端 IP 地址、子网掩码等参数的难度，能有效提升网络地址的利用率，减少管理者的工作量，降低维护成本，使网络管理工作游刃有余。

本项目涉及的各个知识点的思维导图如图 11-8 所示。

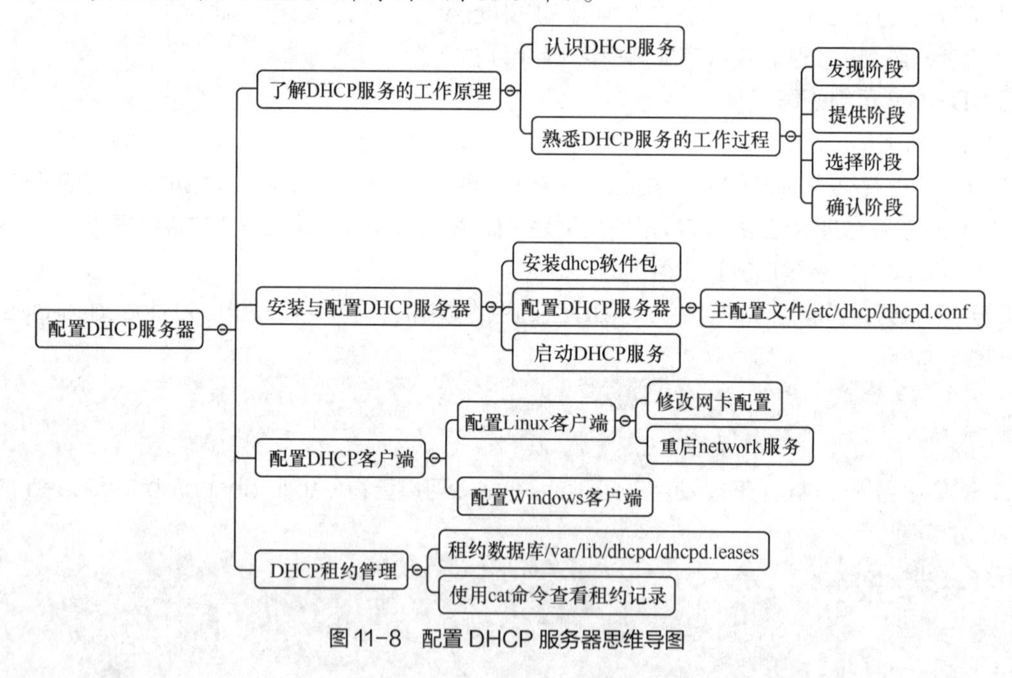

图 11-8　配置 DHCP 服务器思维导图

项目实训　使用 DHCP 动态管理客户端网络地址

（一）项目背景

青苔数据市场部平时接待的客户流量较大，客户在使用市场部的网络时，经常抱怨手动配置 IP 地址麻烦、机器的 IP 地址冲突等问题。为此，小乔决定帮助市场部在局域网中搭建一台 DHCP 服务器，实现动态为客户端分配 IP 地址及网关地址、DNS 服务器地址等网络信息。

（二）工作任务

1. 配置网络与服务器

（1）创建虚拟网络。配置局域网的子网 IP 地址为 192.168.123.0，子网掩码为 255.255.255.0。

（2）创建一台 Linux 虚拟机作为 DHCP 服务器，配置服务器的 IP 地址为 192.168.123.253。

（3）在服务器中安装 dhcp 软件包。

微课 11-4：使用 DHCP 动态管理客户端网络地址

2. 配置 DHCP 服务器参数

（1）配置分配给客户端的 IP 地址范围为 192.168.123.10~192.168.123.240。

（2）配置子网掩码为 255.255.255.0。

（3）配置网关地址为 192.168.123.1。

（4）配置 DNS 服务器地址为 223.5.5.5。

（5）配置默认租约有效期为 1 天。

（6）配置最大租约有效期为 7 天。

（7）配置 DHCP 服务器不支持 DNS 动态更新模式。

（8）配置 DHCP 服务器忽略客户端更新 DNS 记录。

3. 验证 DHCP 服务器是否正常工作

将物理机的虚拟网卡设置为自动获取网络地址，验证该网卡是否能获得有效地址。

习题

一、选择题

1. 下列关于 DHCP 服务器的描述中，正确的是（　　）。

A. 客户端只能接受本网段内 DHCP 服务器提供的 IP 地址

B. 需要保留的 IP 地址可以包含在 DHCP 服务器的 IP 地址池中

C. DHCP 服务器不能帮助客户端指定 DNS 服务器

D. DHCP 服务器可以将一个 IP 地址同时分配给两个不同的客户端

2. 以下哪个服务器可以为客户端动态指派 IP 地址？（　　）

A. DHCP 服务器　　B. DNS 服务器　　C. WWW 服务器　　D. FTP 服务器

3. DHCP 客户端申请 IP 地址租约时，首先发送的信息是（　　）。

A. DHCP DISCOVER　　B. DHCP OFFER

C. DHCP REQUEST　　D. DHCP ACK

4. 通过 DHCP 服务器的 host 声明为特定主机分配固定 IP 地址时，使用（　　）参数指定该主机的 MAC 地址。

A. mac-address　　B. hardware ethernet

C. fixed-address　　D. match-physical-address

二、填空题

1. 在 Linux 系统中，使用 dhcp 软件包配置 DHCP 服务器的主配置文件是__________。

2. 在 Windows 系统中，使用__________命令能释放已获取的 IP 地址，使用__________命令能重新从 DHCP 服务器获取地址。

项目12 配置DNS服务器

12

情境导入

为了便于员工协同工作、提高管理效率，青苔数据在内网中搭建了 FTP、Web、电子邮件等应用服务器，但是员工只能通过 IP 地址来访问这些服务器，而无法通过域名来访问，使用起来比较麻烦。

大路决定借此机会锻炼一下实习生小乔，安排她配置一台 DNS 服务器，方便员工使用域名访问内网中的应用服务器。

职业能力目标（含素养要点）

- 了解域名空间的概念。
- 了解 DNS 服务器的类型、域名解析的工作原理（科技报国）。
- 掌握主 DNS 服务器的安装与配置。
- 会配置主、辅 DNS 服务器（正视失败、不畏艰难）。
- 会使用测试命令测试 DNS 服务器（善于发现问题）。

任务 12-1 了解 DNS 服务器的工作原理

【任务目标】

为了完成部门经理分配的任务，小乔决定先了解与 DNS 服务器有关的理论知识，如域名空间的概念、DNS 服务器的类型、DNS 查询模式及域名解析的工作原理等。

12.1.1 了解域名空间和 DNS 服务器的类型

域名系统（Domain Name System，DNS）是在域名与 IP 地址之间转换的网络服务，使用 DNS 服务，在访问网站时，不再需要输入难记的 IP 地址，只需知道要访问的网站域名即可。

1. DNS 域名空间

互联网中众多的域名组成了一个巨大的域名空间，按照域名的分层机制，可以把域名空间看作一棵倒置的树。树的每一棵子树代表一个域（domain），在域名空间最顶端的是 DNS 根域（root）。

根域的下一层为顶级域，或称为一级域，常见的顶级域名有 com、net、org 等。每个顶级域又可以进一步划分为不同的二级域，二级域再划分子域。子域下面可以是主机，也可以再继续划分子域，直到最下层的主机。

域名空间中的每个域由域名表示，域名通常有一个完全合格域名（Fully Qualified Domain Name，FQDN）的标识，FQDN 的格式是从最下层节点到最顶层根域反向书写，并将每个节点用“.”分隔。例如，主机名是 www，域名是 sdcit.edu.cn，那么该主机的 FQDN 表示为 www.sdcit.edu.cn，如图 12-1 所示。

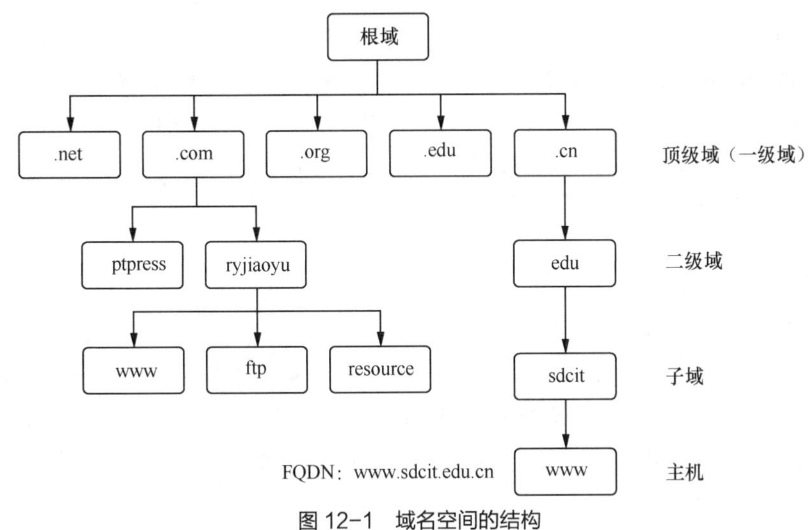

图 12-1 域名空间的结构

一个 DNS 域可以包含主机或子域，每个机构都拥有自己的域名空间，可以使用自己的域名空间来命名 DNS 域或主机。例如，ryjiaoyu 是.com 域的子域，它表示为 ryjiaoyu.com，www 是 ryjiaoyu 域中的主机，可以使用域名 www.ryjiaoyu.com 表示。

2. DNS 服务器

DNS 服务器是保持和维护域名空间中数据的程序。由于域名服务是分布式的，为了便于管理，将域名空间进行划分，将一个域中的一个子域或由具有上下隶属关系的多个子域组成的范围称为区域（zone）。一般情况下，区域只是域的一部分。

DNS 服务器是通过区域来管理域名空间的，并非以域为单位管理域名空间。当一个 DNS 服务器管理某个区域时，它是该区域的权威 DNS 服务器。

根据用途不同，DNS 服务器分为 4 种类型。

（1）主 DNS 服务器。

主 DNS 服务器（Master DNS）负责维护所管辖域的域名服务信息。对于某个指定域，主 DNS 名服务器是唯一存在的，该服务器中保存了指定域的区域数据库文件。配置主 DNS 服务器需要一整套配置文件，包括主配置文件（/etc/named.conf）、正向域的区域数据库文件、反向域的区域数据库文件、高速缓存初始化文件（/var/named/named.ca）和回送文件（/var/named/named.local）。

（2）辅助 DNS 服务器。

辅助 DNS 服务器（Slave DNS）用于分担主 DNS 服务器的负载，加快查询速度。启动辅助 DNS 服务器时，它会与所有主 DNS 服务器建立联系，并从中复制信息。辅助 DNS 服务器会定期更新原有信息，尽可能地保证副本与正本数据的一致性。因为配置辅助 DNS 服务器不需要生成本地区域数据库文件，区域数据库文件是从主 DNS 服务器中传送过来的，并作为本地文件存储在辅助 DNS 服务器中，所以只需要配置主配置文件、高速缓存初始化文件和回送文件。

（3）转发 DNS 服务器。

转发 DNS 服务器允许在 DNS 服务器无法在本地解析请求时，向其他 DNS 服务器转发解析请求。DNS 服务器收到客户端的解析请求后，首先尝试从本地数据库中查找，若没有找到，则需要向其他 DNS 服务器转发解析请求；其他 DNS 服务器完成解析后返回解析结果，转发 DNS 服务器将解析结果放入自己的 DNS 缓存中，并向客户端返回解析结果。在缓存期内，如果客户端请求解析相同的名称，则转发 DNS 服务器立即回应客户端；否则将再次转发解析请求。

当 DNS 服务器配置为转发 DNS 服务器时，对于自己无法解析的请求，可以向指定的其他 DNS 服务器或根域名服务器转发。

（4）缓存 DNS 服务器。

缓存 DNS 服务器主要用于提供域名解析的缓存。缓存 DNS 服务器是一种既不管理任何区域，也不负责域名解析的 DNS 服务器，它可以查询其他 DNS 服务器获得的解析记录，并将该解析记录放在自己的缓存中，为客户端提供解析记录查询，以提高下次相同解析过程的效率。刚安装好的 DNS 服务器默认就是一台缓存 DNS 服务器。缓存 DNS 服务器不是权威的服务器，因为它提供的所有信息都是间接信息。

12.1.2 掌握 DNS 查询模式

当 DNS 客户端需要访问 Internet 上的某一主机时，DNS 客户端首先向本地 DNS 服务器查询对方 IP 地址，如果在本地 DNS 服务器无法查询出结果，则本地 DNS 服务器继续向另外一台 DNS 服务器查询，直到得出结果，这一过程就称为“DNS 查询”。

常见的查询模式有递归查询和迭代查询。

1. 递归查询

递归查询用于客户端向 DNS 服务器查询。如果客户端查询的本地 DNS 服务器不知道被查询域名的 IP 地址，本地 DNS 服务器就以 DNS 客户端的身份，向其他 DNS 服务器继续发出查询请求（即替客户端继续查询），而不是让客户端自己进行下一步查询。因此，递归查询返回的查询结果是所要查询域名的 IP 地址，或者返回一个失败的响应，表示无法查询到结果。

2. 迭代查询

迭代查询用于 DNS 服务器向其他 DNS 服务器查询。当根域名服务器收到本地 DNS 服务器发出的迭代查询请求时，要么给出所要查询的 IP 地址，要么告诉本地 DNS 服务器下一步应当向哪一个 DNS 服务器查询，然后本地 DNS 服务器进行后续的查询。根域名服务器通常是把自己已知的顶级域名服务器的 IP 地址告诉本地 DNS 服务器，让本地 DNS 服务器再向顶级域名服务器发送查询请求。顶级域名服务器收到本地 DNS 服务器的查询请求后，要么给出所要查询的 IP 地址，要么告诉本地 DNS 服务器下一步应当向哪个二级域名服务器发送查询请求，以此类推，直到查询到所需信息或查询失败。

提示 DNS 服务采用分布式结构保存区域 DNS 数据信息，客户端实际的查询顺序一般依次为本地 hosts 文件（/etc/hosts 文件）、本地 DNS 缓存、本地 DNS 服务器、发起 DNS 迭代查询。

12.1.3 掌握域名解析的工作原理

假设客户端已配置了本地 DNS 服务器的相关信息，客户端使用 www.ryjiaoyu.com 域名访问网站，现在需要将 www.ryjiaoyu.com 域名解析为 IP 地址。DNS 域名解析的工作过程如图 12-2 所示。

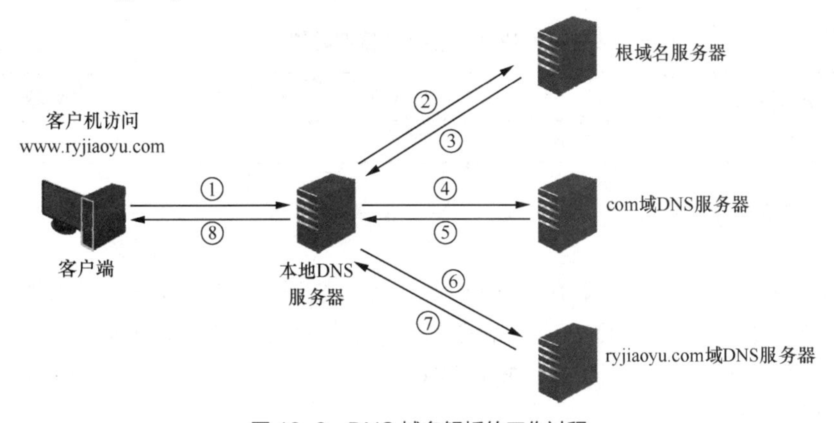

图 12-2 DNS 域名解析的工作过程

① 客户端向本地 DNS 服务器发送解析 www.ryjiaoyu.com 域名的请求。

② 本地 DNS 服务器无法解析此域名，转发给根域名服务器。

③ 根域名服务器管理 com、net、org 等顶级域名的解析过程，它根据收到的请求，返回 com 域的 DNS 服务器地址。

④ 本地 DNS 服务器向 com 域的 DNS 服务器发出解析请求。

⑤ com 域的 DNS 服务器返回 ryjiaoyu.com 域的 DNS 服务器地址。

⑥ 本地 DNS 服务器再向 ryjiaoyu.com 域的 DNS 服务器发出解析请求，在 ryjiaoyu.com 域的 DNS 服务器上查询到 www.ryjiaoyu.com 域名对应的 IP 地址。

⑦ ryjiaoyu.com 域的 DNS 服务器将域名解析结果返回给本地 DNS 服务器。

⑧ 最终，本地 DNS 服务器将域名解析结果返回给客户端，使客户端能访问网站。

12.1.4 理解 DNS 解析类型

部署 DNS 服务器时，必须考虑到 DNS 解析类型，从而决定 DNS 服务器要配置的功能。DNS 解析类型可以分为正向解析与反向解析。

1. 正向解析

正向解析是指根据域名解析出对应的 IP 地址，它是 DNS 服务器的主要功能。

2. 反向解析

反向解析是从 IP 地址中解析出对应的域名，用于对 DNS 服务器进行身份验证。

任务 12-2　安装与配置 DNS 服务器

【任务目标】

小乔向大路请教得知，BIND 是一款在 Linux 系统中广泛使用的 DNS 服务器软件，使用 BIND 就能配置一台高效、可靠的 DNS 服务器。小乔准备在虚拟机中安装 BIND，并熟悉配置 DNS（BIND）服务器的方法。

执行本任务，小乔要使用一台以最小化方式安装 RHEL 7.4 的虚拟机来配置 DNS（BIND）服务器，虚拟机网卡的连接模式设置为 NAT 模式。虚拟机节点的具体规划如表 12-1 所示。

表 12-1　虚拟机节点规划

节点主机名	IP 地址/掩码	说明
master-dns	192.168.200.5/24	主 DNS 服务器

12.2.1　安装 BIND

BIND（Berkeley Internet Name Domain）是一款开源的 DNS 服务器软件，使用 BIND 配置的 DNS 服务器一般称为 DNS（BIND）服务器。BIND 支持 chroot（监牢）机制，该机制使程序进程允许访问的资源被限制在监牢目录（/var/named/chroot）中，从而保证 DNS（BIND）服务器的安全。

1. 获得 BIND

RHEL 7.4 系统安装光盘自带 BIND（版本号为 9.9.4），该软件由一组 rpm 包组成，如表 12-2 所示。

表 12-2　BIND 相关的 rpm 包

rpm 包名称	说明
bind	配置 DNS 服务器的主程序包
bind-chroot	使用 BIND 运行在监牢目录（/var/named/chroot）中的安全增强工具
bind-utils	提供 DNS 测试命令，包括 dig、host、nslookup 等（系统已默认安装）
bind-libs	域名解析需要的库文件（系统已默认安装）

为了便于解决 BIND 安装时的依赖关系，一般采用 yum 方式安装。

> **提示**　bind-chroot 使 bind 可以在 chroot 模式下运行，也就是说，bind 运行时的根目录并不是系统真正的根目录，只是系统中一个特定的目录而已。此做法的目的是提高服务器的安全性，因为在 chroot 模式下，bind 可以访问的范围仅限于这个特定的目录，无法访问该目录之外的资源。bind-chroot 默认的“监牢”为/var/named/chroot 目录。

2. 配置本地 yum 仓库

在 master-dns 节点虚拟机中配置本地 yum 仓库，操作步骤请参考 11.2.1 小节中步骤 5“配置本地 yum 仓库”，在此不再赘述。

3. 安装 BIND 软件包

（1）使用 yum 安装 bind 和 bind-chroot 等软件包。

```
[root@master-dns ~]# yum install -y bind bind-chroot
```

（2）查询已安装的 BIND 相关软件包。

```
[root@master-dns ~]# yum list installed | grep bind
bind.x86_64                 32:9.9.4-50.el7       @local
bind-chroot.x86_64          32:9.9.4-50.el7       @local
bind-libs.x86_64            32:9.9.4-50.el7       @anaconda/7.4
bind-libs-lite.x86_64       32:9.9.4-50.el7       @anaconda/7.4
bind-license.noarch         32:9.9.4-50.el7       @anaconda/7.4
bind-utils.x86_64           32:9.9.4-50.el7       @anaconda/7.4
```

BIND 软件包安装完毕，会自动创建一个名为 named.service 的系统服务，主程序默认为/usr/sbin/named。

12.2.2 熟悉 DNS（BIND）服务器的配置

DNS（BIND）服务器的相关配置文件如表 12-3 所示。

表 12-3 DNS（BIND）服务器的配置文件

文件名称及位置	作用
主配置文件：/etc/named.conf	设置 DNS（BIND）服务器的运行参数
根域数据库文件：/var/named/named.ca	记录了 Internet 中 13 台根域名服务器的 IP 地址
区域配置文件：/etc/named.rfc1912.zones	用于声明区域的文件
区域数据库文件：一般存放在/var/named 目录下	保存所管理区域的 DNS 数据

以上配置文件的所有者一般设置为 root:named。

1. 主配置文件/etc/named.conf

DNS（BIND）服务器的主配置文件是/etc/named.conf 文件，该文件主要用于设置 DNS（BIND）服务器的运行参数。在/etc/named.conf 文件中，以“//”开头的行是注释行，它仅为配置参数起到解释作用。

主配置文件/etc/named.conf 的内容由全局配置和局部配置两部分组成，其结构如下。

```
//第一部分：设置全局配置
//options 选项配置段
options {……}
//logging 日志配置段
logging {……}
//第二部分：设置局部配置
//zone 区域配置段
zone  {……}
```

查看/etc/named.conf 文件的默认内容。

```
[root@master-dns ~]# vi /etc/named.conf
//第一部分：设置全局配置
//运行参数
options {
        listen-on port 53 { 127.0.0.1; }; // BIND 监听的 DNS 服务器的 IP 地址和端口
        listen-on-v6 port 53 { ::1; };    // BIND 监听的 DNS 服务器的 IPv6 地址和端口
        directory       "/var/named";     // 设置 DNS 区域配置文件的存储路径
        dump-file       "/var/named/data/cache_dump.db";
        statistics-file "/var/named/data/named_stats.txt";
        memstatistics-file "/var/named/data/named_mem_stats.txt";
        allow-query     { localhost; };   // 允许进行 DNS 查询的客户端
        recursion yes;                    // 是否启用递归式 DNS 服务器
        dnssec-enable yes;
        dnssec-validation yes;            // 设置为 no 可以忽略 SELinux 的影响
        bindkeys-file "/etc/named.iscdlv.key";
        managed-keys-directory "/var/named/dynamic";
        pid-file "/run/named/named.pid";
        session-keyfile "/run/named/session.key";
};
// BIND 服务的日志选项
logging {
        channel default_debug {
                file "data/named.run";
                severity dynamic;
        };
};
//第二部分：设置局部配置
zone "." IN {                             // 根域名服务器的配置信息
        type hint;                        // 设置区域的类型
        file "named.ca";                  // 设置区域文件的名称
};

include "/etc/named.rfc1912.zones";
include "/etc/named.root.key";
```

（1）在 options 配置段中，配置 DNS（BIND）服务器全局运行参数常用的配置选项及功能。

① listen-on：设置 named 服务监听的 IP 地址和端口。只有一个 IP 地址的服务器可不必设置，默认监听本机的 53 号端口。当服务器安装多块网卡并有多个 IP 地址时，通过 listen-on 指定要监听的 IP 地址和端口，如果不设定，则默认监听全部 IP 地址和 53 号端口。

② directory：设置 named 服务的工作目录，默认为/var/named 目录。每个 DNS 区域的正、反向区域数据库文件和 DNS 根域数据库文件（named.ca）都应放到该配置项指定的目录中。

③ allow-query{ }：设置允许进行 DNS 查询的主机，DNS 服务器只回应被允许的主机发来的 DNS 查询请求。

例如，配置 DNS 服务器全局运行参数，仅允许 127.0.0.1 和 192.168.200.0/24 网段的主机查询。

```
allow-query { 127.0.0.1; 192.168.200.0/24; };
```

在该配置选项中除了可以设定具体的 IP 地址外，还可以使用 BIND 内置的 4 个 ACL（访问控制列表）表示允许的主机，其中，any 匹配任意主机，none 不匹配任何主机，localhost 匹配本机，localnets 匹配本地网络中的所有主机。

例如，配置为允许本 DNS 服务器处理任意主机发来的 DNS 查询请求。

```
allow-query{ any; };
```

④ forwarders{ }：用于指定转发 DNS 服务器。设置转发 DNS 服务器后，所有非本地域的域名查询和在缓存中无法找到的域名查询，均可由指定的转发 DNS 服务器来完成解析并缓存。

⑤ forward：用于指定转发方式，设置为 forward first 表示优先使用转发 DNS 服务器进行域名解析，查询不到时再使用本地 DNS 服务器做域名解析；设置为 forward only 表示仅使用转发 DNS 服务器做域名解析，查询不到时，本地 DNS 服务器也不会解析域名，返回给 DNS 客户端查询失败。一般情况下，缓存 DNS 服务器使用 forward only 设置。

例如，配置优先使用地址为 192.168.200.11 和 10.0.3.8 的转发 DNS 服务器进行域名解析。

```
forwarders {192.168.200.11; 10.0.3.8;};
forward first;          //设置优先使用转发 DNS 服务器做域名解析
```

⑥ allow-transfer{ }：用于指定允许哪些主机进行区域传输。被允许的主机可以在当前 DNS 服务器中同步传输区域数据。若该参数省略，则默认允许对所有的主机进行区域传输。

例如，配置为允许 IP 地址为 192.168.200.6 的主机在当前 DNS 服务器中进行区域传输。

```
allow-transfer { 192.168.200.6;};
```

⑦ allow-recursion { }：用于指定允许哪些主机向当前 DNS 服务器发起递归查询请求。

例如，配置为允许任意主机向当前 DNS 服务器发起递归查询请求。

```
allow-recursion { any; };
```

⑧ allow-update { }：用于指定允许哪些主机向主 DNS 服务器提交动态 DNS 资源记录更新，默认拒绝任何主机进行更新。

例如，配置为禁止动态更新 DNS。

```
allow-update { none ;};
```

（2）在 logging 部分中，对 DNS 服务器日志选项进行配置。

（3）zone 语句是区域声明，表示该 DNS 服务器管理的区域。

例如，使用 zone 语句声明根域名服务器。

```
zone "." IN {
        type hint;          // 该区域类型（type）为 hint，其中 hint 表示根区域
        file "named.ca";    // 该区域数据库文件（file）为/var/named 目录中的 named.ca 文件
};
```

2. 根域数据库文件/var/named/named.ca

用户访问一个域名时（假设不考虑本地 hosts 文件），正常情况会向指定的 DNS 服务器发送递归查询请求，如果该 DNS 服务器中没有此域名的解析信息，那么会通过根域名服务器逐级迭代查询。

全球有 13 台（组）根域名服务器（以 A–M 命名），它们的 IP 地址记录在 DNS 服务器的/var/named/named.ca 文件中，该文件称为根域数据库文件。由于 named.ca 文件经常会随着根域名服务器的变化而变化，因此建议最好从国际互联网络信息中心（Internet Network Information Center，InterNIC）的 FTP 服务器上下载最新版本。

素养提示　根域名服务器是互联网最为重要的基础设施之一，事关互联网和信息安全。在 IPv4 网络中，全球只有 13 台（组）根域名服务器，唯一的主根域名服务器部署在美国，其余 12 个辅根域名服务器也都在国外。我国互联网用户数量非常多，却没有根域名服务器，这对我国网络安全造成了一定的威胁。

为了打破困局，我国牵头发起了基于全新技术架构的全球下一代互联网（IPv6）根域名服务器测试和运营实验项目——“雪人计划”。到 2017 年 11 月底为止，“雪人计划”已经完成了 25 台 IPv6 根域名服务器的架设，其中 4 台部署在我国，相信这次设立根域名服务器能有效地保护我国互联网安全。

3. 区域配置文件/etc/named.rfc1912.zones

一台 DNS 服务器可以管理一个或多个区域，一个区域也可以由多台 DNS 服务器管理，例如，由一台主 DNS 服务器和多台辅助 DNS 服务器管理。在 DNS 服务器中必须先声明所管理的区域，然后在区域中添加资源记录，才能完成域名解析工作。

DNS（BIND）服务器中用于声明区域的配置文件是/etc/named.rfc1912.zones，在该文件中声明 DNS（BIND）服务器所管理的正向解析区域和反向解析区域。

（1）声明主 DNS 服务器的正向解析区域。

声明区域的格式如下。

```
zone 区域名称 IN {
    type master ;
    file "正向解析区域的数据库文件";
    allow-update {none;};
}
```

① 参数 type 用于设置 DNS 区域的类型，常见的 DNS 区域类型如表 12-4 所示。

表 12-4　常见的 DNS 区域类型

区域类型	说明
主要区域（master）	在主要区域中可以创建、修改、读取和删除资源记录
辅助区域（slave）	从主要区域复制区域数据库文件，在辅助区域中只能读取资源记录，不能创建、修改和删除资源记录
存根区域（stub）	只从主要区域复制区域数据库文件中的 SOA、NS 和 A 记录，在存根区域只能读取资源记录，不能创建、修改和删除资源记录
转发区域（forward）	当客户端需要解析区域记录时，DNS 服务器将解析请求转发给其他 DNS 服务器
根区域（hint）	从根域名服务器中解析资源记录

② 参数 file 用于指定该区域的数据库文件，该文件一般保存在/var/named/目录中，通常文件名与区域名相同，并使用.zone 作为文件名的后缀。

③ 参数 allow-update 用于设置是否允许动态更新 DNS。

例如，声明 ryjiaoyu.com 区域的代码如下。

```
zone "ryjiaoyu.com" IN {         //声明 DNS 区域名称
    type master;                 //DNS 的主要区域
```

```
        file "ryjiaoyu.com.zone";        //该主要区域的正向解析文件
        allow-update {none;};            //设置 DNS 不允许动态更新
    }
```

以上区域声明代码既可以放在区域配置文件/etc/named.rfc1912.zones 中，也可以直接放到/etc/named.conf 文件的尾部，以简化配置。

（2）声明辅助 DNS 服务器的正向解析区域。

声明区域的格式如下。

```
    zone 区域名称 IN {
        type slave ;                      //类型为 slave 表示辅助 DNS 服务器
        file "正向解析区域的数据库文件";
        masters {主 DNS 服务器的 IP 地址};//设置主 DNS 服务器的 IP 地址
    }
```

提示 正向解析与反向解析采用不同的区域数据库，如果一个 DNS 服务器包含正向、反向两个区域，则需要同时配置正向区域数据库和反向区域数据库。

反向解析的区域声明格式与正向解析相同，只有区域名称和 file 参数指定的区域数据库文件名不同。例如，要反向解析 192.168.200.0 网段的主机，区域名称应设置为 200.168.192.in-addr.arpa。

4. 区域数据库文件

用来保存一个区域内所有数据（包括主机名和对应的 IP 地址、刷新间隔和过期时间等）的文件称为区域数据库文件。DNS 服务器的区域数据库文件一般保存在/var/named 目录下，通常以.zone 作为文件名的后缀。一台 DNS 服务器可以保存多个区域数据库文件，同一个区域数据库文件也可以存放在多台 DNS 服务器上。

（1）区域数据库文件的结构。

在 DNS（BIND）服务器的/var/named 目录中默认有 named.localhost 和 named.loopback 两个文件。named.localhost 是本地正向区域数据库文件，用于将名称 localhost 转换为本机 IP 地址 127.0.0.1。named.loopback 是本地反向区域数据库文件，用于将本机 IP 地址 127.0.0.1 转换为 localhost。在配置 DNS（BIND）服务器时，named.localhost 和 named.loopback 文件经常分别被用作正向、反向区域数据库文件的模板。

使用 cat 命令查看/var/named/named.localhost 的内容。

```
[root@Server ~]# cat -n /var/named/named.localhost
     1  $TTL 1D
     2  @       IN SOA  @ rname.invalid. (
     3                                          0       ; serial
     4                                          1D      ; refresh
     5                                          1H      ; retry
     6                                          1W      ; expire
     7                                          3H )    ; minimum
     8          NS      @
     9          A       127.0.0.1
    10          AAAA    ::1
```

以上配置代码的含义如下。

① $TTL 指令。

该文件的第 1 行是$TTL 指令，定义了其他 DNS 服务器缓存本机数据的时间，默认单位为 S，也可以用 H（小时）、D（天）和 W（星期）为单位。DNS 服务器在应答中提供 TTL 值，目的是允许其他服务器在 TTL 间隔内缓存数据。如果本地的 DNS 服务器数据改变不大，则可以使用较大的 TTL 值，最长可以设为一周。但是不推荐设置 TTL 为 0，以避免大量的 DNS 服务器数据传输。

② 设置 SOA 资源记录。

该文件的第 2~7 行是起始授权机构（Start of Authority，SOA）资源记录，定义了 DNS 服务器授权区域的起始点，它表示当前指定的服务器是该区域 DNS 服务器数据的权威来源。每个区域数据库文件都必须设置 SOA 资源记录作为第一条资源记录，而且只能有一条 SOA 资源记录。

在 SOA 资源记录中要设置管理此区域的主 DNS 服务器域名和附加参数，附加参数用于控制辅助 DNS 服务器区域更新的频繁程度。

SOA 资源记录的格式如下。

```
@ IN SOA 主DNS服务器域名 管理员的邮件地址 (
                                        版本序列号
                                        刷新时间
                                        重试时间
                                        过期时间
                                        最小存活期   )
```

SOA 资源记录各个字段的含义如表 12-5 所示。

表 12-5 SOA 资源记录各字段的含义

字段	含义
@	表示当前区域的名称，例如，named.localhost 文件中的@表示本地域
IN	表示网络的类型为 Internet
SOA	表示资源记录的类型为 SOA
主 DNS 服务器域名	管理此区域的主 DNS 服务器域名（FQDN），域名以“.”结尾
管理员的邮件地址	管理员邮件地址中的“@”用“.”代替，域名以“.”结尾
版本序列号（serial）	此区域数据库文件的修订版本号，每次修改该文件时，将此数字增加
刷新时间（refresh）	辅助 DNS 服务器等待多长时间连接主 DNS 服务器复制资源记录
重试时间（retry）	如果辅助 DNS 服务器连接主 DNS 服务器失败，则重试的时间间隔
过期时间（expire）	到达过期时间后，辅助 DNS 服务器会把它的区域文件内的资源记录当作不可靠数据
最小存活期（minimum）	区域文件中所有资源记录的生存时间最小值（资源记录在 DNS 缓存中保留的时间）

例如，ryjiaoyu.com.zone 文件中 ryjiaoyu.com 区域的 SOA 资源记录。

```
@   IN SOA   dns.ryjiaoyu.com. root.ryjiaoyu.com. (
                                        2020061 ; serial
                                        1D      ; refresh
                                        1H      ; retry
                                        1W      ; expire
                                        3H )    ; minimum
```

以上代码的含义如下。

a. 负责解析 ryjiaoyu.com 区域的主 DNS 服务器域名是 dns.ryjiaoyu.com。

b. IN 表示 Internet 网络类型。

c. root.ryjiaoyu.com.表示该区域的管理员邮件地址是 root@ryjiaoyu.com。

d. SOA 资源记录的附加参数，如版本序列号、刷新时间等，放在 SOA 资源记录后面的括号中。

③ 设置其他资源记录。

该文件第 8~10 行的每一行都表示设置一条“资源记录”。这些资源记录是用于回应客户端请求的 DNS 数据记录，包含与特定主机有关的信息，如 IP 地址、提供的服务类型等。

（2）资源记录。

一条资源记录通常包含 5 个字段，格式如下。

```
[区域名]  [TTL]  类别  资源记录类型  资源记录的值
```

各字段的含义和常用的资源记录类型分别如表 12-6 和表 12-7 所示。

表 12-6　资源记录各字段的含义

字段	含义
区域名	表示该资源记录描述的区域或主机
TTL	指定该资源记录生存时间的最小值
类型	指定网络类型，默认类型为 IN（Internet）
资源记录类型	指定该资源记录的类型，常见的 DNS 资源记录类型有 SOA、NS、A、CNAME、MX 等，如表 12-7 所示
资源记录的值	资源记录的值，一般为主机的 IP 地址或域名（域名要以“.”结尾）

表 12-7　常用的 DNS 资源记录类型

类型	说明	描述
SOA	起始授权机构	SOA 资源记录表明一个区域的起点，包含区域名、管理员邮件地址等信息，每个区域有且仅有一个 SOA 资源记录
NS	名称服务器	NS 资源记录用于指定负责该区域 DNS 解析的权威名称服务器，每个区域在区根处至少包含一条 NS 资源记录
A	主机 IPv4 地址	A 资源记录是主机地址资源记录，用于将域名（FQDN）映射到对应主机的 IPv4 地址上
AAAA	主机 IPv6 地址	AAAA 资源记录用于将域名（FQDN）映射到对应主机的 IPv6 地址上
MX	邮件交换器	MX 资源记录用于定义邮件交换器，即负责该区域电子邮件收发的主机
CNAME	别名	CNAME 资源记录用于将一个别名指向某个主机（A）记录
PTR	指针记录	与 A 资源记录用途相反，用于将 IP 地址反向映射为域名（FQDN）

① NS 资源记录。

名称服务器（Name Server，NS）资源记录定义了本区域的权威名称服务器。权威名称服务器负责维护和管理所管辖区域中的 DNS 服务器数据，被其他服务器或客户端当作权威的信息来源。

例如，配置 ryjiaoyu.com 区域的一条 NS 资源记录。

```
@                   IN      NS      dns.ryjiaoyu.com.
```

@表示当前区域的名称，即 ryjiaoyu.com，该记录定义了域名 ryjiaoyu.com 由 DNS 服务器 dns.ryjiaoyu.com 负责解析。

NS 资源记录至少定义一条，若存在多条 NS 资源记录，则说明有多台 DNS 服务器能进行域名解析。在众多 NS 资源记录中，与 SOA 资源记录对应的 DNS 服务器是该域中 DNS 数据的最佳来源。

② A 资源记录。

主机地址（Address，A）资源记录定义了域名对应的主机 IPv4 地址。

例如，使用两种格式配置 A 资源记录。

```
www                     IN    A     192.168.200.10
ftp.ryjiaoyu.com.       IN    A     192.168.200.11
```

第一种格式使用相对名称，在名称的末尾不用加“.”；另外一种格式使用完全合格域名，即名称的最后以“.”结束。两种格式只是形式不同而已，在使用上没有区别。例如，在 ryjiaoyu.com 区域的配置中，使用相对名称“www”，DNS 服务器会自动在相对名称“www”的后面加上后缀“.ryjiaoyu.com.”，所以相当于完全合格域名“www.ryjiaoyu.com.”。

③ MX 资源记录。

邮件交换（Mail eXchanger，MX）资源记录定义了邮件交换服务器。

例如，配置一条 ryjiaoyu.com 区域的 MX 资源记录。

```
@               IN     MX  10  mail.ryjiaoyu.com.
```

该 MX 资源记录表示发往 ryjiaoyu.com 区域的电子邮件由域名为 mail.ryjiaoyu.com 的邮件服务器负责处理。例如，一封电子邮件要发送到 boss@ryjiaoyu.com 时，发送方的邮件服务器通过 DNS 服务器查询 ryjiaoyu.com 区域的 MX 资源记录，然后把邮件发送到查询到的邮件服务器中。至于 mail.ryjiaoyu.com 域名对应的主机 IP 地址，则需要通过 A 资源记录设置。

MX 资源记录可以设置多条，表示多个邮件服务器，邮件服务器的优先级由 MX 标识后面的数字决定，数字越小，邮件服务器的优先级越高。优先级高的邮件服务器是邮件传送的主要对象，当邮件传送给优先级高的邮件服务器失败时，可以把它传送给优先级低的邮件服务器。

④ CNAME 资源记录。

别名（Canonical Name，CNAME）资源记录用于将多个名称映射到同一台主机。

例如，访问域名 www.ryjiaoyu.com 或 oa.ryjiaoyu.com 时，实际上是对应访问 IP 地址为 192.168.200.10 的同一台主机，ryjiaoyu.com 区域的资源记录可以做如下配置。

```
www                   IN    A        192.168.200.10
oa                    IN    CNAME    www.ryjiaoyu.com.
```

通过 A 资源记录“www IN A 192.168.200.10”先将域名 www.ryjiaoyu.com 映射到 192.168.200.10 主机上，然后设置 CNAME 资源记录“oa IN CNAME www.ryjiaoyu.com.”表示给该主机设置别名为 oa。

⑤ PTR 资源记录。

指针（Pointer，PTR）资源记录定义的是一个反向记录，即通过 IP 地址反向查询对应的域名。PTR 资源记录一般在反向区域数据库文件中使用。

例如，在反向区域数据库文件 200.168.192.zone 中配置一条 PTR 资源记录。

```
10                    IN      PTR     www.ryjiaoyu.com.
```

第一个字段表示主机的 IP 地址，例如，在反向区域 200.168.192.in-addr.arpa 中，10 表示的 IP 地址是 192.168.200.10。最后一个字段是通过 IP 地址反向查询对应的域名，该域名使用完全合格域名表示。

任务 12-3　配置主 DNS 服务器

微课 12-1：配置主 DNS 服务器

【任务目标】

小乔掌握了 DNS（BIND）服务器的基本配置方法，迫不及待地想配置一台主 DNS 服务器，使员工能通过域名访问公司的应用服务器。

公司应用服务器的域名和对应的 IP 地址如表 12-8 所示。

表 12-8　应用服务器列表

服务器	完全合格域名（FQDN）	IP 地址
Web 服务器	www.ryjiaoyu.com	192.168.200.10
OA 服务器	oa.ryjiaoyu.com	192.168.200.10
FTP 服务器	ftp.ryjiaoyu.com	192.168.200.11
邮件服务器	mail.ryjiaoyu.com	192.168.200.12

说明：出于对域名安全性的考虑，青苔数据的域名用 ryjiaoyu.com 代替。

执行本任务，小乔要使用两台以最小化方式安装 RHEL 7.4 的虚拟机分别作为主 DNS 服务器和 DNS 客户端，所有虚拟机的网卡连接模式都设置为 NAT 模式。虚拟机节点的具体规划如表 12-9 所示。

表 12-9　虚拟机节点规划

节点主机名	IP 地址/掩码	说明
master-dns	192.168.200.5/24	主 DNS 服务器
client	192.168.200.55/24	DNS 客户端

主 DNS 服务器的参数配置如下。

（1）使用 BIND 配置主 DNS 服务器，BIND 以 chroot（监牢）模式运行。

（2）主 DNS 服务器的 IP 地址为 192.168.200.5。

（3）主 DNS 服务器的域名为 dns.ryjiaoyu.com。

（4）正向区域名为 ryjiaoyu.com。

（5）反向区域名为 200.168.192.in-addr.arpa。

（6）正向区域数据库文件名为/var/named/chroot/var/named/ryjiaoyu.com.zone。

（7）反向区域数据库文件名为/var/named/chroot/var/named/200.168.192.zone。

12.3.1　配置主 DNS 服务器

将 master-dns 节点虚拟机配置为主 DNS 服务器。

1. 关闭 SELinux 安全子系统

```
[root@master-dns ~]# setenforce 0
[root@master-dns ~]# vi /etc/selinux/config
SELINUX=disabled
```

2. 配置本地 yum 仓库

在 master-dns 节点虚拟机中配置本地 yum 仓库，操作步骤请参考 11.2.1 小节中步骤 5“配置本地 yum 仓库”，在此不再赘述。

3. 安装 bind-chroot 软件包

使用 yum 安装 bind-chroot 软件包。

```
[root@master-dns ~]# yum install -y bind-chroot
```

安装 bind-chroot 软件包时，会将 bind 和 bind-libs 软件包作为依赖自动安装。bind-chroot 软件包安装完毕，自动创建名称为 named-chroot.service 的服务。

4. 配置 bind-chroot

bind-chroot 会将 BIND 进程限定在监牢目录/var/named/chroot/中，该目录对于 BIND 来说相当于虚拟的/（根目录），因此配置文件的路径位置会随之改变。bind-chroot 的配置文件如表 12-10 所示。

表 12-10　bind-chroot 的配置文件

配置文件名称	文件位置
主配置文件	/var/named/chroot/etc/named.conf
区域数据库文件	/var/named/chroot/var/named/

（1）复制模板文件。

BIND 在/usr/share/doc/bind-9.9.4 目录中提供了 BIND 配置文件的模板，可以直接将相关模板文件复制到监牢目录/var/named/chroot/中。

```
[root@master-dns ~]# cp -r /usr/share/doc/bind-9.9.4/sample/etc/* /var/named/chroot/etc/
[root@master-dns ~]# cp -r /usr/share/doc/bind-9.9.4/sample/var/* /var/named/chroot/var/
```

（2）创建 dynamic 目录，并修改目录所有者为 named:named。

```
[root@master-dns ~]# mkdir /var/named/chroot/var/named/dynamic
[root@master-dns ~]# chown named:named /var/named/chroot/var/named/dynamic/
```

（3）修改 data 目录所有者为 named:named。

```
[root@master-dns ~]# chown named:named /var/named/chroot/var/named/data/
```

（4）通过模板创建 bind-chroot 主配置文件。

将文件/etc/named.conf 复制为/var/named/chroot/etc/named.conf，提示是否覆盖时输入“y”。

```
[root@master-dns ~]# cp /etc/named.conf /var/named/chroot/etc/named.conf
cp: 是否覆盖"/var/named/chroot/etc/named.conf"? y
```

（5）修改/var/named/chroot/etc/named.conf 文件的所有者为 root:named。

```
[root@master-dns ~]# chown root:named /var/named/chroot/etc/named.conf
```

（6）配置/var/named/chroot/etc/named.conf 文件。

配置/var/named/chroot/etc/named.conf 的方法与/etc/named.conf 相同。由于 BIND 使用了监牢功能，所以原来的配置文件/etc/named.conf 不需要配置。

```
[root@master-dns ~]# vi /var/named/chroot/etc/named.conf
// 以下是/var/named/chroot/etc/named.conf 文件的内容
options {
        listen-on port 53 { any; };          // 修改监听的 IP 地址为 any;
```

```
        listen-on-v6 port 53 { ::1; };
        directory       "/var/named";  // 区域数据库文件的存储目录使用默认值
        dump-file       "/var/named/data/cache_dump.db";
        statistics-file "/var/named/data/named_stats.txt";
        memstatistics-file "/var/named/data/named_mem_stats.txt";
        allow query     { any; };       // 设置允许任意（any）主机进行查询
        recursion yes;
        dnssec-enable yes;
        dnssec-validation yes;

        /* Path to ISC DLV key */
        bindkeys-file "/etc/named.iscdlv.key";
        managed-keys-directory "/var/named/dynamic";
        pid-file "/run/named/named.pid";
        session-keyfile "/run/named/session.key";
};

logging {
        channel default_debug {
                file "data/named.run";
                severity dynamic;
        };
};

zone "." IN {
        type hint;
        file "named.ca";
};

zone "ryjiaoyu.com" IN {                 // 声明正向区域 ryjiaoyu.com
        type master;                     // 区域类型为 master
        file "ryjiaoyu.com.zone";        // 指定本区域的数据库文件
        allow-update {none;};            // 设置不允许（none）客户端动态更新 DNS
};

zone "200.168.192.in-addr.arpa" IN{      // 声明反向区域 200.168.192.in-addr.arpa
        type master;                     // 区域类型为 master
        file "200.168.192.zone";         // 指定反向区域的数据库文件
        allow-update {none;};            // 设置不允许（none）客户端动态更新 DNS
};
include "/etc/named.rfc1912.zones";
include "/etc/named.root.key";
```

（7）创建正向区域（ryjiaoyu.com）的数据库文件。

① 进入/var/named/chroot/var/named/目录。

```
[root@master-dns ~]# cd /var/named/chroot/var/named/
```

② 将模板文件 named.localhost 复制为 ryjiaoyu.com.zone。

```
[root@master-dns named]# cp named.localhost ryjiaoyu.com.zone
```

③ 修改正向区域数据库文件/var/named/chroot/var/named/ryjiaoyu.com.zone。

```
[root@master-dns named]# vi /var/named/chroot/var/named/ryjiaoyu.com.zone
$TTL 1D           // 设置资源记录默认使用的 TTL 值，存活期为 1 天
@       IN SOA  dns.ryjiaoyu.com. root.ryjiaoyu.com. (
```

```
                                          2020061 ; serial
                                          1D       ; refresh
                                          1H       ; retry
                                          1W       ; expire
                                          3H )     ; minimum
@                     IN      NS      dns.ryjiaoyu.com.
@                     IN      MX      10  mail.ryjiaoyu.com.
dns                   IN      A       192.168.200.5
www                   IN      A       192.168.200.10
ftp.ryjiaoyu.com.     IN      A       192.168.200.11
mail                  IN      A       192.168.200.12
oa                    IN      CNAME   www.ryjiaoyu.com.
```

（8）创建反向区域（200.168.192.in-addr.arpa）的数据库文件。

① 进入/var/named/chroot/var/named/目录。

```
[root@master-dns named]# cd /var/named/chroot/var/named/
```

② 将模板文件 named.loopback 复制为 200.168.192.zone。

```
[root@master-dns named]# cp named.loopback 200.168.192.zone
```

③ 修改反向区域数据库文件/var/named/chroot/var/named/200.168.192.zone。

```
[root@master-dns named]# vi /var/named/chroot/var/named/200.168.192.zone
$TTL 1D
@    IN SOA  200.168.192.in-addr.arpa. root.ryjiaoyu.com. (
                                          2020061 ; serial
                                          1D       ; refresh
                                          1H       ; retry
                                          1W       ; expire
                                          3H )     ; minimum

@                     IN      NS      dns.ryjiaoyu.com.
5                     IN      PTR     dns.ryjiaoyu.com.
10                    IN      PTR     www.ryjiaoyu.com.
11                    IN      PTR     ftp.ryjiaoyu.com.
12                    IN      PTR     mail.ryjiaoyu.com.
```

（9）检查配置。

① 使用 named-checkconf 命令检查 named.conf 配置文件的错误。如果有语法错误，则提示具体的出错信息，否则没有任何输出显示。

```
[root@master-dns named]# named-checkconf /var/named/chroot/etc/named.conf
```

② 使用 named-checkzone 命令检查刚刚创建的正向、反向区域数据库文件的配置是否正确。

```
[root@master-dns named]# named-checkzone ryjiaoyu.com ryjiaoyu.com.zone
zone ryjiaoyu.com/IN: loaded serial 2020061
OK
```

说明：named-checkzone 命令的第一个参数 ryjiaoyu.com 表示要检查的域名，第二个参数 ryjiaoyu.com.zone 是区域数据库的文件名。

```
[root@master-dns named]# named-checkzone 200.168.192.in-addr.arpa 200.168.192.zone
zone 200.168.192.in-addr.arpa/IN: loaded serial 2020061
OK
```

5. 配置防火墙

配置 firewalld 防火墙，放行 DNS 服务。

```
[root@master-dns named]# firewall-cmd --permanent --add-service=dns
success
```

```
[root@master-dns named]# firewall-cmd --reload
success
```

6. 启动 bind-chroot

在系统中安装 bind-chroot 软件包之后，如果要运行 named-chroot 服务，则需要关闭 named 服务，两者只能运行其中一个。

（1）关闭 named 服务，禁用 named 服务开机启动。

```
[root@master-dns named]# systemctl stop named
[root@master-dns named]# systemctl disable named
Removed symlink /etc/systemd/system/multi-user.target.wants/named.service.
```

（2）启动 named-chroot 服务，并设置为开机启动。

```
[root@master-dns named]# systemctl start named-chroot
[root@master-dns named]# systemctl enable named-chroot
Created symlink from /etc/systemd/system/multi-user.target.wants/named-chroot.
service to /usr/lib/systemd/system/named-chroot.service.
```

（3）查看 named-chroot 服务的运行状态。

```
[root@master-dns named]# systemctl status named-chroot
```

7. 修改主机的 DNS 设置

将本地使用的 DNS 服务器 IP 地址设置为当前主机 IP 地址。

```
[root@master-dns named]# vi /etc/resolv.conf
# Generated by NetworkManager
nameserver 192.168.200.5
```

8. 本地测试 DNS 解析是否正常

使用 ping 命令测试 dns.ryjiaoyu.com 域名。

```
[root@master-dns named]# ping dns.ryjiaoyu.com
PING dns.ryjiaoyu.com (192.168.200.5) 56(84) bytes of data.
64 bytes from master-dns (192.168.200.5): icmp_seq=1 ttl=64 time=0.009 ms
……
```

12.3.2 配置 DNS 客户端

DNS（BIND）服务器支持 Linux 客户端和非 Linux 客户端（如 Windows 客户端）。

1. 配置 Linux 客户端

在 Linux 客户端（client 节点）修改/etc/resolv.conf 文件配置客户端使用的 DNS 服务器。

```
[root@client ~]# vi /etc/resolv.conf
# Generated by NetworkManager
nameserver 192.168.200.5            # 设置首选 DNS 服务器的 IP 地址
nameserver 192.168.200.6            # 设置备用 DNS 服务器的 IP 地址
```

其中，nameserver 用于设置 DNS 服务器的 IP 地址。一般会设置两个 DNS 服务器，第一个作为首选 DNS 服务器；首选 DNS 服务器失效时，使用备用 DNS 服务器。

2. 配置 Windows 客户端

以 Windows 10 系统为例，在网卡的属性配置界面中打开“Internet 协议版本 4（TCP/IPv4）”对话框（11.2.3 小节介绍了相关操作步骤，在此不再赘述），在该对话框中输入首选 DNS 服务器和备用 DNS 服务器的 IP 地址，如图 12-3 所示。

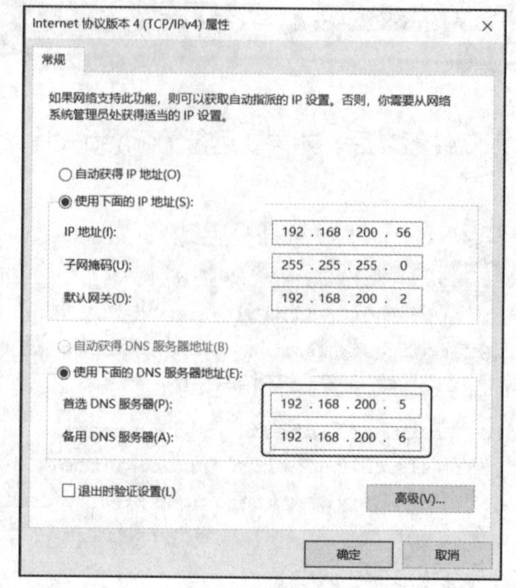

图 12-3　设置首选 DNS 服务器和备用 DNS 服务器

12.3.3　使用 DNS 测试命令

bind-utils 是常用的域名解析和 DNS 系统测试软件包，包含 dig、host、nslookup 等 DNS 测试命令。

接下来介绍在 client 节点虚拟机（客户端）上如何安装 bind-utils 和使用 DNS 测试命令。

1. 安装 bind-utils

RHEL 7.4 系统安装光盘自带 bind-utils 软件包，因此推荐将系统安装光盘配置为本地 yum 仓库进行安装。

使用 yum 安装 bind-utils 软件包。

```
[root@client ~]# yum install -y bind-utils
```

2. 使用 host 命令

host 命令可以用于执行 DNS 查找、域名解析操作，其语法格式如下。

```
host [选项] 域名/IP [DNS 服务器]
```

host 命令常用选项如表 12-11 所示。

表 12-11　host 命令常用选项

选项	说明
-t <类型>	指定查询的类型，类型可以是 SOA、A、AAAA、NS、MX、CNAME、PTR
-l	列出指定区域内的所有主机

DNS 服务器参数可以是 DNS 服务器的域名或 IP 地址，该参数是可选的，指定此参数后，将忽略客户端中/etc/resolv.conf 文件的设置。

【例 12-1】 对 www.ryjiaoyu.com 域名进行解析。

```
[root@client ~]# host www.ryjiaoyu.com
www.ryjiaoyu.com has address 192.168.200.10
```

【例 12-2】 解析 200.168.192.in-addr.arpa 区域中的 PTR 资源记录。

```
[root@client ~]# host 192.168.200.11
11.200.168.192.in-addr.arpa domain name pointer ftp.ryjiaoyu.com.
```

【例 12-3】 解析 ryjiaoyu.com 区域中的 SOA 资源记录。

```
[root@client ~]# host -t SOA ryjiaoyu.com
ryjiaoyu.com has SOA record dns.ryjiaoyu.com. root.ryjiaoyu.com. 202006 86400 3600
604800 10800
```

【例 12-4】 解析 ryjiaoyu.com 区域中的所有主机。

```
[root@client ~]# host -l ryjiaoyu.com
ryjiaoyu.com name server dns.ryjiaoyu.com.
dns.ryjiaoyu.com has address 192.168.200.5
ftp.ryjiaoyu.com has address 192.168.200.11
mail.ryjiaoyu.com has address 192.168.200.12
www.ryjiaoyu.com has address 192.168.200.10
```

3. 使用 nslookup 命令

nslookup 命令用于检测能否从 DNS 服务器查询到域名与 IP 地址的解析记录。该命令有两种使用模式：命令模式和交互模式。直接在命令提示符中输入 nslookup 命令，即可进入交互模式。

【例 12-5】 使用 nslookup 命令的交互模式测试已配置的 DNS 服务器。

```
[root@client ~]# nslookup
> server
Default server: 192.168.200.5
Address: 192.168.200.5#53
> www.ryjiaoyu.com                    // 正向查询，查询 www.ryjiaoyu.com 的 IP 地址
Server:         192.168.200.5
Address:        192.168.200.5#53

Name:   www.ryjiaoyu.com
Address: 192.168.200.10
> 192.168.200.11                      // 反向查询，查询 192.168.200.11 对应的域名
Server:         192.168.200.5
Address:        192.168.200.5#53

11.200.168.192.in-addr.arpa     name = ftp.ryjiaoyu.com.
> set type=NS                         // 使用 set type 子命令设置要查询的资源记录类型
> ryjiaoyu.com                        // 查询 ryjiaoyu.com 区域的 NS 资源记录
Server:         192.168.200.5
Address:        192.168.200.5#53

ryjiaoyu.com     nameserver = dns.ryjiaoyu.com.
> exit
```

此外，在 Windows 系统中也可以使用自带的 nslookup 命令对 DNS 服务器进行测试。

4. 使用 dig 命令

dig（domain information groper）命令是常用的 DNS 测试命令，用于测试域名系统工作是否正常。dig 命令使用“@ <服务器地址>”选项可以指定进行域名解析的 DNS 服务器，从而忽略/etc/resolv.conf 文件中的 DNS 服务器设置。

【例 12-6】使用 DNS 服务器（IP 地址为 114.114.114.114）查询域名 www.ptpress.com.cn 的信息。

```
[root@client ~]# dig @114.114.114.114 www.ptpress.com.cn
```

任务 12-4 配置主、辅 DNS 服务器

【任务目标】

青苔数据配置了主 DNS 服务器之后，使用域名就能访问内部网站，员工的工作效率得以提高。大路对小乔的工作能力非常认可，于是安排小乔在区域中再配置一台辅助 DNS 服务器，为主 DNS 服务器提供容错功能，当主 DNS 服务器响应失败时，辅助 DNS 服务器也能提供域名解析服务。

执行本任务，小乔要使用 3 台以最小化方式安装 RHEL 7.4 的虚拟机分别作为主 DNS 服务器、辅助 DNS 服务器和 DNS 客户端，所有虚拟机的网卡连接模式都设置为 NAT 模式。虚拟机节点的具体规划如表 12-12 所示。

表 12-12 虚拟机节点规划

节点主机名	IP 地址/掩码	说明
master-dns	192.168.200.5/24	主 DNS 服务器
slave-dns	192.168.200.6/24	辅助 DNS 服务器
client	192.168.200.55/24	DNS 客户端

主 DNS 服务器、辅助 DNS 服务器的配置参数如下。

（1）使用 BIND 配置主 DNS 服务器、辅助 DNS 服务器，BIND 以 chroot（监牢）模式运行。

（2）主 DNS 服务器 IP 地址为 192.168.200.5。

（3）辅助 DNS 服务器 IP 地址为 192.168.200.6。

（4）正向区域名称为 ryjiaoyu.com。

（5）反向区域名称为 200.168.192.in-addr.arpa。

（6）正向区域数据库文件为/var/named/chroot/var/named/ryjiaoyu.com.zone。

（7）反向区域数据库文件为/var/named/chroot/var/named/200.168.192.zone。

12.4.1 修改主 DNS 服务器的配置

在任务 12-3 中，已将 master-dns 节点的虚拟机配置为主 DNS 服务器。为了方便起见，直接在此基础上配置主、辅 DNS 服务器，但是需要修改 master-dns 节点的配置。

1. 修改 bind-chroot 主配置文件

编辑 named.conf 文件，向 zone 区域声明语句中添加辅助 DNS 服务器的配置信息。

```
[root@master-dns ~]# vi /var/named/chroot/etc/named.conf
options {
        listen-on port 53 { any; };          // 修改监听的 IP 地址为 any
        listen-on-v6 port 53 { ::1; };
        directory       "/var/named";
        dump-file       "/var/named/data/cache_dump.db";
        statistics-file "/var/named/data/named_stats.txt";
        memstatistics-file "/var/named/data/named_mem_stats.txt";
```

```
        allow-query     { any; };           // 设置允许任意（any）主机进行查询
        recursion yes;
        dnssec-enable yes;
        dnssec-validation no;
        bindkeys-file "/etc/named.iscdlv.key";
        managed-keys-directory "/var/named/dynamic";
        pid-file "/run/named/named.pid";
        session-keyfile "/run/named/session.key";
};
logging {
        channel default_debug {
                file "data/named.run";
                severity dynamic;
        };
};

zone "." IN {
        type hint;
        file "named.ca";
};

zone "ryjiaoyu.com" IN {
        type master;                      // 区域类型为 master
        file "ryjiaoyu.com.zone";         // 区域数据库文件在主 DNS 服务器上
        allow-transfer {192.168.200.6;};// 指定允许接受本区域数据传输请求的辅助 DNS 服务器
        notify yes;                       // 本区域配置修改后，会发送 NOTIFY 消息
        also-notify {192.168.200.6;};  // 本区域数据更新后，主动通知辅助 DNS 服务器进行更新
};

zone "200.168.192.in-addr.arpa" IN{
        type master;                      // 区域类型为 master
        file "200.168.192.zone";          // 区域数据库文件在主 DNS 服务器上
        allow-transfer {192.168.200.6;};// 允许本区域数据传输至指定的辅助 DNS 服务器
        notify yes;                       // 当本区域配置修改后，会发送 NOTIFY 消息
        also-notify {192.168.200.6;};  // 本区域数据更新后，主动通知辅助 DNS 服务器进行更新
};

include "/etc/named.rfc1912.zones";
include "/etc/named.root.key";
```

在 zone 区域声明语句中，allow-transfer 是安全策略参数，设置该参数表示只允许指定的辅助 DNS 服务器同步主 DNS 服务器的区域数据；如果省略该参数，则任意 DNS 服务器都被允许。

notify 参数的默认值是 yes，表示当本区域的配置修改后，会发送 NOTIFY 消息来通知特定的 DNS 服务器更新数据，而不需要等待规定的时间才更新数据。这些特定的 DNS 服务器包括在区域数据库中已配置的 NS 和 also-notify 参数中设定的辅助 DNS 服务器。

2. 修改主 DNS 服务器的正向区域数据库文件

向主 DNS 服务器的正向区域数据库文件末尾添加一条新的 A 资源记录，便于测试主、辅 DNS 服务器能否正常工作，同时修改序列号（serial）为更大的值，才能实现数据同步。

```
[root@master-dns ~]# vi /var/named/chroot/var/named/ryjiaoyu.com.zone
$TTL 1D
@       IN SOA   dns.ryjiaoyu.com. root.ryjiaoyu.com. (
```

```
                                2020062 ; serial    // 修改序列号为更大的值
                                1D      ; refresh
                                1H      ; retry
                                1W      ; expire
                                3H )    ; minimum
@                    IN     NS     dns.ryjiaoyu.com.
@                    IN     MX  10 mail.ryjiaoyu.com.
dns                  IN     A      192.168.200.5
www                  IN     A      192.168.200.10
ftp.ryjiaoyu.com.    IN     A      192.168.200.11
mail                 IN     A      192.168.200.12
oa                   IN     CNAME  www.ryjiaoyu.com.
www2                 IN     A      192.168.200.13   // 添加一条 A 资源记录
```

3. 修改主 DNS 服务器的反向区域数据库文件

向主 DNS 服务器的正向区域数据库文件末尾添加一条新的 PTR 资源记录，并修改序列号为更大的值。

```
[root@master-dns ~]# vi /var/named/chroot/var/named/200.168.192.zone
$TTL 1D
@       IN SOA  200.168.192.in-addr.arpa. root.ryjiaoyu.com. (
                                2020062 ; serial        // 修改序列号为更大的值
                                1D      ; refresh
                                1H      ; retry
                                1W      ; expire
                                3H )    ; minimum
@                    IN     NS     dns.ryjiaoyu.com.
5                    IN     PTR    dns.ryjiaoyu.com.
10                   IN     PTR    www.ryjiaoyu.com.
11                   IN     PTR    ftp.ryjiaoyu.com.
12                   IN     PTR    mail.ryjiaoyu.com.
13                   IN     PTR    www2.ryjiaoyu.com.   //添加一条 PTR 资源记录
```

4. 重新加载配置文件

rndc（Remote Name Domain Controller）是一个 BIND 服务管理命令，通过 rndc 命令可以在本地或者远程对服务器进行重载（重新载入新配置，使之生效）、刷新缓存、增加删除区域、查询工作状态等操作，并能实现 DNS 服务器不停机更新数据。

主 DNS 服务器中的相关配置文件修改后，使用 rndc 命令重新加载主配置文件和区域数据库文件，命令如下。

```
[root@master-dns ~]# rndc reload
server reload successful
```

12.4.2 配置辅助 DNS 服务器

将 slave-dns 节点虚拟机配置为辅助 DNS 服务器。

1. 关闭 slave-dns 节点的 SELinux 安全子系统

```
[root@slave-dns ~]# setenforce 0
[root@slave-dns ~]# vi /etc/selinux/config
# 修改/etc/selinux/config 文件中以下选项的值
SELINUX=disabled
```

2. 在 slave-dns 节点上安装 bind-chroot 软件包

使用 yum 安装 bind-chroot 软件包（需要将 RHEL 7.4 系统安装光盘配置为本地 yum 仓库，配置步骤不再赘述）。

```
[root@slave-dns ~]# yum install -y bind-chroot
```

3. 配置 slave-dns 节点的 bind-chroot

（1）复制模板文件。

```
[root@slave-dns ~]# cp -r /usr/share/doc/bind-9.9.4/sample/etc/* /var/named/chroot/etc/
[root@slave-dns ~]# cp -r /usr/share/doc/bind-9.9.4/sample/var/* /var/named/chroot/var/
```

（2）创建 dynamic 目录，并修改目录所有者为 named:named。

```
[root@slave-dns ~]# mkdir /var/named/chroot/var/named/dynamic
[root@slave-dns ~]# chown named:named /var/named/chroot/var/named/dynamic/
```

（3）修改 data 目录所有者为 named:named。

```
[root@slave-dns ~]# chown named:named /var/named/chroot/var/named/data/
```

（4）修改 slaves 目录所有者为 named:named。

```
[root@slave-dns ~]# chown named:named /var/named/chroot/var/named/slaves
```

（5）修改 bind-chroot 主配置文件。

① 将文件/etc/named.conf 复制为/var/named/chroot/etc/named.conf。

```
[root@slave-dns ~]# cp /etc/named.conf /var/named/chroot/etc/named.conf
cp：是否覆盖"/var/named/chroot/etc/named.conf"？ y
```

② 修改/var/named/chroot/etc/named.conf 文件所有者为 root:named。

```
[root@slave-dns ~]# chown root:named /var/named/chroot/etc/named.conf
```

③ 配置/var/named/chroot/etc/named.conf 文件。

```
[root@slave-dns ~]# vi /var/named/chroot/etc/named.conf
options {
        listen-on port 53 { any; };          // 修改监听的 IP 地址为 any
        listen-on-v6 port 53 { ::1; };
        directory       "/var/named";
        dump-file       "/var/named/data/cache_dump.db";
        statistics-file "/var/named/data/named_stats.txt";
        memstatistics-file "/var/named/data/named_mem_stats.txt";
        allow-query     { any; };            // 修改值为 any，允许任意主机查询
        recursion yes;
        dnssec-enable yes;
        dnssec-validation yes;

        bindkeys-file "/etc/named.iscdlv.key";
        managed-keys-directory "/var/named/dynamic";
        pid-file "/run/named/named.pid";
        session-keyfile "/run/named/session.key";
};
logging {
        channel default_debug {
                file "data/named.run";
                severity dynamic;
        };
};

zone "." IN {
```

```
        type hint;
        file "named.ca";
};

zone "ryjiaoyu.com" IN {                      // 声明正向区域 ryjiaoyu.com
        type slave;                           // 区域类型为 slave
        file "slaves/ryjiaoyu.com.zone";      // 设置本区域的数据库文件路径
        masters {192.168.200.5;};             // 指定主 DNS 服务器地址为 192.168.200.5
        masterfile-format text;               // 设置数据库文件为文本格式

};

zone "200.168.192.in-addr.arpa" IN {          // 声明反向区域 200.168.192.in-addr.arpa
        type slave;                           // 区域类型为 slave
        file "slaves/200.168.192.zone";       // 设置本区域的数据库文件路径
        masters  {192.168.200.5;};            // 指定主 DNS 服务器地址为 192.168.200.5
        masterfile-format text;               // 设置数据库文件为文本格式
};

include "/etc/named.rfc1912.zones";
include "/etc/named.root.key";
```

提示 辅助 DNS 服务器只需配置主配置文件 named.conf，正、反向区域的数据库文件会通过区域传输（Zone Transfer）从主 DNS 服务器或其他辅助 DNS 服务器中获得，并将文件保存到/ var/named/chroot/var/named/slaves 路径中，因此在辅助 DNS 服务器获取的区域数据库文件中，资源记录只能读取，不能修改和删除。

（6）检查配置。

使用 named-checkconf 命令检查 named.conf 配置文件中的错误。

```
[root@slave-dns ~]# named-checkconf /var/named/chroot/etc/named.conf
```

4. 配置 slave-dns 节点的防火墙

配置 slave-dns 节点上的 firewalld 防火墙，放行 DNS 服务。

```
[root@slave-dns ~]# firewall-cmd --permanent --add-service=dns
success
[root@slave-dns ~]# firewall-cmd --reload
success
```

5. 启动 slave-dns 节点的 bind-chroot

（1）关闭 named 服务，禁用 named 服务开机启动。

```
[root@slave-dns ~]# systemctl stop named
[root@slave-dns ~]# systemctl disable named
Removed symlink /etc/systemd/system/multi-user.target.wants/named.service.
```

（2）启动 named-chroot 服务，并设置为开机启动。

```
[root@slave-dns ~]# systemctl start named-chroot
[root@slave-dns ~]# systemctl enable named-chroot
Created symlink from /etc/systemd/system/multi-user.target.wants/named-chroot.
service to /usr/lib/systemd/system/named-chroot.service.
```

（3）查看 named-chroot 服务的运行状态。

```
[root@slave-dns ~]# systemctl status named-chroot
```

6. 查看 slave-dns 节点上已同步的区域数据库文件

```
[root@slave-dns ~]# ls /var/named/chroot/var/named/slaves/
200.168.192.zone my.ddns.internal.zone.db my.slave.internal.zone.db ryjiaoyu.com.zone
```

查看到主 DNS 服务器上的 ryjiaoyu.com.zone 和 200.168.192.zone 区域数据库文件已通过区域传输同步到辅助 DNS 服务器，说明辅助 DNS 服务器配置完毕。

要进一步了解 DNS 服务器的运行状况，可以查看 DNS 服务器在运行时产生的日志。默认情况下，BIND 服务运行日志存放在/var/log/messages 文件中，可以通过 tail 命令查看。

例如，查看辅助 DNS 服务器的日志。

```
[root@slave-dns ~]# tail -f /var/log/messages
```

7. 测试主、辅 DNS 服务器

主、辅 DNS 服务器配置完毕，在 Linux 客户端（client 节点）中，使用 dig 命令对辅助 DNS 服务器（IP 地址为 192.168.200.6）进行域名解析测试。

```
[root@client ~]# dig @192.168.200.6 www2.ryjiaoyu.com
; <<>> DiG 9.9.4-RedHat-9.9.4-50.el7 <<>> @192.168.200.6 www2.ryjiaoyu.com
; (1 server found)
;; global options: +cmd
;; Got answer:
;; ->>HEADER<<- opcode: QUERY, status: NOERROR, id: 46921
;; flags: qr aa rd ra; QUERY: 1, ANSWER: 1, AUTHORITY: 1, ADDITIONAL: 2

;; OPT PSEUDOSECTION:
; EDNS: version: 0, flags:; udp: 4096
;; QUESTION SECTION:
;www2.ryjiaoyu.com.              IN     A

;; ANSWER SECTION:
www2.ryjiaoyu.com.       86400   IN     A      192.168.200.13

;; AUTHORITY SECTION:
ryjiaoyu.com.            86400   IN     NS     dns.ryjiaoyu.com.

;; ADDITIONAL SECTION:
dns.ryjiaoyu.com         86400   IN     A      192.168.200.5

;; Query time: 0 msec
;; SERVER: 192.168.200.6#53(192.168.200.6)
;; WHEN: 日 6月 21 16:03:14 CST 2020
;; MSG SIZE  rcvd: 94
```

dig 命令的执行结果显示，从 IP 地址为 192.168.200.6 的辅助 DNS 服务器上，解析到“www2.ryjiaoyu.com”域名的 IP 地址，这表明主、辅 DNS 服务器工作正常。

小结

通过学习本项目，我们了解了 DNS 服务器的基本工作原理及其分类，掌握了使用 BIND 配置 DNS 服务器的技术，还学习了使用 dig、host、nslookup 等命令对 DNS 服务器进行简单的测试，会对 DHCP 服务器进行简单的运维管理。

DNS 技术作为互联网基础设施中的重要一环，为用户提供不间断、稳定且快速的域名查询服务，

保证互联网正常运转。在互联网中，用户基本上都是基于DNS服务，使用域名访问网络上的计算机，DNS 服务是我们每天使用最多的网络服务之一。对于网络、服务器技术人员而言，配置 DNS 服务器是必备的技能，但是学习 DNS 技术从入门到精通还有很长一段路要走。

本项目涉及的各个知识点的思维导图如图 12-4 所示。

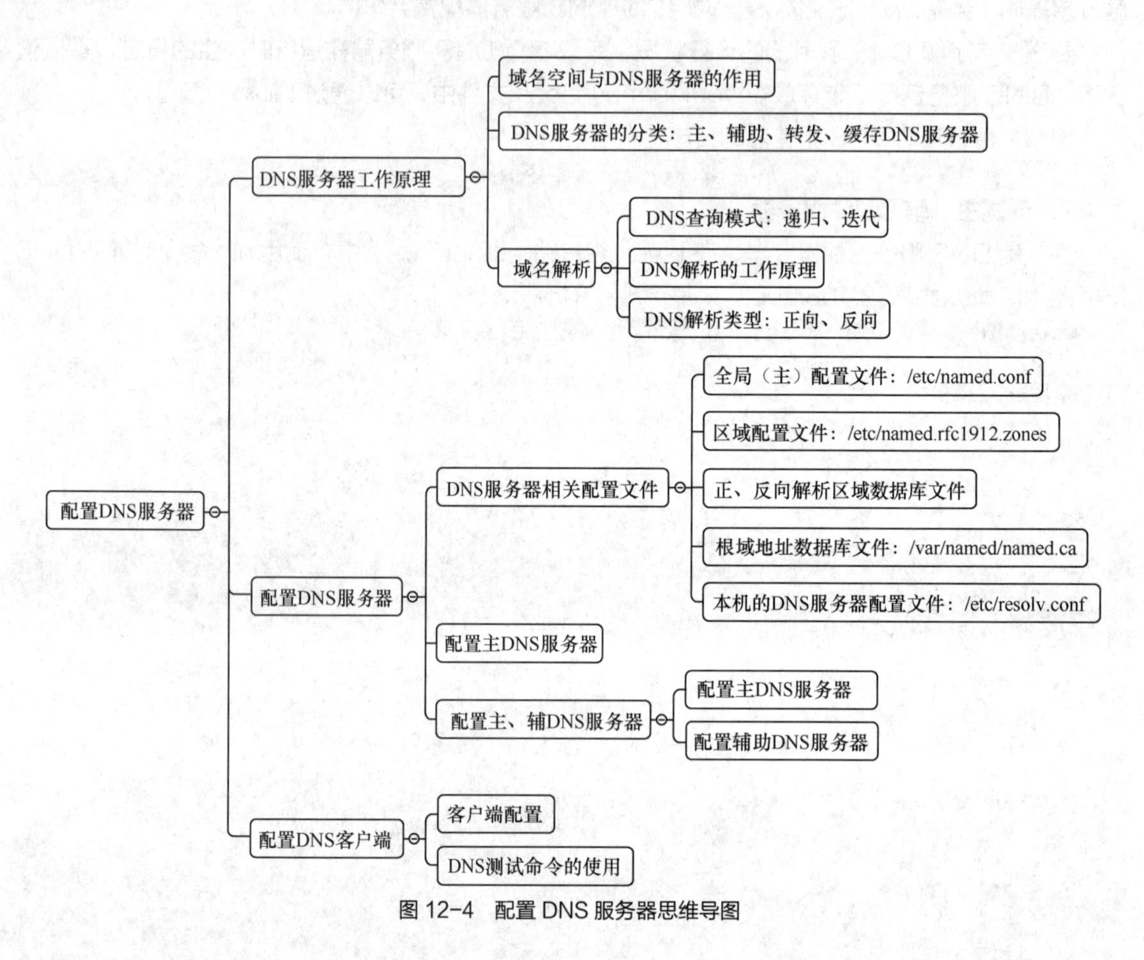

图 12-4　配置 DNS 服务器思维导图

项目实训　使用 BIND 配置 DNS 服务器

微课 12-2：使用 BIND 配置 DNS 服务器

（一）项目背景

青苔数据各部门陆续搭建了部门网站，但是随着网站的增多，使用 IP 地址访问网站愈加不方便。公司的员工们迫切希望能使用域名访问部门网站，配置 DNS 服务器的任务又落到了小乔的头上。

（二）工作任务

搭建 DNS 服务器管理 rymooc.com 域中的域名，域名如表 12-13 所示，同时还要为客户端提供 Internet 上的域名解析。

表 12-13　rymooc.com 域中的域名

主机	完全合格域名（FQDN）	IP 地址
主 DNS 服务器	dns.rymooc.com	10.0.1.10
辅助 DNS 服务器	dns2.rymooc.com	10.0.1.11
设计部	design.rymooc.com	10.0.1.21
市场部	market.rymooc.com	10.0.1.22
办公室	office.rymooc.com	10.0.1.23
商务部	business.rymooc.com	10.0.1.24

1．规划 DNS 服务器节点

为了保证域名服务的可靠性，采用主、辅 DNS 服务器架构，分别配置主 DNS 服务器和辅助 DNS 服务器，节点规划如下。

（1）主、辅 DNS 服务器都以最小化方式安装 RHEL 7.4。

（2）设置主 DNS 服务器的 IP 地址为 10.0.1.10，主机名为 master。

（3）设置辅助 DNS 服务器的 IP 地址为 10.0.1.11，主机名为 slave。

2．配置主 DNS 服务器

（1）关闭 SELinux 安全子系统，配置 firewalld 防火墙，放行 DNS 服务。

（2）在 master 节点服务器上安装 BIND 软件包。

（3）配置 BIND 服务。设置允许任何主机的查询请求，声明区域名称为 rymooc.com 的正向查询区域和名称为 1.0.10.in-addr.arpa 的反向查询区域，并设置两个区域允许辅助 DNS 服务器进行区域传输。

（4）创建正向区域数据库文件，为正向区域中的服务器创建资源记录，使客户端能根据服务器域名查询对应的 IP 地址。

（5）创建反向区域数据库文件，创建反向区域的资源记录。

（6）启动 DNS 服务。

3．配置辅助 DNS 服务器

（1）关闭 SELinux 安全子系统，配置 firewalld 防火墙，放行 DNS 服务。

（2）在 slave 节点服务器上安装 BIND 软件包。

（3）配置 BIND 服务。添加正、反向查询区域，并设置与之进行区域传输的主 DNS 服务器。

4．对 DNS 服务器测试

在 Windows 客户端上使用 nslookup 命令对 DNS 服务器进行解析测试。

习题

一、选择题

1．DNS 域名系统主要负责主机名和（　　）之间的解析。

A．IP 地址　　B．MAC 地址　　C．网络地址　　D．主机别名

2. DNS 服务使用的端口号是（　　）。

A. TCP 53　　B. UDP 53　　C. TCP 35　　D. UDP 35

3. 关于 DNS 服务器，以下叙述正确的是（　　）。

A. DNS 服务器配置不需要配置客户端

B. 建立某个区域的 DNS 服务器时，可以使用主、辅 DNS 服务器架构

C. 主 DNS 服务器需要启动 named 进程，而辅助 DNS 服务器不需要

D. DNS 服务器中的/var/named/name.ca 文件包含了根域名服务器的有关信息

4. 在 Linux 系统中，使用 BIND 配置域名服务器，主配置文件为（　　）。

A. name.conf　　B. named.conf　　C. dns.conf　　D. dnsd.conf

5. 可以对主机名与 IP 地址进行正向解析和反向解析的命令是（　　）。

A. nslookup　　B. arp　　C. ifconfig　　D. dnslook

二、填空题

1. 顶级域名中表示商业组织的是__________。

2. DNS 服务器根据用途不同，一般可分为 4 种类型，分别是__________、__________、__________、__________。

3. DNS 资源记录__________表示主机资源记录，用于将域名（FQDN）映射到对应主机 IP 地址上。

项目13 配置文件共享服务器

13

情境导入

青苔数据计划近期组织一场公司内部培训，为了方便员工共享资料和下载软件，需要配置一台文件共享服务器。小乔实习已有较长一段时间，对自己的学习能力和技术水平信心满满，她迫不及待地想借着配置文件共享服务器的机会大显身手。

职业能力目标（含素养要点）

- 了解 FTP 的工作原理。
- 掌握 FTP 服务器的安装、配置和管理（注重细节、严谨负责）。
- 了解 SMB 协议。
- 掌握使用 Samba 实现 Linux 系统与 Windows 系统文件共享（共享、互助）。

任务 13-1 了解 FTP 服务器的工作原理

【任务目标】

FTP 服务器是网络中提供文件存储和访问服务的服务器，无论是个人还是企业，都可以搭建 FTP 服务器，用来上传数据、下载数据和共享文件。FTP 采用 C/S（客户端/服务器）架构，用户只要通过 FTP 客户端程序连接到 FTP 服务器，就能实现文件传输。

小乔根据前面学习配置 DHCP、DNS 服务器的经验，决定先认识 FTP 并了解 FTP 的工作原理。

13.1.1 认识 FTP

文件传输协议（File Transfer Protocol，FTP）是用于在网络上进行文件传输的协议。如果用户需要将文件从本机发送到另一台计算机，可以使用 FTP 上传操作；反之，用户可以使用 FTP 从其他计算机将文件下载到本机。

FTP 基于 TCP/IP 在不同主机之间提供可靠的数据传输，在传输过程中发生错误可以进行相应的修正。FTP 在文件传输中的一个重要特点是支持断点续传，可以应对数据传输过程中，因为网络中断等导致传输中断的情况。

13.1.2 熟悉 FTP 的工作原理

FTP 采用 C/S 架构，用户通过 FTP 客户端程序连接到 FTP 服务器，实现文件传输。

一个完整的 FTP 文件传输过程需要建立两种类型的连接：一种是控制连接，用于在服务器与客户端之间传输控制信息，如用户标识、口令、传输与操作命令等；另一种是数据连接，用于实际传输文件数据。

1. 控制连接

FTP 客户端希望与 FTP 服务器建立上传、下载的数据传输时，它首先向 FTP 服务器的 TCP 21 号端口发起建立连接的请求，FTP 服务器接受来自 FTP 客户端的请求，完成控制连接的建立。

2. 数据连接

控制连接建立之后，可以开始传输文件，传输文件数据的连接称为数据连接，数据连接使用 TCP 20 号端口。

需要说明的是，在数据连接存在的时间段内，控制连接也同时存在，一旦控制连接断开，数据连接也会自动关闭。

13.1.3 掌握 FTP 的数据传输模式

按照建立 FTP 的数据连接方式的不同，数据传输模式分为两种，即主动模式和被动模式。

1. 主动模式（PORT 模式）

在主动模式下，客户端随机打开一个端口号大于 1024 的 *N* 号端口，向服务器的 21 号端口发起连接，并向服务器发出“PORT N+1”命令，同时开放 *N*+1 号端口进行监听。服务器接收到该命令后，默认使用服务器的 20 号端口主动与客户端指定的 *N*+1 号端口建立数据连接，进行数据传输，如图 13-1 所示。

主动模式的 FTP 的控制连接方向与数据连接方向是相反的，客户端向服务器建立控制连接，而服务器主动向客户端建立数据连接。对于客户端的防火墙来说，数据连接是从外部到内部的连接，可能会被防火墙阻塞。

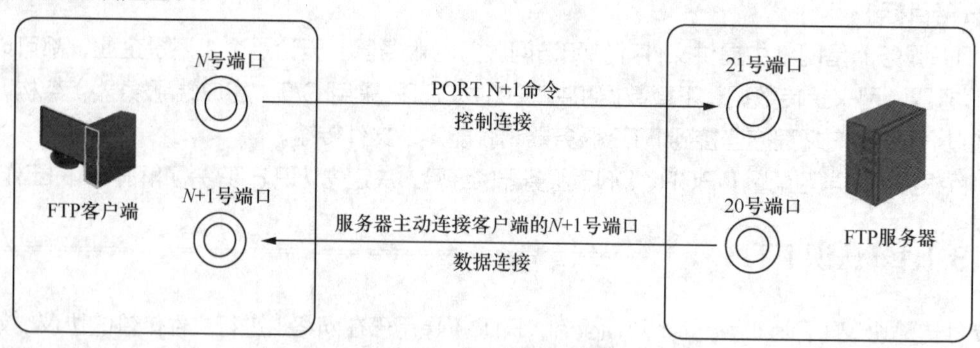

图 13-1 FTP 的主动模式

2. 被动模式（PASV 模式）

在被动模式下，客户端随机打开两个端口，分别是端口号大于 1024 的 *N* 号端口和 *N*+1 号端口，然后使用 *N* 号端口向服务器的 21 号端口发起连接，并向服务器发出“PASV”命令，通知服务器使用被动模式。服务器收到命令后，开放一个端口号大于 1024 的 P 端口进行监听，然后用“PORT P”命令通知客户端自己的数据端口是 P。客户端收到指令后，再通过 N+1 号端口与服务器的 P 端口建立数据连接，然后进行数据传输，如图 13-2 所示。

被动模式下 FTP 的控制连接方向与数据连接方向是相同的，也就是说，被动模式中的控制连接和数据连接都由客户端发起，服务器只是被动地接受连接，服务器的数据端口也是随机端口，不一定是 20 号端口。被动模式解决了从服务器主动连接客户端的数据端口被防火墙阻塞的问题，在互联网上，客户端通常没有独立的公网 IP 地址，服务器主动连接客户端的难度太大，因此，FTP 服务器大多采用被动模式。

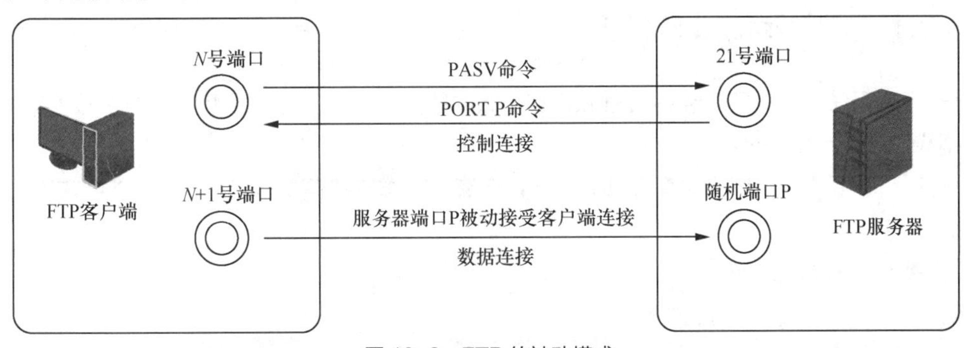

图 13-2　FTP 的被动模式

13.1.4　了解 FTP 服务器的用户

FTP 服务器默认提供 3 类用户，不同类型的用户具有不同的访问权限和操作功能。

1. 匿名用户

如果 FTP 服务器提供匿名访问功能，则该类用户可以匿名访问服务器上的某些公开资源。使用匿名用户访问 FTP 服务器时，使用 anonymous 或 ftp 账户及任意口令登录。匿名用户登录后，默认目录为匿名 FTP 服务器的根目录。一般情况下，匿名 FTP 服务器只提供下载功能，不提供上传功能或上传受到一定的限制。

2. 本地用户

本地用户在 FTP 服务器上拥有 shell 登录账户。当该类用户访问 FTP 服务器时，可以通过自己的账户和口令授权登录。本地用户登录后，默认目录就是该用户自己的家目录，而且可以变更到其他目录。本地用户在 FTP 服务器中既可以下载内容，又可以上传内容。

3. 虚拟用户

虚拟用户在 FTP 服务器上只能访问其主目录中的文件，不能访问其主目录以外的文件。由于虚拟用户并非系统中真实存在的用户，仅供 FTP 服务器认证使用，因此，FTP 服务器通过这种方式来保障服务器上其他文件的安全。通常，虚拟用户在 FTP 服务器中既可以下载内容，又可以上传内容。

任务 13-2　安装与配置 FTP 服务器

【任务目标】

vsftpd（very secure FTP deamon）是一款免费、开源的 FTP 服务器软件。小乔准备在 Linux

虚拟机中安装 vsftpd，并熟悉使用 vsftpd 配置 FTP 服务器的方法。

执行本任务，小乔要使用一台以最小化方式安装 RHEL 7.4 的虚拟机，虚拟机网卡的连接模式设置为 NAT 模式。虚拟机节点的具体规划如表 13-1 所示。

表 13-1 虚拟机节点规划

节点主机名	IP 地址/掩码	说明
ftp-server	192.168.200.11/24	FTP 服务器

13.2.1 安装 vsftpd 软件包

RHEL 7.4 系统安装光盘自带 vsftpd 软件包（版本号为 3.0.2），一般采用 yum 方式安装较为方便。

1. 配置本地 yum 仓库

在 ftp-server 节点虚拟机中配置本地 yum 仓库，操作步骤请参考 11.2.1 小节中步骤 5“配置本地 yum 仓库”，在此不再赘述。

2. 安装 vsftpd 软件包

使用 yum 命令安装 vsftpd 软件包。

```
[root@ftp-server ~]# yum install -y vsftpd
```

13.2.2 熟悉 vsftpd 配置文件

使用 vsftpd 配置 FTP 服务器相关的配置文件，如表 13-2 所示。

表 13-2 vsftpd 的配置文件

文件名	说明
/etc/vsftpd/vsftpd.conf	FTP 服务器的主配置文件
/etc/vsftpd/ftpusers	禁止登录 FTP 服务器的用户列表（黑名单）
/etc/vsftpd/user_list	禁止或允许登录 FTP 服务器的用户列表
/etc/vsftpd/chroot_list	限制/排除名单，控制用户能否切换到自己的根目录之外

1. 主配置文件

FTP 服务器的主配置文件是/etc/vsftpd/vsftpd.conf 文件，可对用户登录控制、用户权限控制、超时设置、服务器的功能和性能选项等进行配置。主配置文件是文本文件，以“#”作为注释符号，一般无需修改就可以启动并使用 vsftpd 服务器。

使用 cat 命令查看/etc/vsftpd/vsftpd.conf 文件的默认配置。

```
[root@ftp-server ~]# cat /etc/vsftpd/vsftpd.conf | grep -v "^#"
anonymous_enable=YES            # 开启匿名用户登录
local_enable=YES                # 开启本地用户登录
write_enable=YES                # 允许本地用户写入
local_umask=022                 # 设置本地用户创建文件的 umask 值为 022
dirmessage_enable=YES           # 激活消息目录
xferlog_enable=YES              # 是否启用日志
connect_from_port_20=YES        # 主动模式端口为 20
```

```
xferlog_std_format=YES           # 将日志格式设置为标准格式
listen=NO                        # 不可同时将 listen 与 listen_ipv6 都设置为 YES
listen_ipv6=YES                  # 允许 IPv4 或 IPv6 客户端的连接
pam_service_name=vsftpd          # PAM(可插拔认证)服务的名称为 vsftpd
userlist_enable=YES              # 允许用户列表生效
tcp_wrappers=YES                 # 使用 tcp_wrappers 作为主机访问控制方式
```

vsftpd.conf 文件的每个配置项占一行，格式如下。

```
配置项目=值
```

“=”的两边不能出现空格符。

vsftpd.conf 文件的常用配置项如下。

（1）匿名用户（anonymous）有关配置如表 13-3 所示。

表 13-3　匿名用户有关配置选项

选项	说明	默认值
anonymous_enable	是否允许匿名用户登录 FTP 服务器	YES
no_anon_password	匿名登录时不需要密码，值为 YES 不需要密码，反之需要密码	NO
ftp_username	定义匿名登录使用的系统用户名，不配置该参数默认用户名为 ftp	ftp
anon_root	匿名用户登录的根目录，该目录一般不能设置 777 权限	/var/ftp
anon_upload_enable	是否允许匿名用户上传文件，仅当 write_enable=YES 时，此项有效	NO
anon_mkdir_write_enable	是否允许匿名用户创建目录，仅当 write_enable=YES 时，此项有效	NO
anon_other_write_enable	是否允许匿名用户有其他的写权限，如删除和重命名文件	NO
chown_uploads	是否允许改变匿名用户上传文件（非目录）的所有者	NO
chown_username	设置匿名用户上传文件（非目录）的所有者，仅当 chown_uploads=YES 时，此项有效	root
anon_umask	设置匿名用户上传文件的 umask 值	077

（2）本地用户有关配置如表 13-4 所示。

表 13-4　本地用户有关配置选项

选项	说明	默认值
local_enable	是否允许本地用户登录	YES
local_root	设置本地用户登录后的根目录，一般设置为用户的家目录	
local_umask	本地用户上传文件的 umask 值，默认为 077，对应文件权限为 700	077
chroot_local_user	是否将所有用户禁锢在根目录中，不允许切换到根目录之外	NO
chroot_list_file	指定 chroot 用户名单的文件名	/etc/vsftpd/chroot_list
chroot_list_enable	是否启用 chroot 用户名单	NO
userlist_enable	是否启用 userlist（用户列表配置文件/etc/vsftpd/user_list）	NO
allow_writeable_chroot	是否开启 chroot 目录的写权限	NO

（3）vsftpd.conf 文件的全局配置选项如表 13-5 所示。

表 13-5　vsftpd.conf 文件的全局配置选项

选项	说明	默认值
write_enable	是否允许登录用户有写权限	NO
listen	设置 vsftpd 是否以独立模式运行，该模式下 vsftpd 作为独立的服务启动	NO
listen_port	设置 FTP 服务器的监听端口	21
ftp_data_port	设置在主动模式下，FTP 服务器的数据端口	20
pasv_enable	设置传输模式，默认使用被动模式，设为 NO 则使用主动模式	YES
max_clients	设置 vsftpd 允许的最大连接数，仅在独立模式有效	2000
xferlog_enable	是否启用日志记录	YES
xferlog_file	设置日志文件名和路径	/var/log/vsftpd.log

更多有关 vsftpd.conf 配置文件的详细帮助信息可使用“man 5 vsftpd.conf”命令查询。

2．/etc/vsftpd/ftpusers（黑名单）

ftpusers 文件列出的用户都不能登录 FTP 服务器，因此该文件相当于登录 FTP 服务器的黑名单。FTP 服务器要拒绝某个用户登录，将该用户的用户名添加到 ftpusers 文件中即可。默认情况下，root 用户账号包含在该文件中。

3．/etc/vsftpd/user_list（登录控制用户列表）

user_list 是登录控制用户列表配置文件，该文件用于控制“只允许”或“拒绝”在 user_list 文件中列出的用户登录 FTP 服务器。

当主配置文件 vsftpd.conf 中的“userlist_enable”选项为 YES，且“userlist_deny”选项为 NO 时，只有在 user_list 文件中列出的用户才允许登录 FTP 服务器。

当主配置文件 vsftpd.conf 中的“userlist_enable”和“userlist_deny”选项的值都是 YES 时，user_list 文件列出的用户将被拒绝登录 FTP 服务器。

4．限制/排除名单文件

/etc/vsftpd/chroot_list 文件可以作为限制名单或排除名单使用，控制用户能否切换到自己的根目录之外。

如果作为限制名单，则该名单中的用户只能在其根目录中活动。如果作为排除名单，则该名单中的用户不受活动限制，不仅能访问自己的根目录，还能切换到服务器上根目录之外的其他目录中。

在主配置文件 vsftpd.conf 中，chroot_local_user 选项用于设置是否将所有用户禁锢在根目录中，从而决定 chroot_list 是作为限制名单，还是作为排除名单。chroot_list_enable 选项用于决定是否启用 chroot_list 名单。因此，chroot_list 名单发挥的具体作用是由 chroot_local_user 和 chroot_list_enable 选项共同决定的，具体作用如表 13-6 所示。

表 13-6　限制/排除名单文件的作用

选项	chroot_list_enable=YES	chroot_list_enable=NO
chroot_local_user=YES（所有用户受限制）	启用 chroot_list 作为排除名单，名单中的用户不受限制（作为例外情况）	禁用 chroot_list 名单，所有用户受限（没有任何例外的用户）
chroot_local_user=NO（所有用户不受限制）	启用 chroot_list 作为限制名单，名单中的用户受限制，只能在自己的根目录中（作为例外情况）	禁用 chroot_list 名单，所有用户不受限（没有任何例外的用户）

任务 13-3　配置匿名用户 FTP 服务器

【任务目标】

小乔要搭建一台匿名用户 FTP 服务器，允许所有员工使用匿名访问方式对服务器上的特定目录进行上传、下载和重命名文件，并允许创建子目录。

执行本任务，小乔要使用两台以最小化方式安装 RHEL 7.4 的虚拟机分别作为 FTP 服务器和客户端。所有虚拟机的网卡连接模式设置为 NAT 模式。虚拟机节点的具体规划如表 13-7 所示。

表 13-7　虚拟机节点规划

主机名	IP 地址/掩码	说明
ftp-server	192.168.200.11/24	FTP 服务器
client	192.168.200.61/24	FTP 客户端

FTP 服务器的参数配置如下。

（1）使用 vsftpd 配置 FTP 服务器。

（2）匿名用户 FTP 服务器的根目录为/var/anon_ftp_root。

（3）匿名用户 FTP 服务器的上传目录为/var/anon_ftp_root/upload。

（4）允许匿名用户下载 FTP 服务器上的文件。

（5）允许匿名用户在 upload 目录中上传文件、创建子目录、删除目录和重命名文件。

微课 13-1：配置基于匿名访问的 FTP 服务器

13.3.1　配置基于匿名用户访问的 FTP 服务器

将 ftp-server 节点虚拟机配置为 FTP 服务器。

1. 关闭 SELinux 安全子系统

```
[root@ftp-server ~]# setenforce 0
[root@ftp-server ~]# vi /etc/selinux/config
SELINUX=disabled                # 将 SELINUX 选项的值修改为 disabled
```

提示　若不关闭 SELinux 安全子系统，就只有执行"setsebool -P ftpd_full_access=on"命令，才能保证 FTP 服务器可以正常写入和删除。

2. 创建 FTP 目录

创建 FTP 根目录/var/anon_ftp_root。

```
[root@ftp-server ~]# mkdir /var/anon_ftp_root
```

自 vsftpd 2.3.5 版本开始，如果用户被限定在其 FTP 根目录下，则不允许对自己的根目录具有写权限，但对子目录并不限制写入。因此创建 upload 子目录用于上传文件，并修改 upload 目录的所有者为 ftp，使匿名用户对 upload 目录具有写权限。

```
[root@ftp-server ~]# mkdir /var/anon_ftp_root/upload
[root@ftp-server ~]# chown ftp /var/anon_ftp_root/upload
```

在 FTP 根目录中，创建测试文件 welcome.txt。

```
[root@ftp-server ~]# echo "welcome to FTP server" > /var/anon_ftp_root/welcome.txt
```

3. 安装 vsftpd 软件包

（1）在 ftp-server 节点虚拟机中配置本地 yum 仓库，操作步骤请参考 11.2.1 小节中步骤 5“配置本地 yum 仓库”，在此不再赘述。

（2）使用 yum 命令安装 vsftpd 软件包。

```
[root@ftp-server  ~]# yum install -y vsftpd
```

4. 使用 vsftpd 配置 FTP 服务器

编辑主配置文件/etc/vsftpd/vsftpd.conf。

```
[root@ftp-server ~]# vi /etc/vsftpd/vsftpd.conf
```

在该文件的末尾添加以下 4 行代码（注意等号两侧不要使用空格）。

```
# 设置匿名用户的根目录为/var/anon_ftp_root
anon_root=/var/anon_ftp_root
# 允许匿名用户上传文件
anon_upload_enable=YES
# 允许匿名用户创建目录
anon_mkdir_write_enable=YES
# 允许匿名用户有其他的写权限，如删除和重命名文件
anon_other_write_enable=YES
```

注意 要实现在 FTP 服务器上创建目录、上传和删除文件等操作，仅在配置文件中开启相关功能是不够的，还需要开放本地文件系统的权限，使匿名用户具有写权限，或者将上传目录的所有者改变为 ftp。

5. 设置防火墙

（1）配置 firewalld 防火墙，放行 FTP 服务。

```
[root@ftp-server ~]# firewall-cmd --permanent --add-service=ftp
success
[root@ftp-server ~]# firewall-cmd --reload
success
```

（2）查看防火墙是否对 FTP 服务放行。

```
[root@ftp-server ~]# firewall-cmd --list-all
public (active)
  target: default
  icmp-block-inversion: no
  interfaces: ens33
  sources:
  services: ssh dhcpv6-client ftp    // 此处显示有 ftp 服务，表示防火墙对 ftp 服务放行
......
```

6. 启动 vsftpd 服务

（1）启动 vsftpd 服务，并设置为开机启动。

```
[root@ftp-server ~]# systemctl start vsftpd
[root@ftp-server ~]# systemctl enable vsftpd
```

（2）查看 21 号端口是否被监听，确认 vsftpd 服务正常运行。

```
[root@ftp-server ~]# netstat -ntlp | grep vsftpd
tcp6       0      0 :::21              :::*              LISTEN      8218/vsftpd
```

如果 netstat 命令无法使用，则需要另外安装 net-tools 工具。

13.3.2 访问 FTP 服务器

无论是 Windows 系统还是 Linux 系统的计算机，都能作为客户端访问 FTP 服务器。

1. 使用 Windows 客户端访问 FTP 服务器

使用 Windows 系统的物理机作为客户端，在客户端打开 Windows 资源管理器，在地址栏中输入地址 ftp://192.168.200.11，然后按 Enter 键登录 FTP 服务器，如图 13-3 所示。

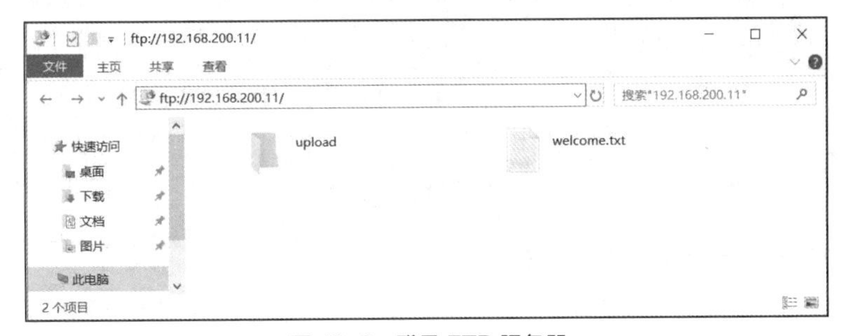

图 13-3 登录 FTP 服务器

Windows 资源管理器中显示 FTP 服务器根目录/var/anon_ftp_root 中的内容。其中，welcome.txt 是服务器上已经存在的文件，用户可以将此文件下载到本机。

打开 upload 目录，在 upload 目录中新建一个名称为 abc 的文件夹并上传一个文本文件 test.txt，如图 13-4 所示。

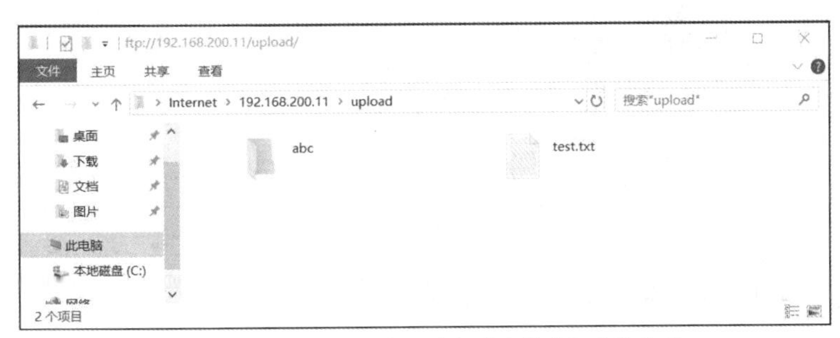

图 13-4 在 FTP 服务器中新建文件夹和上传文件

在服务器端执行 ls -l 命令，查看/var/anon_ftp_root/upload/目录中的文件。

```
[root@ftp-server ~]# ls -l /var/anon_ftp_root/upload/
总用量 4
drwx------. 2  ftp ftp  6 6月  25 19:15 abc
-rw-------. 1  ftp ftp 15 6月  25 19:18 test.txt
```

2. 使用 Linux 客户端访问 FTP 服务器

ftp 命令是常用的命令式 FTP 客户端，在 Linux 和 Windows 系统中都可以使用，用户通过 ftp 命令可以向远程主机上传文件，或从远程主机下载文件。接下来，使用 ftp 命令在 Linux 客户端中访问 FTP 服务器。

（1）使用 yum 安装 ftp 软件包。

在 client 节点上配置 yum 本地软件仓库（配置过程不再赘述），使用 yum 安装 ftp 软件包。

```
[root@client ~]# yum install -y ftp
```

（2）登录 FTP 服务器。

使用 ftp 命令登录服务器的命令格式如下。

```
ftp [主机名 | IP 地址]
```

【例 13-1】 使用 ftp 命令登录 IP 地址为 192.168.200.11 的服务器。

```
[root@client ~]# ftp 192.168.200.11
Connected to 192.168.200.11 (192.168.200.11).
220 (vsFTPd 3.0.2)
Name (192.168.200.11:root): ftp     // 输入匿名用户 ftp
331 Please specify the password.
Password:                           // 不用输入密码，直接输入回车
230 Login successful.               // 登录成功显示 Login successful
Remote system type is UNIX.
Using binary mode to transfer files.
ftp> quit                           // 使用 quit 命令退出 ftp
221 Goodbye.
```

（3）管理 FTP 服务器中的目录和文件。

登录 FTP 服务器，会显示 ftp 提示符“ftp>”，用户可以在此提示符下输入 ftp 子命令。ftp 命令提供了丰富的子命令对 FTP 服务器中的目录和文件进行管理，常用的 ftp 子命令如表 13-8 所示。

表 13-8　常用的目录和文件管理 ftp 子命令

子命令	说明
pwd	显示当前远程的工作目录
ls	列出当前远程工作目录中的子目录和文件
cd	更改远程的工作目录
lcd	更改本地的工作目录
mkdir	在服务器中创建目录
delete	删除服务器上的文件

【例 13-2】 在 FTP 服务器（IP 地址为 192.168.200.11）上打开 upload 目录，新建一个名称为 xyz 的目录，并删除已存在的 abc 目录。

```
......                        // 登录 FTP 服务器
ftp> cd upload                // 使用 cd 命令将工作目录切换到 upload
250 Directory successfully changed.
ftp> ls                       // 使用 ls 命令查看 upload 目录中的文件和子目录
227 Entering Passive Mode (192,168,200,11,222,123).
150 Here comes the directory listing.
drwx------    2 14       50              6 Jun 25 11:15 abc
-rw-------    1 14       50             15 Jun 25 11:18 test.txt
226 Directory send OK.
ftp> mkdir xyz                // 使用 mkdir 命令创建 xyz 目录
257 "/upload/xyz" created
ftp> rmdir abc                // 使用 rmdir 命令删除 abc 目录
250 Remove directory operation successful.
```

（4）上传和下载文件。

上传和下载文件时应该设置正确的 FTP 传输方式。FTP 传输方式分为 ASCII 传输方式和二进制传输方式两种，对文本文件应采用 ASCII 方式传输，对程序、图片和音视频等文件应采用二进制

方式传输，默认使用二进制传输方式。

上传、下载文件相关的 ftp 子命令如表 13-9 所示。

表 13-9 上传、下载文件相关的 ftp 子命令

子命令	说明
type	查看当前的传输方式
ascii	设置为 ASCII 传输方式
binary	设置为二进制传输方式
put	上传一个文件
mput	上传多个文件（支持通配符"*"和"?"）
get	下载一个文件
mget	下载多个文件（支持通配符"*"和"?"）

【例 13-3】将 FTP 服务器（IP 地址为 192.168.200.11）根目录中的 welcome.txt 文件下载到 Linux 客户端的/root 目录中。

```
……                          // 登录 FTP 服务器
ftp> ascii                  // 设置为 ASCII 传输方式
200 Switching to ASCII mode.
ftp> lcd /root              // 更改下载的目标路径为/root
Local directory now /root
ftp> ls                     // 查看根目录下是否存在 welcome.txt 文件
227 Entering Passive Mode (192,168,200,11,81,222).
150 Here comes the directory listing.
drwxr-xr-x    3 14       0             33 Jun 25 12:49 upload
-rw-r--r--    1 0        0             22 Jun 25 08:29 welcome.txt
226 Directory send OK.
ftp> get welcome.txt        // 将 welcome.txt 下载到客户端/root
local: welcome.txt remote: welcome.txt
227 Entering Passive Mode (192,168,200,11,189,231).
150 Opening BINARY mode data connection for welcome.txt (22 bytes).
WARNING! 1 bare linefeeds received in ASCII mode
File may not have transferred correctly.
226 Transfer complete.
22 bytes received in 4.5e-05 secs (488.89 Kbytes/sec)
```

任务 13-4　配置本地用户 FTP 服务器

【任务目标】

青苔数据现有一台 Web 服务器，为了方便维护和管理 Web 服务器中的网站，要将该 Web 服务器同时配置为 FTP 服务器，并设置两个管理账号。由于小乔在工作中表现出色，任务自然又安排给了她。

执行本任务，小乔要使用两台以最小化方式安装 RHEL 7.4 的虚拟机分别作为 FTP 服务器和客户端。所有虚拟机的网卡连接模式都设置为 NAT 模式。虚拟机节点的具体规划如表 13-10 所示。

表 13-10 虚拟机节点规划

主机名	IP 地址/掩码	说明
ftp-web-server	192.168.200.10/24	FTP+Web 服务器
client	192.168.200.61/24	FTP 客户端

FTP 服务器的参数配置如下。

（1）使用 vsftpd 配置 FTP 服务器。

（2）FTP 服务器的两个管理账号分别为 Linux 本地用户 user1 和 user2。

（3）FTP 服务器仅允许 Linux 本地用户 user1 和 user2 登录，禁止匿名方式登录。

（4）FTP 服务器的根目录为/var/www/html。

（5）登录服务器的用户不能切换到 FTP 根目录之外，使用 chroot 功能将本地用户 user1 和 user2 限制在/var/www/html 目录中。

（6）允许本地用户 user1 和 user2 上传、下载文件。

13.4.1 配置基于本地用户访问的 FTP 服务器

将 ftp-web-server 节点虚拟机配置为本地用户访问的 FTP 服务器。

1. 关闭 SELinux 安全子系统

```
[root@ftp-web-server ~]# setenforce 0
[root@ftp-web-server ~]# vi /etc/selinux/config
SELINUX=disabled                              # 将 SELINUX 选项的值修改为 disabled
```

2. 创建本地用户

（1）创建 Linux 本地用户 user1 和 user2，并禁止本地登录。

```
[root@ftp-web-server ~]# useradd -s /sbin/nologin user1
[root@ftp-web-server ~]# useradd -s /sbin/nologin user2
```

（2）设置本地用户 user1 和 user2 的初始密码为 000000。

```
[root@ftp-web-server ~]# echo 000000 | passwd --stdin user1
[root@ftp-web-server ~]# echo 000000 | passwd --stdin user2
```

3. 创建 FTP 根目录

（1）创建 FTP 的根目录/var/www/html。

```
[root@ftp-web-server ~]# mkdir -p /var/www/html
```

（2）设置其他用户对/var/www/html/目录的写权限。

```
[root@ftp-web-server ~]# chmod -R o+w /var/www/html/
[root@ftp-web-server ~]# ls -ld /var/www/html/
drwxr-xrwx. 2 root root 6 6月  27 16:51 /var/www/html/
```

4. 安装 vsftpd 软件包

在 ftp-web-server 节点虚拟机中配置本地 yum 仓库，操作步骤请参考 11.2.1 小节中步骤 5 “配置本地 yum 仓库”，在此不再赘述。

使用 yum 命令安装 vsftpd 软件包。

```
[root@ftp-web-server ~]# yum install -y vsftpd
```

5. 使用 vsftpd 配置 FTP 服务器

（1）编辑主配置文件/etc/vsftpd/vsftpd.conf。

```
[root@ftp-web-server ~]# vi /etc/vsftpd/vsftpd.conf
```

对该文件做如下修改（注意等号两侧不要使用空格）。

```
# 禁止匿名用户登录（修改第 12 行）
anonymous_enable=NO
# 允许本地用户登录（修改第 16 行）
local_enable=YES
# 检查是否允许本地用户写入，默认为 YES（第 19 行）
write_enable=YES
# 设置本地用户的根目录为/var/www/html（在文件尾部添加）
local_root=/var/www/html
# 关闭 chroot 功能，所有用户不受 chroot 访问限制（去掉第 100 行前面的“#”，并修改）
chroot_local_user=NO
# 开启 chroot_list 限制名单功能（去掉第 101、103 行前面的“#”）
chroot_list_enable=YES
chroot_list_file=/etc/vsftpd/chroot_list
# 允许 chroot 根目录具有写权限（在文件尾部添加）
allow_writeable_chroot=YES
# 检查是否启用 user_list 文件，默认为 YES（第 126 行）
userlist_enable=YES
# 设置只允许 user_list 文件中列出的用户登录（在文件尾部添加）
userlist_deny=NO
```

注意 在 vsftpd 2.3.5 之后的版本中，如果使用 chroot 功能将用户限定在其根目录下，则不允许用户对自己的根目录具有写权限。如果 vsftpd 检查到用户根目录具有写权限，登录时就会报告“500 OOPS: vsftpd: refusing to run with writable root inside chroot()”错误。

此时，若仍要对用户根目录开放写权限，则可在 vsftpd.conf 配置文件中增加以下配置。

allow_writeable_chroot=YES

（2）新建限制名单文件/etc/vsftpd/chroot_list，并添加 user1 和 user2 账号。

```
[root@ftp-web-server ~]# vi/etc/vsftpd/chroot_list
user1
user2
```

（3）编辑登录控制用户列表文件/etc/vsftpd/user_list。

在主配置文件 vsftpd.conf 中，当“userlist_enable=YES”且“userlist_deny=NO”时，只有在 user_list 文件中列出的用户才允许登录 FTP 服务器。

将 user1 和 user2 添加到/etc/vsftpd/user_list 文件中，并在该文件中的其他用户名前全部加上“#”注释。

```
[root@ftp-web-server ~]# vi /etc/vsftpd/user_list
user1
user2
# 注释或删除 user_list 中的其他用户名，拒绝除 user1 和 user2 之外的用户登录
```

6. 设置防火墙

（1）配置 firewalld 防火墙，放行 FTP 服务。

```
[root@ftp-web-server ~]# firewall-cmd --permanent --add-service=ftp
[root@ftp-web-server ~]# firewall-cmd --reload
```

（2）查看防火墙是否对 FTP 服务放行。

```
[root@ftp-web-server ~]# firewall-cmd --list-all
```

7. 启动 vsftpd 服务

（1）启动 vsftpd 服务，并设置为开机启动。

```
[root@ftp-web-server ~]# systemctl start vsftpd
[root@ftp-web-server ~]# systemctl enable vsftpd
```

（2）查看 21 号端口是否被监听，确认 vsftpd 服务正常运行。

```
[root@ftp-web-server ~]# netstat -ntlp | grep vsftpd
tcp6       0      0 :::21             :::*              LISTEN      8218/vsftpd
```

如果 netstat 命令无法使用，则需要安装 net-tools 工具。

13.4.2 使用 Linux 客户端测试 FTP 服务器

1. 在客户端创建测试文件

在 client 节点虚拟机（客户端）的/root 目录中创建测试文件 user1.txt。

```
[root@client ~]# echo "I am user1" > user1.txt
```

2. 登录 FTP 服务器

```
[root@client ~]# ftp 192.168.200.10
Connected to 192.168.200.10 (192.168.200.10).
220 (vsFTPd 3.0.2)
Name (192.168.200.10:root): user1         # 输入用户名 user1
331 Please specify the password.
Password:                                 # 输入 user1 的密码 000000
230 Login successful.
Remote system type is UNIX.
Using binary mode to transfer files.
ftp>                                      # 登录成功，出现 ftp> 提示符
```

3. 测试创建目录、上传文件

```
ftp> mkdir user1_dir                      # 创建目录 user1_dir
257 "/user1_dir" created
ftp> cd user1_dir                         # 切换到 user1_dir 目录
250 Directory successfully changed.
ftp> lcd /root                            # 将本地工作目录切换到/root
Local directory now /root
ftp> put user1.txt                        # 上传 user1.txt
local: user1.txt remote: user1.txt
227 Entering Passive Mode (192,168,200,10,171,66).
150 Ok to send data.
226 Transfer complete.
11 bytes sent in 6.4e-05 secs (171.88 Kbytes/sec)
ftp> ls -l                                # 查看已上传到 FTP 服务器的文件 user1.txt
227 Entering Passive Mode (192,168,200,10,102,78).
150 Here comes the directory listing.
-rw-r--r--    1 1001     1001           11 Jun 27 10:37 user1.txt
226 Directory send OK.
```

任务 13-5 了解 Samba 服务器的工作原理

【任务目标】

使用 FTP 能实现在网络中传输文件，但无法在服务器上直接修改文件，必须从服务器上将该文

件下载到客户端才能修改，这对于习惯了使用 Windows 网上邻居的用户来说非常不方便。

小乔上网查阅资料得知，Windows 用户通过 Samba 可以像使用网上邻居一样，访问 Linux 主机中的共享目录和文件，她决定先了解 Samba 的工作原理。

13.5.1 认识 SMB 与 CIFS 协议

服务器消息块（Server Message Block，SMB）是由微软公司和英特尔公司制定的一种软件程序级网络传输协议，主要用来在网络中共享文件和打印机等资源。

NetBIOS 是由 IBM 公司开发的局域网通信协议，该协议提供了局域网内计算机之间的通信功能，SMB 协议最初的设计是在 NetBIOS 协议上运行的。随着 Internet 的发展，微软将 SMB 协议扩展为可以直接运行于 TCP/IP 上的一种数据共享标准，并将 SMB 协议重新命名为通用互联网文件系统（Common Internet File System，CIFS）协议。

CIFS 协议被认为是 SMB 协议的增强版本，有两种运行方式。第一种基于 NetBIOS 协议运行，使用的是 UDP 137、138 号端口及 TCP 139 号端口。第二种直接运行在 TCP/IP 之上，使用 TCP 445 号端口。

13.5.2 了解 Samba

1. Samba 的概念

Samba 是一款在 Linux/UNIX 系统上实现 SMB/CIFS 协议的自由软件，它在 Linux/UNIX 与 Windows 系统之间搭起了一座桥梁。正是 Samba 的出现，使得用户在 Linux 和 Windows 两个平台之间可以更容易地实现文件和打印机共享。

2. Samba 的功能

Samba 的两个核心守护进程是 smbd 和 nmbd。

smbd 是 SMB 服务器进程，它的主要功能是管理 Samba 服务器上的共享目录、打印机等，实现对网络上的共享资源管理，监听的端口号为 TCP 130 和 TCP 445。

nmbd 是 NetBIOS 名称服务器进程，它的主要功能是进行 NetBIOS 名称解析，并提供浏览服务，显示网络上的共享资源列表，监听的端口号为 UDP 137 和 UDP138。

13.5.3 了解 Samba 的工作原理

Samba 基于 SMB/CIFS 协议，不仅提供目录和打印机共享，还支持认证和权限设置等功能。通过 Samba 服务器，Windows 与 Linux 主机可以相互访问对方的共享资源。

1. 协议协商

客户端在访问 Samba 服务器时，首先由客户端发送一个 SMB negprot 请求数据包，并列出它支持的所有 SMB 协议版本。Samba 服务器在接收到请求信息后，列出希望使用的协议版本响应客户端请求。

2. 建立连接

SMB 协议版本确定后，客户端会发送 session setup 数据包，提交账号和密码，请求与

Samba 服务器建立连接。如果客户端通过身份验证，Samba 服务器就对客户端做出回应，并为用户分配唯一的 UID，在客户端与其通信时使用。

3. 访问共享资源

客户端访问 Samba 共享资源时，发送 tree connect 命令数据包，通知 Samba 服务器需要访问的共享资源名，如果设置允许，Samba 服务器就为每个客户与共享资源的连接分配 TID，客户端即可访问需要的共享资源。

4. 断开连接

共享完毕，客户端向 Samba 服务器发送 tree disconnect 报文关闭共享。

任务 13-6　安装与配置 Samba 服务器

【任务目标】

Samba 是一款在 Linux/UNIX 系统上实现 SMB 协议的免费软件，是实现 Linux 与 Windows 主机相互访问比较理想的方案。小乔准备在虚拟机中安装 Samba 软件，并熟悉配置 Samba 服务器的方法。

执行本任务，小乔要使用一台以最小化方式安装 RHEL 7.4 的虚拟机，虚拟机网卡的连接模式设置为 NAT 模式。虚拟机节点的具体规划如表 13-11 所示。

表 13-11　虚拟机节点规划

节点主机名	IP 地址/掩码	说明
samba-server	192.168.200.13/24	Samba 服务器

13.6.1　安装 Samba 的软件包

Samba 采用 C/S 架构，主要由 samba（服务器端程序）、samba-client（客户端程序）、samba-common 和 samba-libs 等软件包组成。RHEL 7.4 系统安装光盘自带该软件包（版本号为 4.6.2），一般采用 yum 方式安装较为方便。

1. 配置本地 yum 仓库

在 samba-server 节点虚拟机中配置本地 yum 仓库，操作步骤请参考 11.2.1 小节中步骤 5“配置本地 yum 仓库”，在此不再赘述。

2. 安装 samba 软件包

使用 yum 命令安装 samba 软件包。

```
[root@samba-server ~]# yum install -y samba
```

samba 软件包安装完毕，自动创建名称为 smb 的系统服务。

3. Samba 服务的运行控制

启动 smb 系统服务，并设置开机启动。

```
[root@samba-server ~]# systemctl start smb
[root@samba-server ~]# systemctl enable smb
```

13.6.2 熟悉 Samba 配置文件

刚安装完毕的 Samba 服务器并不能直接访问，还需要对 Samba 服务器进行配置，指定将哪些目录共享给客户端访问，并根据需求给共享目录设置访问权限。Samba 服务器的主要配置文件如表 13-12 所示。

表 13-12 Samba 服务器的主要配置文件

文件	说明
/etc/samba/smb.conf	Samba 服务器的主配置文件

1. 认识主配置文件

Samba 服务器的主配置文件是/etc/samba/smb.conf 文件，该文件的每个配置项目占一行，格式如下。

```
配置项目=值
```

“=”的两边允许出现空格符，这一点与使用 vsftpd 配置 FTP 服务器不同。此外，以“#”开头的行是注释语句，以“;”开头的行是 Samba 配置项的示例，它们默认不会被执行。

使用 cat 命令查看文件的默认内容。

```
[root@samba-server ~]# cat /etc/samba/smb.conf | grep -v "^#"
[global]
        workgroup = SAMBA                      # 工作组名称
        security = user                        # 安全验证方式，默认为 user 方式，需要口令才允许访问
        passdb backend = tdbsam                # 定义用户后台类型
        printing = cups                        # 设置打印机类型为 cups，还支持 bsd、sysv、aix、hpux 等
        printcap name = cups                   # 开机自动加载的打印机配置文件的路径和名称
        load printers = yes                    # 设置 Samba 服务器启动时是否共享打印机
        cups options = raw                     # 设置打印机的工作模式

[homes]
        comment = Home Directories             # 描述信息
        valid users = %S, %D%w%S               # 有效用户和用户组
        browseable = No                        # 设置共享资源在浏览时，是否可见
        read only = No                         # 设置共享目录是否只读
        inherit acls = Yes                     # 设置是否继承 acl

[printers]
        comment = All Printers                 # 描述信息
        path = /var/tmp                        # 共享目录的路径
        printable = Yes                        # 设置是否允许打印
        create mask = 0600                     # 在共享目录中创建文件的访问权限掩码
        browseable = No

[print$]                                       # 打印机驱动共享，客户端可以自动安装驱动
        comment = Printer Drivers
        path = /var/lib/samba/drivers
        write list = root
        create mask = 0664
        directory mask = 0775
```

smb.conf 文件的内容由 Global Settings（全局设置）和 Share Definitions（共享定义）两部分构成，如表 13-13 所示。Global Settings 部分主要用来设置 Samba 服务器的整体运行选项；Share Definitions 部分用来设置文件共享和打印机共享等资源，该部分又可分为多个节，每一节对应配置一个共享资源。

表 13-13　smb.conf 主配置文件的结构

部分	节	说明
Global Settings（全局设置）	[global]	设置 Samba 服务器的整体运行选项，对所有共享资源生效
Share Definitions（共享定义）	[homes]	设置 Samba 用户主目录的共享属性
	[printers]	设置打印机共享资源的属性
	[自定义]	设置用户自定义的共享目录属性（每个共享目录对应一节）

2. Global Settings 全局设置

smb.conf 文件的常用全局设置项目如表 13-14 所示。

表 13-14　smb.conf 的常用全局设置项目

设置项目	描述
workgroup = SAMBA	Samba 服务器加入的工作组（域）名称
server string = Samba Server Version %v	服务器描述，%v 表示显示 Samba 的版本
interfaces = lo eth0 192.168.12.2/24 192.168.13.2/24	Samba 服务器监听的网卡（网卡名称或 IP 地址）
netbios name = MYSERVER	Samba 服务器的 NetBios 名称
hosts allow = 192.168.12. 192.168.13.	允许连接到 Samba 服务器的客户端（主机或网段）
log file = /var/log/samba/log.%m	设置日志文件的路径和文件名称，%m 表示主机名
max log size = 50	日志文件的最大容量，单位为 KB，0 代表不限制
security = user	设置安全验证方式
passdb backend = tdbsam	定义存储用户信息的后台，默认为 tdbsam
load printers = yes	Samba 服务器启动时是否共享打印机
cups options = raw	打印机的工作模式
printcap name = /etc/printcap	开机自动加载的打印机配置文件的路径和名称

设置项目说明如下。

（1）security 用于设置 Samba 服务器的安全验证方式，可设置为如下方式。

- user：此方式是默认的安全验证方式，常用于独立的文件服务器。用户访问 Samba 服务器的共享资源必须提供用户名和密码，由 Samba 服务器负责身份验证。
- 匿名方式：访问 Samba 服务器的共享资源不需要提供用户名和密码。在该方式下，需配置“security = user”和“map to guest = bad user”选项，自动将未知用户映射为 guest 用户。
- domain：Samba 服务器加入 Windows NT 域中，用户信息集中存放在域控制器（Domain Controller，DC）上，由域控制器负责身份验证。
- ads：Samba 服务器作为域成员加入 Windows 活动目录（Active Directory，AD）域中，身份验证由活动目录域控制器负责。

（2）passdb backend 用于设置存储 Samba 用户信息的后台类型，可取值如下。

- smbpasswd：Samba 用户信息以文本格式默认保存在/var/lib/samba/private/smbpasswd 文件中。使用 smbpasswd 命令给 Linux 系统中的本地用户设置 Samba 密码，客户端就可以用该用户信息和 Samba 密码来访问共享资源。smbpasswd 命令的用法如下。

```
smbpasswd -a 用户名          # 添加一个 Samba 用户
smbpasswd -x 用户名          # 删除一个 Samba 用户
```

- tdbsam：Samba 用户信息默认保存在用户数据库/var/lib/samba/private/passdb.tdb 文件中。使用 smbpasswd 或 pdbedit 命令创建 Samba 独立用户，pdbedit 命令的用法如下。

```
pdbedit -a 用户名            # 新建 Samba 账户
pdbedit -x 用户名            # 删除 Samba 账户
pdbedit -L                  # 列出 Samba 用户列表，读取 passdb.tdb 数据库文件
pdbedit -Lv                 # 列出 Samba 用户列表的详细信息
```

- ldapsam：基于轻量目录访问协议（Lightweight Directory Access Protocol，LDAP）的账户管理方式来验证用户。

3. Share Definitions 共享定义

要发布共享文件或打印机资源，需要配置 Share Definitions（共享定义）部分。共享定义通过[homes]、[printers]和[自定义共享名]来配置共享资源的属性。修改 smb.conf 文件常用的共享定义配置项目，如表 13-15 所示。

表 13-15　修改 smb.conf 文件常用的共享定义配置项目

配置项目	设置说明
[自定义共享名]	发布共享资源时，必须为每个共享资源设置不同的共享名
comment = 任意字符串	共享资源的描述信息
path = 共享资源的绝对路径	工作资源在 Samba 服务器上的绝对路径
public = yes|no	是否允许匿名用户访问该共享资源
guest ok = yes|no	是否允许匿名用户访问该共享资源，与 public 功能相同
available = yes|no	该共享资源是否可用
valid users = 用户名或组名列表	允许访问该共享资源的用户或组，组名前面带@，如果有多个用户名或组名，则以逗号分隔
hosts allow = 192.168.200.	只有使用此网段/IP 的用户允许访问
read only = yes|no	共享目录是否只读
writable = yes|no	共享目录是否可写，与 read only 作用相反
browseable = yes|no	是否在浏览时显示共享目录
write list = 用户名或组名列表	对该共享目录具有写权限的用户或组
printable = yes|no	是否允许打印
create mask = 文件权限掩码	用户在共享目录中创建文件的访问权限掩码，如 0600
directory mask = 子目录权限掩码	用户在共享目录下创建子目录的默认访问权限

4. 测试 smb.conf 配置文件

smb.conf 文件配置完成后，使用 testparm 命令可以测试 smb.conf 文件的配置是否正确。

```
[root@samba-server ~]# testparm
Load smb config files from /etc/samba/smb.conf
rlimit_max: increasing rlimit_max (1024) to minimum Windows limit (16384)
Processing section "[homes]"
Processing section "[printers]"
Processing section "[print$]"
Loaded services file OK.
Server role: ROLE_STANDALONE
```

以上执行结果显示“Loaded services file OK.”，表示配置文件语法正确。关于配置 smb.conf 文件的更多详细帮助信息可以查看/etc/samba/smb.conf.example 文件。

5. Samba 日志文件

日志文件记录了客户端访问 Samba 服务器的信息，以及 Samba 服务器的出错信息等。

Samba 服务器的日志文件默认存放在/var/log/samba/目录中，也可以通过主配置文件 smb.conf 中的 log file 配置项来自定义日志文件的路径和文件名称，如下所示。

```
log file = /var/log/samba/log.%m
```

其中，%m 代表客户端主机名。

当客户端通过网络访问 Samba 服务器后，Samba 会为每个连接到服务器的客户端分别创建日志。管理员可以通过分析日志，了解用户的访问情况和 Samba 服务器的运行状况。

任务 13-7　配置 user 验证的 Samba 服务器

【任务目标】

青苔数据大客户事业部计划配置一台 Samba 服务器，将客户资料放到 Samba 服务器上集中管理，由于客户资料具有保密性，所以要求 Samba 服务器上的文件只允许本部门的特定员工查看和编辑。小乔学习的 Samba 服务器配置技术正好派上了用场，她决定帮助大客户事业部完成此项工作。

小乔通过需求分析得出，必须对要访问 Samba 服务器上共享目录的用户进行筛选，只允许该部门中拥有授权账号和密码的用户访问，配置基于 user 验证方式的 Samba 服务器就能满足需求。

执行本任务，小乔要使用两台虚拟机分别作为 Samba 服务器和客户端。所有虚拟机的网卡连接模式设置都为 NAT 模式。虚拟机节点的具体规划如表 13-16 所示。

表 13-16　虚拟机节点规划

节点主机名	子网 IP 地址/掩码	说明
samba-server	192.168.200.13/24	Samba 服务器
client	192.168.200.62/24	Samba 客户端

Samba 服务器的参数配置如下。

（1）该部门的子网 IP 地址为 192.168.200.0/24，只允许此网段中的主机访问 Samba 服务器。

（2）Samba 服务器上的共享目录为/market-share。

（3）该部门的用户组为 market-group，本组的用户都有权访问共享资源。

（4）该部门授权的用户账号为 user1、user2，将其加入 market-group 用户组中。

（5）用户访问时具有写权限。

13.7.1 配置 Samba 服务器

将 samba-server 节点虚拟机配置为 Samba 服务器。

1. 关闭 SELinux 安全子系统

```
[root@samba-server ~]# setenforce 0
[root@samba-server ~]# vi /etc/selinux/config
SELINUX=disabled              # 将 SELINUX 选项的值修改为 disabled
```

提示 若不关闭 SELinux 安全子系统，就必须执行“setsebool -P samba_export_all_rw=1”命令，才能保证 Samba 服务器可以正常读写。

2. 创建 Samba 用户账号

Samba 用户账号不能直接创建，需要先在 Linux 系统中创建本地账号，然后将本地账号添加为 Samba 用户账号。

（1）创建 market-group 用户组。

```
[root@samba-server ~]# groupadd market-group
```

（2）创建本地用户 user1、user2，并加入 market-group 用户组中。

```
[root@samba-server ~]# useradd -G market-group user1
[root@samba-server ~]# useradd -G market-group user2
```

（3）将 user1、user2 添加为 Samba 账号，并设置访问 Samba 服务器的密码为 000000。

```
[root@samba-server ~]# smbpasswd -a user1
New SMB password:              // 设置 user1 的初始密码为 000000
Retype new SMB password:
Added user user1.
[root@samba-server ~]# smbpasswd -a user2
New SMB password:              // 设置 user2 的初始密码为 000000
Retype new SMB password:
Added user user2.
```

3. 创建 Samba 共享目录

（1）创建/market-share 目录。

```
[root@samba-server ~]# mkdir /market-share
```

（2）修改/market-share 目录为 770 权限。

```
[root@samba-server ~]# chmod 770 /market-share
```

（3）修改/market-share 目录所属用户组为 market-group。

```
[root@samba-server ~]# chown :market-group /market-share
[root@samba-server ~]# ls -ld /market-share/
drwxrwx---. 2 root market-group 6 6月  30 22:41 /market-share/
```

4. 安装 samba 软件包

在 samba-server 节点虚拟机中配置本地 yum 仓库，操作步骤请参考 11.2.1 小节中的“配置本地 yum 仓库”，在此不再赘述。

使用 yum 安装 samba 软件包。

```
[root@samba-server ~]# yum install -y samba
```

5. 编辑 Samba 服务器主配置文件

（1）备份 smb.conf 为 smb.conf.bak，以备配置失败后还原。

```
[root@samba-server ~]# cp /etc/samba/smb.conf /etc/samba/smb.conf.bak
```

（2）使用 Vi 编辑器打开/etc/samba/smb.conf，修改如下。

```
[root@samba-server ~]# vi /etc/samba/smb.conf
[global]
        workgroup = WORKGROUP                  # 修改工作组名称为 WORKGROUP
        security = user                        # 配置验证方式为 user
        passdb backend = tdbsam
        printing = cups
        printcap name = cups
        load printers = no                     # 不共享打印机
        cups options = raw
[market]                                       # 共享目录名称为 market
        comment = market share directory
        path = /market-share                   # 共享目录的绝对路径
        browsable = Yes                        # 设置共享目录在浏览时可见
        writable = Yes                         # 配置写权限
        hosts allow = 192.168.200.             # 只允许 192.168.200.0 网段中的主机访问
        valid users = @market-group            # 有效的用户组为 market-group 组
```

提示 从 Samba 4 版本开始，share 和 server 验证方式已被弃用。要配置匿名访问方式，需要做以下配置。

① 在主配置文件的[global]节中设置“security = user”和“map to guest = bad user”。

② 在主配置文件的[market]节中设置“guest ok = yes”或“public = yes”。

③ 在文件系统中，为其他用户分配/market-share 目录的访问权限。

6. 配置防火墙

（1）配置 firewalld 防火墙，放行 Samba 服务。

```
[root@samba-server ~]# firewall-cmd --permanent --add-service=samba
[root@samba-server ~]# firewall-cmd --reload
```

（2）查看防火墙是否对 Samba 服务放行。

```
[root@samba-server ~]# firewall-cmd --list-all
public (active)
  target: default
  icmp-block-inversion: no
  interfaces: ens33
  sources:
  services: ssh dhcpv6-client ftp samba   //samba 服务已被设置为允许
......
```

7. 配置 hosts 文件

向/etc/hosts 文件添加对“samba-server”名称的解析。

```
[root@samba-server ~]# vi /etc/hosts
127.0.0.1  localhost  samba-server
192.168.200.13  samba-server
```

8. 启动 smb 服务

```
[root@samba-server ~]# systemctl start smb
```

查看 445 号端口的监听情况。

```
[root@samba-server ~]# netstat -ntpl | grep smbd
tcp        0      0 0.0.0.0:139             0.0.0.0:*      LISTEN      33888/smbd
tcp        0      0 0.0.0.0:445             0.0.0.0:*      LISTEN      33888/smbd
tcp6       0      0 :::139                  :::*           LISTEN      33888/smbd
tcp6       0      0 :::445                  :::*           LISTEN      33888/smbd
```

13.7.2 访问 Samba 服务器

Samba 服务器可以支持 Windows 客户端和 Linux 客户端。

1. 使用 Windows 客户端访问 Samba 服务器

在物理机的 Windows 系统中，按 Win+r 组合键，打开“运行”对话框，在“打开”文本框中输入 Samba 服务器地址“\\192.168.200.13”，然后单击“确定”按钮，如图 13-5 所示。

如果 Samba 服务器是基于 user 验证访问，则弹出图 13-6 所示的“Windows 安全中心”对话框，要求完成用户身份验证，在文本框中填写正确的账号和口令后，单击“确定”按钮，即可访问 Samba 服务器上的共享资源，如图 13-7 所示。

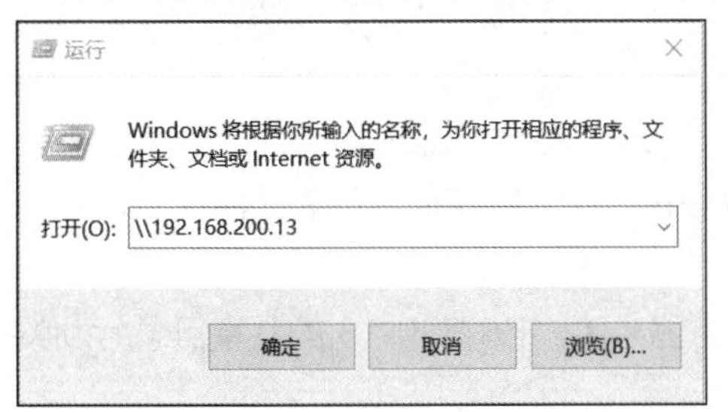

图 13-5 “运行”对话框

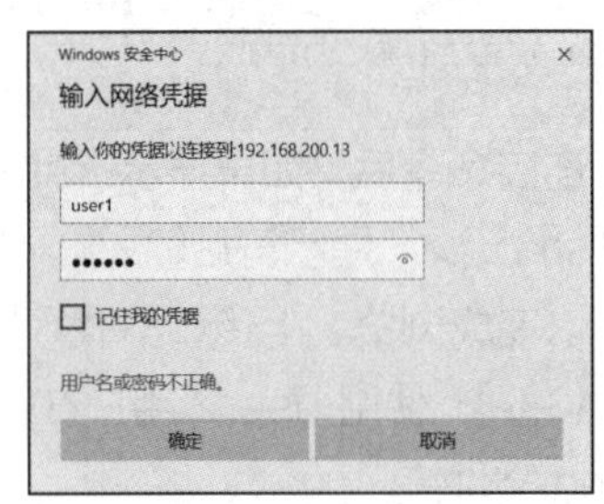

图 13-6 用户身份验证

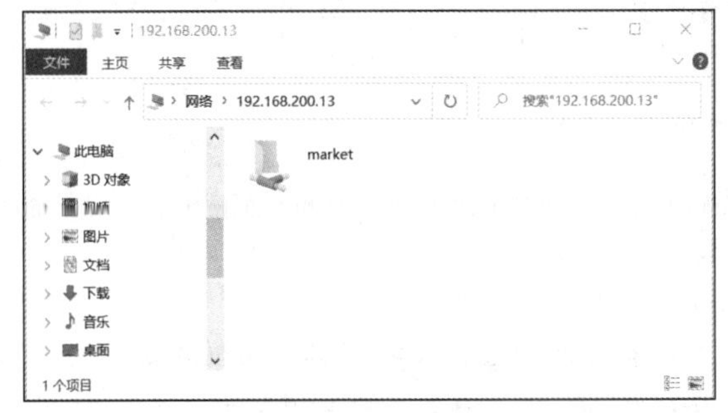

图 13-7 访问 Samba 服务器上的共享资源

2. 使用 Linux 客户端访问 Samba 服务器

在 Linux 客户端中可以使用 smbclient 命令访问共享目录。smbclient 是访问 SMB/CIFS 服务器资源的客户端命令，操作方式与 ftp 命令类似。

（1）使用 yum 安装 smbclient 软件包（需要将 RHEL 7.4 系统安装光盘配置为本地 yum 仓库，配置步骤不再赘述）。

```
[root@client ~]# yum install -y samba-client
```

（2）使用 smbclient 命令显示和连接共享目录。

① 显示 Samba 服务器上的共享资源，命令格式如下。

```
smbclient -L 主机名或IP地址 -U 用户名%密码
```

其中，选项“-L”的功能是获取指定 Samba 服务器上可用的共享资源列表；选项“-U”用于指定用户名。

【例 13-4】 使用 user1 用户，显示 Samba 服务器 192.168.200.13 上的共享资源。

```
[root@client ~]# smbclient -L 192.168.200.13 -U user1%000000
Domain=[SAMBA-SERVER] OS=[Windows 6.1] Server=[Samba 4.6.2]
        Sharename       Type      Comment
        ---------       ----      -------
        market          Disk      market share directory
        IPC$            IPC       IPC Service (Samba 4.6.2)
Domain=[SAMBA-SERVER] OS=[Windows 6.1] Server=[Samba 4.6.2]
        Server               Comment
        ---------            -------
        Workgroup            Master
        ---------            -------
```

② 连接 Samba 服务器上的共享目录，格式如下。

```
smbclient //主机名或 IP 地址/共享目录 -U 用户名%密码
```

【例 13-5】 使用 user1 用户，连接 Samba 服务器 192.168.200.13 上的共享目录/market。

```
[root@client ~]# smbclient //192.168.200.13/market -U user1%000000
Domain=[SAMBA-SERVER] OS=[Windows 6.1] Server=[Samba 4.6.2]
smb: \>
```

执行连接命令后，如果显示“smb: \>”提示符，则表明连接成功。

在“smb: \>”提示符后输入“?”可以获取 smbclient 的子命令列表。使用 smbclient 的子命令，就可以完成浏览、上传和下载等操作。

【例 13-6】 使用 user2 用户在 Samba 服务器 192.168.200.13 的共享目录/market 中创建 shandong 文件夹。

```
[root@client ~]# smbclient //192.168.200.13/market -U user2%000000
Domain=[SAMBA-SERVER] OS=[Windows 6.1] Server=[Samba 4.6.2]
smb: \> mkdir shandong
smb: \> ls
  .                                D        0  Wed Jul  1 17:20:38 2020
  ..                               DR       0  Tue Jun 30 22:41:26 2020
  shandong                         D        0  Wed Jul  1 17:20:38 2020
```

关于 smbclient 命令更多的使用帮助，可以执行 man smbclient 命令查看。

（3）使用 mount 命令挂载 Samba 目录。

使用 mount 命令可以将 Samba 共享目录挂载到 Linux 本地目录上，这样，该共享目录内的文件就如同 Linux 本地文件系统的一部分，用户使用更加方便。

使用 mount 命令挂载 Samba 共享目录，要事先安装 cifs-utils 软件包。使用 yum 安装该软件包的命令如下。

```
[root@client ~]# yum -y install cifs-utils
```

【例 13-7】 将 Samba 服务器 192.168.200.13 的共享目录/market 挂载到 Linux 客户端的/mnt/samba 目录下。

```
[root@client ~]# mount -o username=user1 //192.168.200.13/market /mnt/samba
Password for user1@//192.168.200.13/market:  ******  // 输入 Samba 用户 user1 的密码
[root@client ~]# df | grep samba                      // 查看挂载到客户端的共享目录
//192.168.200.13/market 12572672 3321076 9251596  27% /mnt/samba
```

素养提示 随着时代的发展，共享单车、共享充电宝、共享雨伞等如雨后春笋般涌现。在共享经济模式影响下，除了能共享实物，计算机存储等虚拟资源也能通过网络实现共享，比如使用 FTP 或 Samba 服务器就可以方便地进行文本、音频、视频等文件资源的共享。我们应树立共享发展理念，学会与他人共享资源，以实现资源效用的最大化。

小结

通过学习本项目，我们了解了 FTP 服务器和 Samba 服务器的工作原理，理解了在 Linux 系统之间及在 Linux 系统与 Windows 系统之间共享文件资源的工作机制，掌握了 FTP 和 Samba 服务器的安装与配置方法。

FTP 文件传输服务解决了复杂多样的设备之间的文件上传和下载问题，让计算机之间的文件传输变得简单方便，因此，FTP 被广泛应用于互联网上的共享文件过程中。与 FTP 不同的是，Samba 支持客户端在服务器上直接修改文件内容，它在局域网内应用得比较多。我们在配置文件共享服务器时，应根据应用场景和使用范围在 FTP 和 Samba 服务器之间合理选择，在服务器部署和排错方面不断总结经验和技巧，以便灵活应对在生产环境中遇到的各种问题。

本项目涉及的各个知识点的思维导图如图 13-8 所示。

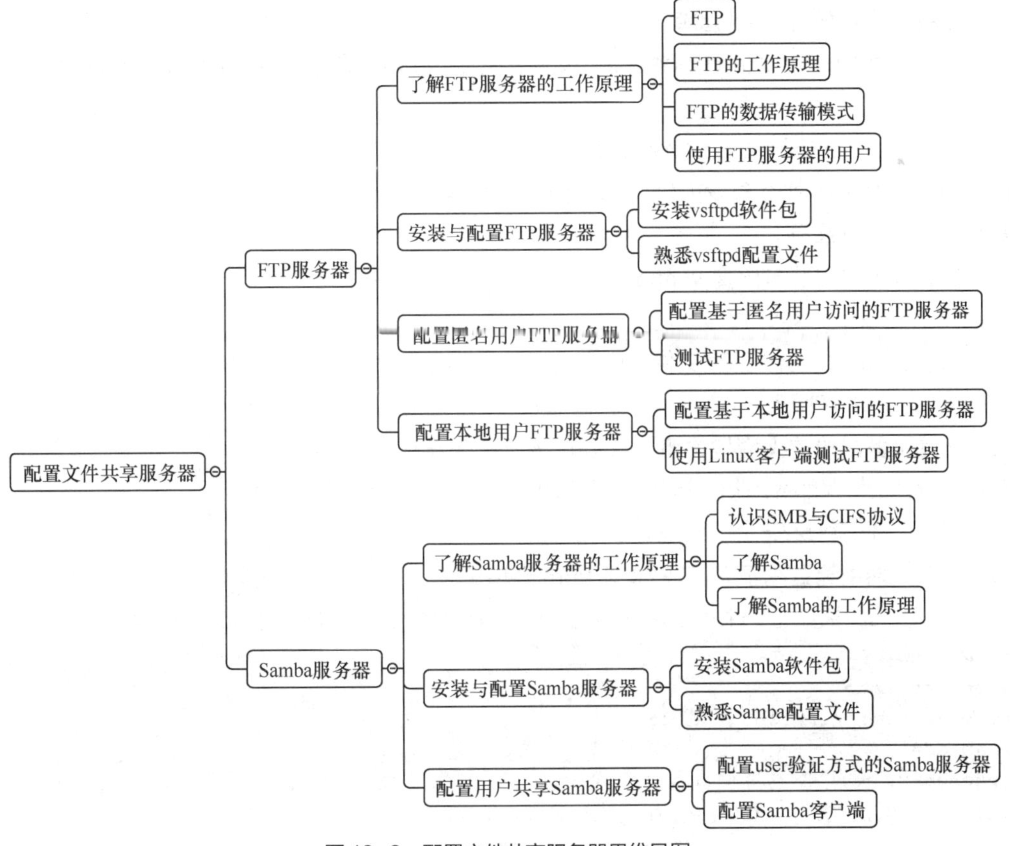

图 13-8 配置文件共享服务器思维导图

项目实训　配置基于 vsftpd 的本地 yum 仓库服务器

（一）项目背景

在生产环境中，使用网络 yum 仓库升级或安装软件能自动解决依赖关系，省时省力，但是也可能会遇到一些问题，比如使用不同 yum 仓库造成软件的版本不统一，计算机受到带宽限制，下载软件包的速度慢或者某些计算机出于安全限制不允许与外网连接。

微课 13-2：配置基于 vsftpd 的本地 yum 仓库服务器

为了解决上述问题，大路安排小乔配置一台基于 vsftpd 的本地 yum 仓库服务器。

（二）工作任务

假设公司使用的子网 IP 地址为 192.168.200.0/24。

1．服务器基本配置

（1）准备一台以最小化方式安装 RHEL 7.4 的虚拟机作为服务器。

（2）设置服务器的主机名为 yum-local。

（3）设置服务器的 IP 地址为 192.168.200.25/24。

（4）将 RHEL 7.4 的 ISO 映像文件下载到/iso 目录中，然后挂载该 ISO 映像文件。

（5）将 ISO 映像文件中的 rpm 包复制到/opt/rhel-local-repo 目录下。

2．在服务器中配置 yum 仓库

（1）编辑/etc/yum.repos.d/local.repo 文件，配置 baseurl 路径，使其指向/opt/rhel-local-repo 目录。

（2）通过 rpm 包安装 createrepo 软件。

（3）通过 createrepo 命令为软件仓库创建索引信息。

（4）更新 yum 缓存。

3．在服务器中安装与配置 vsftpd

（1）使用 yum 安装 vsftpd。

（2）编辑 vsftpd.conf 配置文件，配置匿名访问目录为/opt/rhel-local-repo。

（3）启动 vsftpd 服务。

4．配置服务器的防火墙与关闭 SELinux 安全子系统

（1）配置防火墙 firewalld，放行 FTP 服务。

（2）关闭 SELinux 安全子系统。

5．在客户端中配置基于 FTP 的本地 yum 仓库

（1）在客户端中创建文件/etc/yum.repos.d/rhel-ftp.repo，然后增加以下内容。

```
[rhel-ftp]
name=rhel-ftp
baseurl=ftp://192.168.200.25
enabled=1
gpgcheck=0
```

（2）更新 yum 缓存，确保 yum 仓库可用。

习题

一、选择题

1. FTP 服务器使用的控制端口是（　　）。

A. 20 号　　B. 21 号　　C. 139 号　　D. 445 号

2. 以下哪个配置项允许 192.168.200.0/24 网段内的主机访问 Samba 服务器？（　　）

A. hosts deny = 192.168.200.　　B. hosts allow = 192.168.200.

C. enable = 192.168.200.0/24　　D. allow = 192.168.200.0/24

3. 使用以下哪个命令可以对 Samba 服务器的配置文件进行语法测试？（　　）

A. testparm　　B. parmtest　　C. testparam　　D. paramtest

二、填空题

1. FTP 按照建立数据连接方式的不同，分为________模式和________模式两种传输模式。

2. 使用 vsftpd 配置的 FTP 服务器的主配置文件是________。

3. Samba 的两个核心守护进程是________和________。

4. Samba 服务器的配置文件一般存放在________目录中，主配置文件名称是________。

项目14 使用LNMP架构部署网站

14

情境导入

小乔在实习工作中表现突出，青苔数据为了表彰优秀员工、树立榜样，奖励她一台云服务器。小乔有了属于自己的服务器，准备在服务器上搭建个人博客网站，将实习期间的学习收获和心得感悟记录下来。

职业能力目标（含素养要点）

- 了解 Nginx、MySQL、PHP 的特点。
- 理解 LNMP 架构的工作原理（团结协作）。
- 掌握 Nginx 服务器的安装与配置。
- 掌握 MariaDB 的安装与配置。
- 掌握 PHP-FPM 服务的安装与配置。
- 会使用 LNMP 架构部署网站（服务意识）。

任务 14-1 了解 LNMP 架构

微课 14-1：了解 LNMP 架构

【任务目标】

LNMP 是将 Linux、Nginx、MySQL、PHP 这 4 款开源软件组合到一起，形成的一个低成本、高效、扩展性强的动态网站环境，配置该环境的服务器称为 LNMP 服务器。小乔计划利用 LNMP 服务器搭建个人博客网站。在动手配置 LNMP 网站环境之前，她决定先了解 LNMP 架构的概念和工作原理。

14.1.1 了解 LNMP 架构的概念

LNMP 架构是指在 Linux 系统下由“Nginx+MySQL+PHP”配置动态网站系统环境的一种服务器架构。其中，Nginx 是一个高性能的 HTTP 和反向代理服务器，同时也是一个 IMAP/POP3/SMTP 代理服务器；MySQL 是一个稳定可靠的关系型数据库管理系统；PHP 是一种创建动态交互网站的服务器端脚本语言。目前，LNMP 架构已经逐渐成为国内大中型互联网公司网站环境的主流架构。

14.1.2 了解 Nginx 网站服务器

Nginx 是由俄罗斯人编写的轻量级网站服务器和反向代理服务器。当 Nginx 服务器接收到客户端浏览器发送的 HTTP 请求时，Nginx 服务器可以直接处理 HTML、CSS、图片、视频等静态文件请求并回应，同时也可以作为 IMAP/POP3/SMTP 代理服务器。

Nginx 服务器的优势在于能按需同时运行多个进程，各进程之间通过内存共享机制实现通信，适合在高并发的场景下使用。Nginx 服务器因具有稳定性好、功能丰富、占用系统资源少、并发能力强等特点，备受用户的信赖。目前，国内诸如新浪、网易、腾讯等门户网站均已使用了 Nginx 服务器。

14.1.3 了解 MySQL

数据库是一个比较模糊的概念，简单的一个数据表格、一份歌曲列表等都可以称为数据库。在实际应用中，数据库一般是多个数据表的集合，具体的数据被存放在数据表中，而且在大多数情况下，表与表之间都有内在联系。例如，员工信息表与工资表之间就有内在联系，一条工资信息一般都有对应的员工姓名和员工编号。

存在这种表与表之间相互引用关系的数据库，称为关系型数据库，而 MySQL 是一个关系型数据库管理系统，使用结构化查询语言 SQL 进行数据库管理。利用 MySQL 可以创建数据库和数据表、添加数据、修改数据、查询数据、删除数据等，MySQL 的特色是功能强大、速度快、性能优越、稳定性强、使用简单、管理方便。

14.1.4 了解 PHP 语言

PHP 是一种在服务器端执行的脚本语言。PHP 具有开源、免费、高效、支持跨平台等优良特性，是目前 Web 开发领域常用的语言之一。

由于 PHP 解释器的源代码公开，因此安全系数较高的网站都可以自己修改 PHP 的解释器程序。支持跨平台的特性使得 PHP 能够在所有的操作系统平台上非常稳定地运行，这使它成为常用的服务器语言。PHP 可以与许多主流的数据库系统建立连接，如 MySQL、Oracle 等。

14.1.5 了解 LNMP 架构的工作原理

1. Nginx 与 PHP 的协同工作机制

Nginx 是一个静态 Web 服务器和 HTTP 请求转发器，它可以直接回应客户端对静态资源的请求，对动态资源的请求需要通过快速通用网关接口（Fast Common Gateway Interface，FastCGI）转发给后台的脚本程序解析服务器进行处理。FastCGI 采用 C/S 结构，可以将 Web 服务器和脚本程序解析服务器相分离，让 Web 服务器专一地处理静态请求和转发动态请求，而脚本程序解析服务器则专一地处理动态请求。

在 LNMP 架构的服务器中，处理 PHP 动态资源的后台服务是 PHP FastCGI 进程管理器（PHP FastCGI Process Manager，PHP-FPM）。PHP-FPM 启动后包含 master 和 worker 两种进程：master 进程只有一个，它负责监听、接收来自 Nginx 服务器的请求和管理调度 worker 进程；而 worker 进程一般有多个，每个进程的内部都嵌入了一个 PHP 解释器，负责解析执行 PHP 程序。

由此可见，Nginx 服务器负责处理静态资源请求，PHP-FPM 负责处理 PHP 脚本程序，两者都遵循 FastCGI 协议进行通信，完成协同工作。

2. LNMP 服务器的工作过程

LNMP 服务器的具体工作过程如下。

（1）用户通过浏览器发送 HTTP Request 请求到 Nginx 服务器，该服务器响应并处理请求。如果请求的是静态资源，则该服务器直接将静态资源（CSS、图片、视频等）返回。

（2）如果请求的是动态数据，则 Nginx 服务器将 PHP 脚本程序通过 FastCGI 协议传输给 PHP-FPM，由 PHP-FPM 响应，然后将 PHP 脚本程序交给 worker 进程（内嵌了 PHP 解释器）解析执行。可以同时启动多个 worker 进程，并发执行。

（3）PHP 脚本程序执行完毕，将解析后的脚本返回到 PHP-FPM，PHP-FPM 再以 FastCGI 的形式将脚本信息传送给 Nginx 服务器。

（4）Nginx 服务器再以 HTTP Reponse 形式传送给浏览器，浏览器进行解析与渲染，最后呈现给用户。

LNMP 服务器的工作过程如图 14-1 所示。

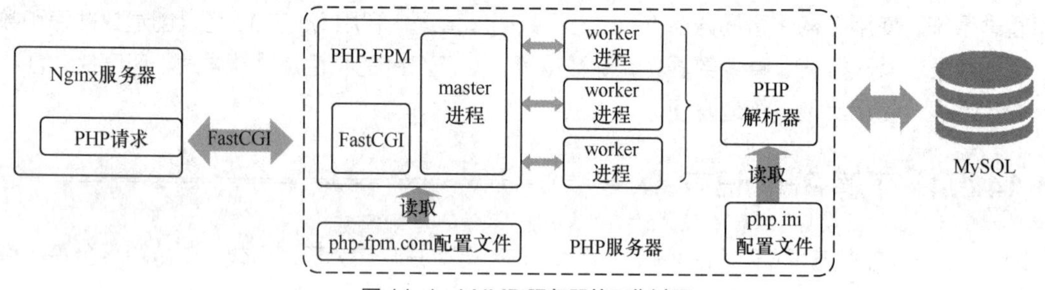

图 14-1 LNMP 服务器的工作过程

14.1.6 了解 LNMP 环境的部署安装方式

部署安装 LNMP 环境的方式有多种，一般根据应用场景和需求选择合适的方式。常用的 LNMP 环境部署安装方式如表 14-1 所示。

表 14-1 常用的 LNMP 环境部署安装方式

安装方式	特点
使用 yum 安装	简单、安装速度快、适合新手，但不能定制化安装
源码安装	安装时间长、需要配置的项目较多，但能够按需定制
使用一键安装包	简单、安装时间适中，也可以定制安装的软件，但安装时需要联网

说明：本项目中使用 yum 部署安装 LNMP 环境。

任务 14-2 安装与配置 Nginx 服务器

【任务目标】

Nginx 作为一种高性能的静态 Web 服务器，具有占有内存少，并发能力强的特点。小乔想在 Linux 虚拟机上安装并配置 Nginx 服务器。

执行本任务，小乔要使用一台以最小化方式安装 RHEL 7.4 的虚拟机来配置 Nginx 服务器，虚拟机的网卡连接模式设置为 NAT 模式。虚拟机节点的具体规划如表 14-2 所示。

表 14-2 虚拟机节点规划

节点主机名	IP 地址/掩码	说明
lnmp	192.168.200.10/24	LNMP 服务器

14.2.1 安装 nginx 软件包

配置 Nginx 服务器需要安装 nginx 软件包，但是 RHEL 7.4 系统安装光盘并没有提供该软件包，建议用户使用 nginx 开源社区网站提供的网络 yum 仓库进行安装。本项目使用的 nginx 版本号为 1.18.0。

1. 获取 nginx 软件包

（1）在 lnmp 节点虚拟机上创建 yum 仓库配置文件/etc/yum.repos.d/nginx.repo。

```
[root@lnmp ~]# vi /etc/yum.repos.d/nginx.repo
```

向 nginx.repo 文件中添加以下内容。

```
[nginx]
name=nginx-repo
baseurl=http://nginx.org/packages/centos/$releasever/$basearch/
gpgcheck=0
enabled=1
```

（2）重建 yum 缓存，确保 yum 本地软件仓库可用。

```
[root@lnmp ~]# yum clean all
[root@lnmp ~]# yum makecache
[root@lnmp ~]# yum repolist
```

注意 从网络 yum 仓库中获取 nginx 软件包，必须确保虚拟机能连接到外网。

2. 安装 nginx 软件包

（1）使用 yum 安装 nginx 软件包。

```
[root@lnmp ~]# yum install -y nginx
```

（2）启动 nginx 服务，并设置开机启动。

```
[root@lnmp ~]# systemctl start nginx
[root@lnmp ~]# systemctl enable nginx
```

（3）查看 nginx 服务是否启动成功。

```
[root@lnmp ~]# systemctl status nginx
  nginx.service - The nginx HTTP and reverse proxy server
    Loaded: loaded (/usr/lib/systemd/system/nginx.service; enabled; vendor preset: disabled)
    Active: active (running) since — 2020-04-27 22:48:32 CST; 46s ago
……
```

（4）查看 80 号端口的监听状态。

```
[root@lnmp ~]# netstat -ntlp | grep nginx
tcp        0      0 0.0.0.0:80          0.0.0.0:*       LISTEN      2786/nginx: master
```

（5）查看 nginx 进程的状态。

```
[root@lnmp ~]# ps aux | grep nginx
root     1824  0.0  0.0  46396   968 ?    Ss   00:23   0:00 nginx: master process /
usr/sbin/nginx -c /etc/nginx/nginx.conf
nginx    1825  0.0  0.1  48872  2240 ?     S   00:23   0:00 nginx: worker process
root     2500  0.0  0.0 112676   984 pts/1  R+   00:39   0:00 grep --color=auto nginx
```

3. 配置防火墙

配置 firewalld 防火墙，开放服务器的 TCP 80 号端口。

```
[root@lnmp ~]# firewall-cmd --permanent --zone=public --add-port=80/tcp
success
[root@lnmp ~]# firewall-cmd --reload
success
```

4. 关闭 SELinux 安全子系统

```
[root@ftp-server ~]# setenforce 0
[root@ftp-server ~]# vi /etc/selinux/config
SELINUX=disabled                # 将 SELINUX 选项的值修改为 disabled
```

提示 若不关闭 SELinux 安全子系统，则需执行“setsebool -P httpd_can_network_connect on”命令，对 SELinux 的安全策略进行设置。

5. 对服务器访问测试

在物理机（Windows 系统）上打开浏览器，在地址栏中输入 Nginx 服务器的 URL 地址“http://192.168.200.10/”，再按 Enter 键，打开 Nginx 服务器的测试页面，效果如图 14-2 所示。

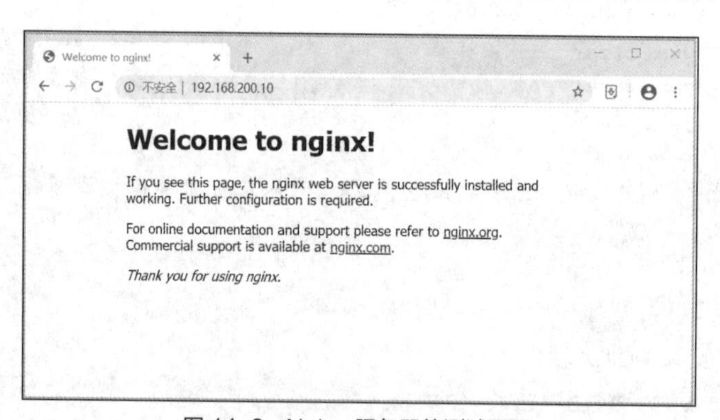

图 14-2 Nginx 服务器的测试页面

14.2.2 熟悉 nginx 的配置文件

nginx 相关的配置文件如表 14-3 所示。

表 14-3 nginx 的配置文件

文件或目录名称	说明
/etc/nginx/nginx.conf	nginx 的主配置文件
/etc/nginx/conf.d/ 目录	该目录中存放虚拟主机的配置文件

1. 主配置文件

nginx 的主配置文件/etc/nginx/nginx.conf 文件中的每个指令必须以分号结束，且以“#”开头的行是注释行。

整个配置文件是以“块（Block）”的形式组织的，每个块一般以一对大括号“{}”表示（全局块例外）。nginx.conf 文件的组织结构如下。

```
......                                  #全局块
events {                                #events 块
    ......
}
http {                                  # http 块（协议级别的配置）
    ......                              # http 全局块
    server {                            # server 块（服务器级别的配置）
        ......                          # server 全局块
        location [PATTERN] {            # location 块（请求级别的配置）
            ......
        }
        location [PATTERN] {
            ......
        }
    }
    server{                             # server 块
        ......
    }
}
```

块之间可能存在嵌套关系，如图 14-3 所示。

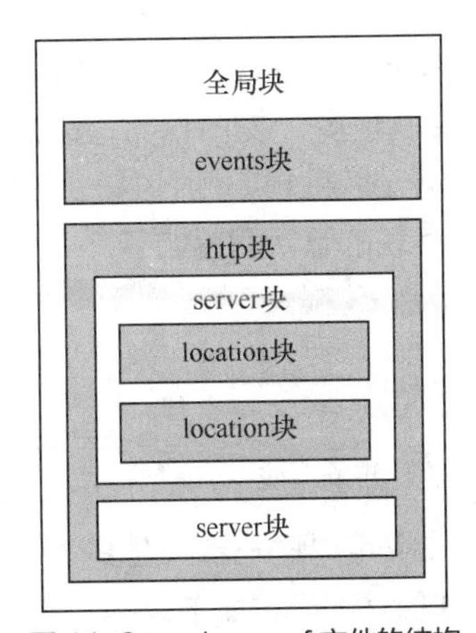

图 14-3　nginx.conf 文件的结构

nginx.conf 文件中定义的块类型如表 14-4 所示。

表 14-4　nginx.conf 文件中块的类型

块的类型	说明
全局块	配置影响 nginx 全局的指令。比如，配置运行 nginx 的用户、nginx 进程 pid 存放路径、日志存放路径、允许生成 worker_process 数等
events 块	配置 nginx 的工作模式及连接数上限等

续表

块的类型	说明
http 块	http 块可以嵌套多个 server 块，用于配置代理、缓存、日志自定义和第三方模块等功能，如文件引入、mime-type 定义、是否使用 sendfile、超时时间、单连接请求数等
server 块	配置虚拟主机的参数，一个 http 块中可以有多个 server 块
location 块	配置请求的路由，以及各种页面的处理情况

（1）全局块的配置。

- user：设置运行 nginx 工作进程的用户和用户组，默认以 nginx 账号运行。
- worker_processes：设置 nginx 开启的工作进程数，默认进程数是 1。建议将此参数值设置为与 CPU 的核心数一致。
- error_log：设置错误日志的输出路径和级别。日志输出级别有 debug、info、notice、warn、error、crit 可选，其中 debug 级别日志最详细，crit 级别日志最精简。
- pid：设置进程运行 id 文件的存储位置。
- worker_rlimit_nofile：设置 worker 进程打开的最大文件数。默认没有此项设置，可以设置为 Linux 系统最大的限制数 65535。

例如，nginx.conf 文件中全局块的默认配置如下。

```
user  nginx;                                        # 设置运行 nginx 工作进程的用户
worker_processes  1;                                # 设置 nginx 开启的工作进程数为 1
error_log  /var/log/nginx/error.log warn;           # 设置错误日志的输出路径和级别
pid  /var/run/nginx.pid;                            # 设置进程运行 id 文件的存储位置
```

（2）events 块的配置。

- worker_connections：表示单个工作进程允许同时建立的最大连接数，默认是 1024。该数字越大，能同时处理的连接就越多，该值不能超过 worker_rlimit_nofile 的值。
- use epoll：设置 nginx 使用 epoll 工作模式，该模式可以增加 nginx 的并发连接能力。

例如，nginx.conf 文件中 events 块的默认配置如下。

```
events {
    worker_connections  1024;                       # 设置单个进程的最大连接数是 1024
}
```

（3）http 块的配置。

http 块是 nginx 最核心的块之一，配置项比较多。http 块中除了 http 全局配置指令外，http 块可以嵌套多个 server 块，server 块又可以进一步嵌套多个 location 块。

例如，nginx.conf 文件中 http 块默认的配置如下。

```
http {
    include       /etc/nginx/mime.types;  # 引入文件扩展名与文件类型的映射表
    default_type application/octet-stream; # 设置默认文件类型 application/octet-stream
    # 自定义日志格式 main
    log_format  main  '$remote_addr - $remote_user [$time_local] "$request" '
                      '$status $body_bytes_sent "$http_referer" '
                      '"$http_user_agent" "$http_x_forwarded_for"';
    # 请求日志保存位置，使用自定义格式 main
    access_log  /var/log/nginx/access.log  main;
    sendfile        on;                           # 允许以 sendfile 方式传输文件
```

```
    #tcp_nopush    on;                          # 防止网络阻塞
    keepalive_timeout  65;                      # 连接超时时间，单位是 s
    #gzip  on;                                  # 设置采用 gzip 压缩发送的数据，减少发送的数据量

    include /etc/nginx/conf.d/*.conf;           # 引入/etc/nginx/conf.d 目录下的所有虚拟主机配置文件
}
```

2. 虚拟主机配置文件

一个网站中可能会包含多个独立的站点，如提供 Web 服务的站点、mail 邮件服务站点等，这些站点可能部署在同一台服务器上，也可能分别部署在不同的服务器上。在 nginx 中，通过配置“虚拟主机”将不同的站点隔离。

目录/etc/nginx/conf.d/用于保存虚拟主机配置文件，每个虚拟主机的配置单独保存到一个文件中，并将该文件放到此目录中。默认的虚拟主机配置文件是/etc/nginx/conf.d/default.conf，该文件主要包含 server 块和 location 块。

（1）server 块的配置。

server 块用于配置一个虚拟主机。一个完整的 server 块要包含在 http 块内，且一个 http 块可以有多个 server 块。server 块中有许多重要的指令。

- listen：设置 nginx 监听一个特定的主机名的 TCP 端口。例如，设置服务器监听 127.0.0.1 或 localhost 主机的 80 号端口（http 服务运行在 80 号端口）。

```
listen    127.0.0.1:80;
listen    localhost:80;
```

- server_name：设置基于域名的虚拟主机。例如，设置 server_name 为 ryjiaoyu.com，那么对 http://ryjiaoyu.com 域名的请求会发送到该主机上。

```
server_name   ryjiaoyu.com;
```

nginx 允许一个虚拟主机设置多个域名，域名之间以空格分隔开，也可以使用通配符“*”来设置虚拟主机的名称。

例如，配置 http://ryjiaoyu.com 和 http://www.ryjiaoyu.com 域名的请求会发送到当前主机上。

```
server_name   ryjiaoyu.com  www.ryjiaoyu.com;
server_name   *.ryjiaoyu.com;
```

（2）location 块的配置。

location 块的功能是用来匹配不同的 uri 请求，进而对特定请求做不同的处理和响应。

例如，配置一个最基本的 locaiton 块。

```
location / {
    root   /usr/share/nginx/html;         # 设置 uri 请求的根目录为/usr/share/nginx/html
    index  index.html index.htm;          # 设置网站的初始页
}
```

其中，root 参数是指将一个本地目录作为所有 uri 请求的根路径。index 参数用于设置网站的初始页，初始页文件一般存放在根目录中。如果 index 参数配置了多个文件，nginx 会按顺序依次查找初始页文件，直到找到第一个存在的文件；如果都不存在，则返回 404 错误。

location 块支持以下语法对 uri 请求进行模式（pattern）匹配，语法中的修饰符如表 14-5 所示。

```
location [修饰符] pattern { … }
```

表 14-5　location 块的修饰符

修饰符	功能	优先级
=	精确匹配。一旦匹配成功，则不再匹配其他 location 块	0（高）
^~	前缀匹配（不使用正则表达式）。如果匹配成功，则不再匹配其他 location 块	1
~ 或 ~*	正则表达式模式匹配，其中，~ 区分正则表达式的大小写，~*不区分正则表达式的大小写。如果有多个 location 块的正则表达式能满足匹配条件，则使用最长的正则表达式去匹配	2
不使用修饰符	不带任何修饰符，使用常规的字符串去匹配	3
/	通用匹配。如果没有其他匹配的 location 块，则任何请求都会匹配到此 location 块	4（低）

说明：表 14-5 中所列修饰符的优先级数字越小，优先级越高。

例如，某虚拟主机配置中定义了以下 location 块。

```
location / {                          # 匹配所有以 / 开头的请求（通用匹配）
      [ location  B ]
}
location /documents/ {                # 匹配所有以 /documents/ 开头的请求
      [ location  C ]
}
location ^~ /images/ {                # 匹配所有以 /images/ 开头的表达式
 # 一旦前缀表达式匹配成功，则停止查找，即便有符合的正则表达式，也不会被使用
      [ location  D ]
}
location ~* \.(gif|jpg|jpeg)$ {       # 匹配所有以 gif、jpg、jpeg 结尾的请求
 # 需要注意，虽然以 gif、jpg、jpeg 结尾，但是同时以 /images/开头的请求将使用 location D 匹配
      [ location  E ]
}
location = / {                        # 仅仅匹配 / 的请求
      [ location  A ]
}
```

不同 uri 请求可以匹配的 location 块如下。

```
/                                     匹配 [ location A ]
/login.html                           匹配 [ location B ]
/documents/document.html              匹配 [ location C ]
/images/1.gif                         匹配 [ location D ]
/documents/1.jpg                      匹配 [ location E ]
```

说明：location 块的匹配顺序与配置文件中定义的顺序无关。

（3）默认虚拟主机的配置。

查看默认虚拟主机配置文件/etc/nginx/conf.d/default.conf 的内容。

```
server {
    listen       80;              # 监听端口（IP:端口）
    server_name  localhost;       # 监听的服务器域名

    #charset koi8-r;              # 设置字符集
    #access_log  /var/log/nginx/host.access.log  main;     # 请求日志保存位置和格式

    location / {
        root   /usr/share/nginx/html;                        #根目录
        index  index.html index.html;                        #使用的默认页面
```

```
        }

        #error_page  404              /404.html;       #404 错误页
        # redirect server error pages to the static page /50x.html

        error_page   500 502 503 504  /50x.html;
        location = /50x.html {
             root   /usr/share/nginx/html;
        }
……(省略部分注释内容)
}
```

任务 14-3　安装与配置 MariaDB

【任务目标】

MariaDB 是 MySQL 的一个分支，主要由开源社区维护，它对 MySQL 有较好的兼容性，所以 MariaDB 能轻松成为 MySQL 的代替品。小乔准备在 Nginx 服务器上安装 MariaDB，并熟悉 MariaDB 的配置和基本管理操作。

执行本任务，小乔需要在任务 14-2 中已配置完毕的 Nginx 服务器上安装 MariaDB。虚拟机节点的具体规划如表 14-6 所示。

表 14-6　虚拟机节点规划

节点主机名	IP 地址/掩码	说明
lnmp	192.168.200.10/24	LNMP 服务器

14.3.1　安装 MariaDB

mariadb-server 是 MariaDB 的服务器端软件包，RHEL 7.4 系统安装光盘包含该软件包（版本号为 5.5.56），接下来使用 yum 方式安装 MariaDB。

1. 配置本地 yum 仓库

在 lnmp 节点虚拟机中配置本地 yum 仓库，操作步骤请参考 11.2.1 小节中步骤 5 “配置本地 yum 仓库”，在此不再赘述。

2. 安装 MariaDB

（1）使用 yum 命令安装 MariaDB 的服务器端。

```
[root@lnmp ~]# yum install -y mariadb-server
```

（2）启动 MariaDB 服务，并设置开机启动。

```
[root@lnmp ~]# systemctl start mariadb
[root@lnmp ~]# systemctl enable mariadb
```

14.3.2　初始化 MariaDB 配置

安装 MariaDB 完毕，一般要对 MariaDB 进行基本的安全配置。

1. MariaDB 的安全配置

执行安全配置向导 mysql_secure_installation，具体操作如下。

```
[root@lnmp ~]# mysql_secure_installation
```

由于初始密码为空，所以当要求输入 root 用户当前的密码时，直接按 Enter 键。

```
Enter current password for root (enter for none): # 按 Enter 键
OK, successfully used password, moving on……

Setting the root password ensures that nobody can log into the MariaDB
root user without the proper authorisation.
```

将 root 密码设置为 000000。

```
Set root password? [Y/n] y                          # 输入 y，开始设置 root 用户密码
New password:                                       # 输入 root 用户密码 000000
Re-enter new password:                              # 确认 root 用户密码 000000
Password updated successfully!
Reloading privilege tables……
 …… Success!
```

匿名用户一般仅在测试环境中使用，生产环境要删除匿名用户以提高安全性。

```
Remove anonymous users? [Y/n] y                     # 输入 y，移除匿名用户
 …… Success!
```

为了防止黑客通过网络破解数据库的 root 用户密码，应仅允许 root 用户从本地登录，禁止 root 用户远程登录。

```
Disallow root login remotely? [Y/n] y               #输入 y，禁止 root 远程登录
 …… Success!
```

删除名称为 test 的数据库。

```
Remove test database and access to it? [Y/n] y      #输入 y，删除 test 数据库
 - Dropping test database……
 …… Success!
 - Removing privileges on test database……
 …… Success!
```

重新加载权限表，确保所有更改立即生效。

```
Reload privilege tables now? [Y/n] y                #输入 y，重新加载权限表
 …… Success!
(省略) ……
```

2. 登录 MariaDB

配置完毕，就可以使用 root 用户（root 密码为 000000）登录 MariaDB，具体操作如下。

```
[root@lnmp ~]# mysql -uroot -p000000
Welcome to the MariaDB monitor.  Commands end with ; or \g.
Your MariaDB connection id is 10
Server version: 5.5.56-MariaDB MariaDB Server

Copyright (c) 2000, 2017, Oracle, MariaDB Corporation Ab and others.

Type 'help;' or '\h' for help. Type '\c' to clear the current input statement.
MariaDB [(none)]>
```

如显示“MariaDB [(none)]>”提示符，则表示登录成功。

14.3.3 管理 MariaDB

常用的数据库管理操作有：数据库的创建、使用和删除，数据表结构管理，数据记录的插入、查看、修改和删除，用户与权限管理，数据库备份等。通常使用 SQL 语句对数据库进行操作。

1. 数据库的创建、使用和删除

数据库的创建、使用和删除等管理操作的命令如表 14-7 所示。

表 14-7 数据库的管理命令

SQL 命令	功能
create 数据库名;	创建一个数据库
show databases;	显示当前服务器上 MariaDB 中已存在的数据库
use 数据库名;	使用指定的数据库
drop database 数据库名;	删除指定的数据库

【例 14-1】 创建一个名称为 qingtai 的数据库。

```
MariaDB [(none)]> create database qingtai;
Query OK, 1 row affected (0.00 sec)
```

【例 14-2】 查看当前服务器上 MariaDB 中所有数据库。

```
MariaDB [(none)]> show databases;
+--------------------+
| Database           |
+--------------------+
| information_schema |
| mysql              |
| performance_schema |
| qingtai            |
+--------------------+
4 rows in set (0.00 sec)
```

命令执行结果显示 qingtai 数据库已创建成功。

【例 14-3】 使用新创建的 qingtai 数据库。

```
MariaDB [(none)]> use qingtai;
Database changed
```

2. 数据表结构管理

常用的数据表结构管理命令如表 14-8 所示。

表 14-8 常用的数据表结构管理命令

SQL 命令	功能
create table 表名(字段列表);	在当前数据库中创建数据表
show tables;	显示当前数据库中的所有表
describe [数据库名.]表名;	显示当前或指定数据库中的表结构（字段）信息
drop table [数据库名.]表名;	删除当前或指定数据库中指定的表

【例 14-4】 在 qingtai 数据库中创建 users 表。

```
MariaDB [(none)]> use qingtai;
Database changed
MariaDB [qingtai]> create table users(
    -> uid varchar(8) not null,
    -> name varchar(20) not null,
    -> sex char(1) default 'm',
    -> department char(10),
    -> primary key(uid));
Query OK, 0 rows affected (0.00 sec)
```

说明：users 表包含 uid、姓名、性别、部门字段，其中 uid 字段是该表的主键。

【例 14-5】 将 qingtai 数据库中的 users 表复制为 employee 表。

```
MariaDB [qingtai]> create table employee like users;
Query OK, 0 rows affected (0.00 sec)
```

执行 show tables 命令，查看 qingtai 数据库中的所有表。

```
MariaDB [qingtai]> show tables;
+-------------------+
| Tables_in_company |
+-------------------+
| employee          |
| users             |
+-------------------+
2 rows in set (0.00 sec)
```

【例 14-6】 删除 qingtai 数据库中的 users 表。

```
MariaDB [qingtai]> drop table users;
Query OK, 0 rows affected (0.00 sec)
```

3. 数据记录的插入、查看、修改与删除

常用的数据记录插入、查看、修改与删除的命令如表 14-9 所示。

表 14-9 常用的数据记录操作命令

SQL 命令	功能
insert into 表名(字段 1, 字段 2 ……) values(值 1, 值 2 ……);	向数据表中插入新的记录
select * from 表名;	显示指定数据表中的所有记录
select 字段 1, 字段 2 …… from 表名 where 条件表达式;	从数据表中查询符合条件的记录
update 表名 set 字段 1=值 1 [,字段 2=值 2, ……] where 条件表达式;	修改（更新）数据表中的记录
delete from 表名 where 条件表达式;	删除数据表中指定的记录
delete from 表名;	删除数据表中的全部记录

【例 14-7】 向 employee 表中增加一条员工信息的记录。

```
MariaDB [qingtai]> insert into employee(uid,name,sex,department)
    -> values('20200401','LiLei','m','devel');
Query OK, 1 row affected (0.00 sec)
```

【例 14-8】 查询 employee 表中的全部记录。

```
MariaDB [qingtai]> select * from employee;
+----------+-------+------+------------+
| uid      | name  | sex  | department |
```

```
+----------+-------+------+-------------+
| 20200401 | LiLei | m    | devel       |
+----------+-------+------+-------------+
1 row in set (0.00 sec)
```

4. 用户与权限管理

（1）用户密码修改。

mysqladmin 是一个执行 MariaDB（MySQL）数据库管理操作的客户端程序，它可以用于检查数据库的配置和当前状态及修改用户密码等。

使用 mysqladmin 命令修改用户密码的格式如下。

```
mysqladmin -u用户名 -p旧密码 password 新密码
```

【例 14-9】 修改数据库的 root 用户密码为 123456（假设旧密码为 000000）。

```
[root@lnmp ~]# mysqladmin -uroot -p000000 password 123456
```

修改密码后，执行“mysql -uroot -p000000”命令，显示登录失败，结果如下。

```
[root@lnmp ~]# mysql -uroot -p000000
ERROR 1045 (28000): Access denied for user 'root'@'localhost' (using password: YES)
```

此外，还可以利用直接修改 MariaDB（MySQL）中 user 表的记录的方法修改 root 用户密码，具体操作如下。

```
MariaDB [(none)]> use mysql;
Database changed
MariaDB [mysql]> update user set password=password('123456')
    -> where user='root' and host='localhost';
Query OK, 0 rows affected (0.00 sec)
Rows matched: 1  Changed: 0  Warnings: 0
```

执行“flush privileges;”命令刷新权限，使修改的密码立即生效。

```
MariaDB [mysql]> flush privileges;
Query OK, 0 rows affected (0.00 sec)
```

（2）用户授权。

授予用户权限的命令格式如下。

```
grant 用户权限列表 on 数据库名.表名 to 用户名@登录来源地址 [identified by '密码']
```

- 主要的用户权限如表 14-10 所示。

表 14-10　主要的用户权限

权限	说明	权限	说明
select	查询表中数据的权限	create	创建新数据库和表的权限
insert	向表中插入数据的权限	alter	修改表结构的权限
update	更新表中数据的权限	drop	删除现有数据库和表的权限
delete	删除表中数据的权限	grant	将自己拥有的某些权限授予其他用户
file	在数据库服务器上读写文件的权限	all	全部权限

- 数据库名.表名：可使用通配符“*”代替，例如，“*.*”代表任意数据库中的任意表。
- 用户名@登录来源地址：设置允许登录的用户名和来源地址。来源地址可以使用域名或 IP 地址表示，如果要匹配所有的来源地址，则使用通配符“%”。

- identified by '密码'：该部分可以省略，表示新用户的密码为空。

【例 14-10】 创建 ops 用户，允许在任意主机上登录，用户密码为 000000。

```
MariaDB [mysql]> create user ops@'%' identified by '000000';
Query OK, 0 rows affected (0.00 sec)
```

【例 14-11】 将 qingtai 数据库中所有表的 select 和 insert 权限授予从任意主机登录的 ops 用户。

```
MariaDB [mysql]> grant select,insert on qingtai.* to ops@'%';
Query OK, 0 rows affected (0.00 sec)
```

（3）用户权限查看。

查看用户权限的命令格式如下。

```
show grants for 用户名@登录来源地址 ;
```

【例 14-12】 查看 ops 用户的权限。

```
MariaDB [mysql]> show grants for ops@'%';
+--------------------------------------------------+
| Grants for ops@%                                 |
+--------------------------------------------------+
| GRANT USAGE ON *.* TO 'ops'@'%'                  |
| GRANT SELECT, INSERT ON `qingtai`.* TO 'ops'@'%' |
+--------------------------------------------------+
2 rows in set (0.00 sec)
```

（4）用户权限撤销。

撤销用户的命令格式如下。

```
revoke 权限列表 on 数据库名.表名 from 用户名@登录来源地址
```

【例 14-13】 撤销 ops 用户在 qingtai 数据库中所有表的全部权限。

```
MariaDB [mysql]> revoke all on qingtai.* from ops@'%';
Query OK, 0 rows affected (0.00 sec)
MariaDB [mysql]> show grants for ops@'%';
+---------------------------------+
| Grants for ops@%                |
+---------------------------------+
| GRANT USAGE ON *.* TO 'ops'@'%' |
+---------------------------------+
1 row in set (0.00 sec)
```

查看 ops 用户的权限，结果显示授予 ops 用户的全部权限已撤销。

5. 备份与恢复数据库

（1）备份数据库。

mysqldump 是 MariaDB（MySQL）自带的备份命令，使用 mysqldump 命令进行数据库备份的格式如下。

```
mysqldump -u用户名 -p密码 [数据库名] [表名] > 备份文件的路径与文件名
```

【例 14-14】将 qingtai 数据库中的所有数据表备份到/opt 目录下，备份文件名称为 qingtai.mysql.bak 。

```
[root@lnmp ~]# mysqldump -uroot -p123456 qingtai > /opt/qingtai.mysql.bak
[root@lnmp ~]# ls -l /opt/qingtai.mysql.bak
-rw-r--r--. 1 root root 2602 7月   5 18:26 /opt/qingtai.mysql.bak
```

（2）恢复数据库。

使用 mysql 命令将数据库的备份文件恢复。

```
mysql -uroot -p密码 [数据库名] <  备份文件的路径与文件名
```

说明：恢复数据库时，如果指定的数据库名不存在，则需要事先创建，并指定要导入的数据库名与备份文件中的数据库名相同，方可导入恢复。

【例 14-15】 将/opt 目录中的数据库备份文件 qingtai.mysql.bak 导入 qingtai 数据库中。

```
[root@lnmp ~]# mysql -uroot -p123456 qingtai < /opt/qingtai.mysql.bak
```

任务 14-4　安装与配置 PHP 环境

【任务目标】

小乔通过了解 LNMP 架构的工作原理得知，Nginx 服务器本身不能处理 PHP 程序，需要与 PHP-FPM 配合完成对 PHP 程序的解析。她准备继续在 Nginx 服务器上安装并配置 PHP-FPM 服务。

执行本任务，小乔需要在任务 14-3 中已配置完毕的服务器上安装 PHP 环境。虚拟机节点的具体规划如表 14-11 所示。

表 14-11　虚拟机节点规划

节点主机名	IP 地址/掩码	说明
lnmp	192.168.200.10/24	LNMP 服务器

说明：PHP 环境可以与 Nginx 服务器安装在同一台服务器上，即单节点 LNMP；也可以将 Nginx 服务器和 PHP 环境分别安装到不同的服务器上，即分布式 LNMP。本任务是在 lnmp 节点虚拟机上部署单节点 LNMP 动态网站环境。

14.4.1　安装 PHP 环境

PHP-FPM 是用于解析 PHP 程序的 fastCGI 接口管理程序，提供了 Nginx 服务器和 PHP 语言交互的接口。

php-fpm 是配置 PHP-FPM 服务的软件包，它作为 PHP 环境的扩展模块进行安装，由于 RHEL 7.4 系统安装光盘没有提供 php-fpm，所以建议从 Remi repository 安装源（简称 Remi 源）中获取 php-fpm 及所依赖的软件包进行安装。本项目使用的 PHP 版本号为 5.4.45。

1. 配置 Remi 源

（1）由于 Remi 源中的一些软件包依赖于 EPEL 源，因此先安装 EPEL 源。

```
[root@lnmp ~]# yum install -y https://dl.fedoraproject.org/pub/epel/epel-release-latest-7.noarch.rpm
```

（2）从清华大学开源软件映像站中安装 Remi 源。

```
[root@lnmp ~]# yum install -y https://mirrors.tuna.tsinghua.edu.cn/remi/enterprise/remi-release-7.rpm
```

（3）编辑 Remi 源的配置文件/etc/yum.repos.d/remi.repo。

```
[root@lnmp ~]# vi /etc/yum.repos.d/remi.repo
# 将 remi.repo 文件中[remi]软件仓库配置块中的 enabled=0 修改为 enabled=1
[remi]
```

```
......
enabled=1
......
```

说明：如果不想修改 remi.repo 文件中 enabled 配置项的值，可以通过 yum 命令的“--enablerepo=[仓库名称]”选项开启指定的软件仓库。

（4）建立 yum 元数据缓存，并查看 Remi 源是否可用。

```
[root@lnmp ~]# yum makecache
[root@lnmp ~]# yum repolist | grep remi
remi        Remi's RPM repository for Enterprise Linux 7 - x86_64       6,212
remi-safe   Safe Remi's RPM repository for Enterprise Linux 7 - x86_64   3,829
```

除了 Remi 源，webtatic 源也提供了 php-fpm，遇到 Remi 源不可用时，可以使用 webtatic 源。

2. 安装 php-fpm 软件

（1）使用 yum 命令安装 php-fpm 和 PHP 环境的公共包 php-common。

```
[root@lnmp ~]# yum install --enablerepo=remi -y php-fpm php-common
```

说明：安装 php-fpm 时，libzip 软件会作为依赖被安装，该软件包含在 RHEL 7.4 系统安装光盘中，因此还需要配置好本地 yum 仓库。

（2）php-mysql 是 PHP 的扩展模块，可以使 PHP 程序连接 MySQL，使用 yum 命令安装 php-mysql。

```
[root@lnmp ~]# yum install -y php-mysql
```

（3）启动 php-fpm 服务，并设置开机启动。

```
[root@lnmp ~]# systemctl start php-fpm.service
[root@lnmp ~]# systemctl enable php-fpm.service
```

（4）查看 php-fpm 在 9000 号端口的监听情况。

```
[root@lnmp ~]# netstat -ntlp | grep 9000
tcp      0    0 127.0.0.1:9000     0.0.0.0:*     LISTEN    2236/php-fpm: maste
```

14.4.2 熟悉 php-fpm 的配置文件

php-fpm 的配置文件如表 14-12 所示。

表 14-12 php-fpm 的配置文件

文件名	说明
/etc/php-fpm.conf	php-fpm 的主配置文件
/etc/php-fpm.d/*.conf	进程池的配置文件存放在/etc/php-fpm.d/目录中，一般以“.conf”作为后缀

在 php-fpm 的配置文件中，以分号“;”开头的行是注释行。为了方便介绍 php-fpm 配置文件中的代码，过滤了文件中原有的注释行，使用“#”符号作为配置代码的注释符。

1. 主配置文件

php-fpm 的主配置文件为/etc/php-fpm.conf，主要包含 php-fpm 的全局配置，一般不需要修改。

查看/etc/php-fpm.conf 文件中有效的配置（过滤掉分号“;”开头的注释行）内容如下。

```
[root@lnmp ~]# cat /etc/php-fpm.conf | grep -v "^;"
include=/etc/php-fpm.d/*.conf                    # 引入进程池的配置文件
```

```
[global]                                        # 全局设置
pid = /run/php-fpm/php-fpm.pid                  # php-fpm的进程pid文件
error_log = /var/log/php-fpm/error.log          # 错误日志
daemonize = yes                                 # 后台执行fpm，默认值为yes
```

2. 进程池配置文件

php-fpm 作为一个独立的服务运行，在 php-fpm 的进程池中运行多个子进程，用来并发处理所有的 PHP 动态请求。Nginx 服务器接收到 PHP 动态请求时，会转发给 php-fpm，php-fpm 服务调用进程池中的子进程来处理动态请求。如果进程池中的资源耗尽，会导致请求无法处理。

php-fpm 进程池的配置文件存放在/etc/php-fpm.d/目录中，配置文件名一般以“.conf”作为后缀。php-fpm 默认只配置了一个进程池，其配置文件是/etc/php-fpm.d/www.conf。

查看到/etc/php-fpm.d/www.conf 文件中有效的配置内容如下。

```
[root@lnmp ~]# cat /etc/php-fpm.d/www.conf | grep -v "^;"
[www]                                   # 进程池名称
listen = 127.0.0.1:9000                 # 设置php-fpm监听的主机IP地址和端口
listen.allowed_clients = 127.0.0.1      # 允许访问FastCGI进程的Nginx服务器IP地址
user = apache                           # 设置运行php-fpm子进程的用户
group = apache                          # 设置运行php-fpm子进程的用户组
pm = dynamic                            # 设置为动态控制子进程
pm.max_children = 50                    # 子进程最大数
pm.start_servers = 5                    # 启动时的进程数
pm.min_spare_servers = 5                # 最小空闲进程数
pm.max_spare_servers = 35               # 最大空闲进程数
slowlog = /var/log/php-fpm/www-slow.log                             # 慢请求记录日志
php_admin_value[error_log] = /var/log/php-fpm/www-error.log         # 错误日志路径
php_admin_flag[log_errors] = on                                     # 记录错误
php_value[session.save_handler] = files                             # 使用文件存储php会话
php_value[session.save_path] = /var/lib/php/session                 # php会话文件存储路径
```

配置进程池常用的选项如下。

（1）listen 选项。

该选项用于设置 php-fpm 进程监听的主机 IP 地址和端口，表示 php-fpm 只接受从此处传入的 FastCGI 请求。比如，listen = 127.0.0.1:9000 表示 php-fpm 进程监听从本机的 9000 号端口传入的 FastCGI 请求。

（2）listen.allowed_clients 选项。

该选项用于设置允许向 php-fpm 进程发送请求的 Nginx 服务器 IP 地址。如果设置多个 IP 地址，则每个地址之间用逗号分隔；如果没有设置该选项，则使用默认值 any，表示不限制发送请求的服务器 IP 地址，允许任何服务器请求连接。

（3）pm 选项。

pm（process manager，进程管理器）选项表示管理 php-fpm 子进程数的方式。

pm = dynamic 表示动态管理 php-fpm 的子进程数，初始的子进程数由 pm.start_servers 选项指定。如果请求增多，则自动增加进程数，同时保证空闲的进程数不小于 pm.min_spare_servers 选项的值；空闲的进程数较多，也会清理相应进程，保证空闲的进程数不多于 pm.max_spare_servers 选项的值。

pm = static 表示静态管理 php-fpm 的子进程数，进程数始终都是 pm.max_children 选项指定的数量，该方式适合内存较大的服务器。

（4）pm.max_children 选项。

该选项用于设置静态方式下启动的 php-fpm 子进程数，该选项确定了 php-fpm 的处理能力。如果请求较多，则可能会造成进程繁忙。原则上内存足够时，尽量设置较大的 pm.max_children 值。

（5）pm.start_servers 选项。

该选项用于设置动态方式下初始的 php-fpm 子进程数。

（6）pm.min_spare_servers 选项。

该选项用于设置动态方式下最小的空闲 php-fpm 子进程数，如果空闲进程数小于此值，则创建新的子进程。

（7）pm.max_spare_servers 选项。

该选项用于设置动态方式下最大的空闲 php-fpm 子进程数，如果空闲进程数大于此值，则进行清理。

说明：如果对 php-fpm 的配置文件进行了修改，需要重启 php-fpm 服务，使配置生效。

14.4.3 配置 Nginx 服务器对 PHP 程序的支持

Nginx 服务器本身只是静态 web 文件服务器，不能处理 PHP 程序。通过配置开启 Nginx 服务器对 PHP 程序的支持，当 Nginx 服务器接收到客户端的 PHP 请求后，将请求发给后端的 php-fpm 处理，然后接收 php-fpm 返回的处理结果，最后将结果返回给客户端。

1. 配置 Nginx 服务器的虚拟主机

以默认的虚拟主机为例，配置 Nginx 服务器支持 PHP 程序，步骤如下。

（1）使用 Vi 编辑器打开/etc/nginx/conf.d/default.conf 文件。

```
[root@lnmp ~]# vi /etc/nginx/conf.d/default.conf
```

（2）配置 location / { }块。在 index 参数的最前面位置增加“index.php”，设置网站的首页为 index.php。

（3）删除 location ~ \.php$ { }块前的“#”注释符。

（4）配置 location ~ \.php$ { }块。

① 修改网站的根目录，将 root 参数值改为 /usr/share/nginx/html。

② 将参数 SCRIPT_FILENAME 值更改为 $document_root$fastcgi_script_name。

（5）保存配置文件。

修改完毕的/etc/nginx/conf.d/default.conf 文件内容如下。

```
server {
    listen       80;
    server_name  localhost;
    location / {
        root   /usr/share/nginx/html;
        index  index.php index.html index.htm;    # 在最前面增加 index.php
    }
    #error_page  404              /404.html;
    error_page   500 502 503 504  /50x.html;
    location = /50x.html {
```

```
        root   /usr/share/nginx/html;
    }
    # pass the PHP scripts to FastCGI server listening on 127.0.0.1:9000
    # 删除以下 location ~ \.php$ { } 块前面的注释符“#”
    location ~ \.php$ {
        root          /usr/share/nginx/html;       # 修改 php 根目录
        fastcgi_pass   127.0.0.1:9000;
        fastcgi_index  index.php;
        # 将fastcgi_param SCRIPT_FILENAME 参数值改为$document_root$fastcgi_script_name
        fastcgi_param  SCRIPT_FILENAME  $document_root$fastcgi_script_name;
        include        fastcgi_params;
    }
}
```

说明：fastcgi_param 的 SCRIPT_FILENAME 参数值为$document_root$fastcgi_script_name 表示要访问的.php 文件存放在$document_root（网站根目录）中。比如，访问 127.0.0.1/index.php 时，需要到网站根目录下找到 index.php 文件，如果没有修改该参数配置，则 Nginx 服务器不会到网站根目录下寻找.php 文件。

注意 默认在 Nginx 服务器的/etc/nginx 目录下存在名为 fastcgi_params 的文件，该文件包含了传递给 php-fpm 的参数值，如 SCRIPT_FILENAME 参数等。

2. 检查与生效 nginx 配置

（1）检查配置文件/etc/nginx/nginx.conf 的语法的正确性。

```
[root@lnmp ~]# nginx -t
nginx: the configuration file /etc/nginx/nginx.conf syntax is ok
nginx: configuration file /etc/nginx/nginx.conf test is successful
```

（2）重新载入 nginx 配置。

```
[root@lnmp ~]# nginx -s reload
```

说明：执行“nginx -s reload”命令与“systemctl restart nginx”命令都可以更新 nginx 配置，它们的区别如下。

① 执行“nginx -s reload”命令表示向 nginx 发送 reload（重新加载）信号，可以实现不停服务，平滑地更新 nginx 配置文件。

② 执行“systemctl restart nginx”命令会重启 nginx，造成服务中断，不适合生产环境。

14.4.4 测试 LNMP 服务器

LNMP 服务器配置完毕，一般要先对服务器进行访问测试。

1. 测试 nginx 与 php-fpm 服务

（1）在 LNMP 服务器上创建 PHP 测试页文件 index.php，保存到网站的根目录/usr/share/nginx/html/中，index.php 的内容如下。

```
[root@lnmp ~]# vi /usr/share/nginx/html/index.php
<?php
        phpinfo();
?>
```

（2）在物理机中打开浏览器，访问网址 http://192.168.200.10/index.php，显示图 14-4 所示页面，表示 nginx 与 php-fpm 服务正常运行。

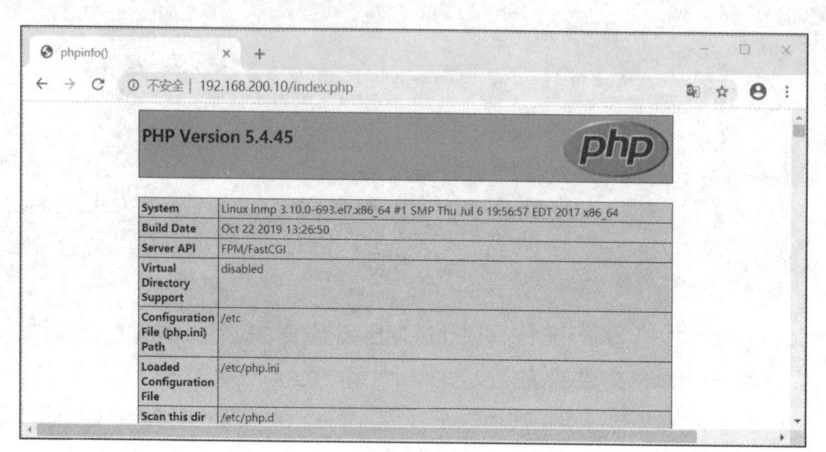

图 14-4　PHP 测试页 index.php

2. 测试 nginx、php-fpm 与 mariadb 服务

（1）在 LNMP 服务器上创建 PHP 测试页文件 test_lnmp.php，保存到网站的根目录/usr/share/nginx/html/中，test_lnmp.php 的内容如下。

```
[root@lnmp ~ ]# vi /usr/share/nginx/html/test_lnmp.php
<?php
    $servername = "localhost";     # mariadb 服务器的名称
    $username = "root";            # 数据库用户名
    $password = "123456";          # 数据库用户的密码
    $dbname = "qingtai";           # 数据库的名称
    # 创建数据库连接
    $conn = mysqli_connect($servername, $username, $password, $dbname);
    if (!$conn) {
        die("连接失败: " . mysqli_connect_error());
    }
    $sql = "SELECT uid, name, sex FROM employee"; # SQL 查询语句
    $result = mysqli_query($conn, $sql);
    if (mysqli_num_rows($result) > 0) {
        # 输出数据
        while($row = mysqli_fetch_assoc($result)) {
            echo "uid: "  . $row["uid"] . "<br>";
            echo "name: " . $row["name"]. "<br>";
            echo "sex:"   . $row["sex"] . "<br>";
        }
    } else {
        echo "get 0 result";
    }
    mysqli_close($conn);
?>
```

（2）在物理机中打开浏览器，访问网址 http://192.168.200.10/test_lnmp.php，显示图 14-5 所示的页面，表示 nginx、php-fpm 和 mariadb 服务正常运行。

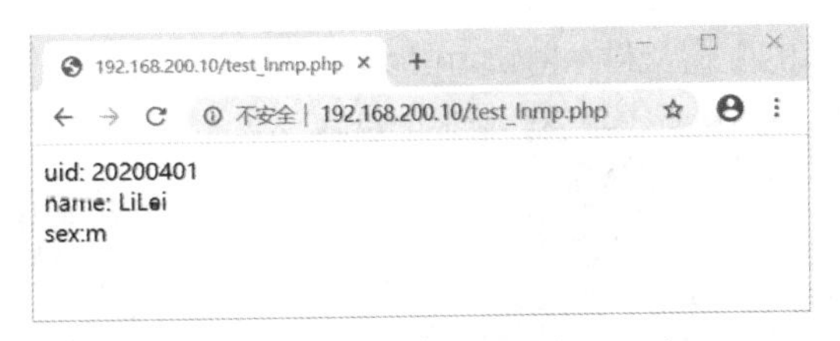

图 14-5 PHP 测试页 test_lnmp.php

素养提示 LNMP 架构由 Linux、Nginx、MySQL、PHP 组成，这 4 款软件犹如一个团队，它们各司其职，合力构建出稳定、高效的动态网站环境。

"团结就是力量""众人拾柴火焰高"，可见团队的力量不可小觑。

可以说，现在已是团队协作的时代。无论是从公司发展还是从个人发展的角度考虑，我们都不能脱离团队，而且必须融入团队中。因为只有人与人合作，才能形成合力，更好地把工作完成。所以，我们应该把团队精神贯彻到日常的行动中，使之成为一种习惯。

任务 14-5 部署基于单节点 LNMP 的 WordPress 网站

【任务目标】

微课 14-2：部署基于单节点 LNMP 的 WordPress 博客网站

WordPress 是一款使用 PHP 语言和 MySQL 开发的免费个人博客网站系统，用户可以在 WordPress 中文网站中获取 WordPress 网站的安装包，然后在 LNMP 服务器上搭建自己的博客网站。接下来，小乔要在单节点 LNMP 服务器上部署 WordPress 网站。

执行本任务，小乔要使用一台以最小化方式安装 RHEL 7.4 的虚拟机作为单节点 LNMP 服务器，虚拟机的网卡连接模式设置为 NAT 模式。虚拟机节点的具体规划如表 14-13 所示。

表 14-13 虚拟机节点规划

节点主机名	IP 地址/掩码	说明
wordpress	192.168.200.18/24	单节点 LNMP 服务器

14.5.1 安装 LNMP 网站环境

在 Linux 系统中安装 LNMP 网站环境需要的软件主要包括 nginx、php-fpm 和 mariadb-server。接下来，在 wordpress 节点虚拟机上安装 LNMP 网站环境。

1. 配置 yum 仓库

（1）基于 RHEL 7.4 系统安装光盘配置本地 yum 仓库。

① 使 wordpress 节点虚拟机的 CD/DVD 设备连接 RHEL 7.4 系统安装光盘的 ISO 映像文件。

② 创建光盘的挂载点/iso，并挂载光盘。

```
[root@wordpress ~]# mkdir /iso
[root@wordpress ~]# mount /dev/cdrom /iso
```

③ 创建本地 yum 仓库的配置文件/etc/yum.repos.d/local.repo。

```
[root@wordpress ~]# vi /etc/yum.repos.d/local.repo
```

在 local.repo 文件中增加以下内容。

```
[local]
name=local
baseurl=file:///iso
enabled=1
gpgcheck=0
```

（2）配置 nginx 官方提供的网络 yum 仓库。

使用 Vi 编辑器创建/etc/yum.repos.d/nginx.repo 文件。

```
[root@wordpress ~]# vi /etc/yum.repos.d/nginx.repo
```

在 nginx.repo 文件中增加以下内容。

```
[nginx]
name=nginx-repo
baseurl=http://nginx.org/packages/centos/$releasever/$basearch/
gpgcheck=0
enabled=1
priority=1
```

（3）安装 EPEL 源和 Remi 源。

① 安装 EPEL 源。

```
[root@wordpress ~]# yum install -y https://dl.fedoraproject.org/pub/epel/epel-release-
latest-7.noarch.rpm
```

② 安装 Remi 源。

```
[root@wordpress ~]# yum install -y https://mirrors.tuna.tsinghua.edu.cn/remi/enterprise/
remi-release-7.rpm
```

③ 编辑 Remi 源的配置文件/etc/yum.repos.d/remi.repo。

```
[root@wordpress ~]# vi /etc/yum.repos.d/remi.repo
# 将 remi.repo 文件中[remi]软件仓库配置块中的 enabled=0 修改为 enabled=1
[remi]
……
enabled=1
```

（4）生成 yum 缓存，并查看已配置的 yum 仓库。

```
[root@wordpress ~]# yum makecache
[root@wordpress ~]# yum repolist
```

2. 安装相关的软件包

（1）使用 yum 安装 nginx。

```
[root@wordpress ~]# yum install -y nginx
```

（2）使用 yum 安装 mariadb-server。

```
[root@wordpress ~]# yum install -y mariadb-server
```

（3）使用 yum 安装 php-fpm、php-common 和 php-mysql。

```
[root@wordpress ~]# yum install -y php-fpm php-common php-mysql
```

3. 启动服务

（1）启动 nginx 服务，并设置开机启动。

```
[root@wordpress ~]# systemctl start nginx
[root@wordpress ~]# systemctl enable nginx
```

（2）启动 mariadb 服务，并设置开机启动。

```
[root@wordpress ~]# systemctl start mariadb
[root@wordpress ~]# systemctl enable mariadb
```

（3）启动 php-fpm 服务，并设置开机启动。

```
[root@wordpress ~]# systemctl start php-fpm
[root@wordpress ~]# systemctl enable php-fpm
```

（4）查看 80、3306、9000 号端口的监听状态。

```
[root@wordpress ~]# netstat -ntlp
```

说明：nginx 监听 80 号端口，mariadb 监听 3306 号端口，php-fpm 监听 9000 号端口。

4. 配置防火墙

（1）配置 firewalld 防火墙，开放服务器的 TCP 80 号端口。

```
[root@wordpress ~]# firewall-cmd --permanent --zone=public --add-port=80/tcp
```

（2）更新防火墙配置。

```
[root@wordpress ~]# firewall-cmd --reload
```

说明：如果数据库与网站采用分布式部署，则还需开放 mariadb 数据库服务所在主机的 TCP 3306 号端口，命令如下。

```
firewall-cmd --permanent --zone=public --add-port=3306/tcp
```

5. 关闭 SELinux 安全子系统

```
[root@wordpress ~]# setenforce 0
[root@wordpress ~]# vi /etc/selinux/config
SELINUX=disabled                  # 将 SELINUX 选项的值修改为 disabled
```

14.5.2 配置 LNMP 网站环境

在 wordpress 节点虚拟机上，分别配置网站根目录、nginx、php-fpm 和 mariadb。

1. 创建网站根目录

（1）创建网站根目录/wwwroot。

```
[root@wordpress ~]# mkdir /wwwroot
```

（2）修改网站根目录的所有者和属组。

```
[root@wordpress ~]# chown nginx:nginx /wwwroot
```

2. 配置 nginx 服务

（1）编辑/etc/nginx/nginx.conf 文件，命令和文件内容如下。

```
[root@wordpress ~]# vi /etc/nginx/nginx.conf
user  nginx;
worker_processes  2;        # 如果使用多核 CPU，建议修改 nginx 的工作进程数
error_log  /var/log/nginx/error.log warn;
pid        /var/run/nginx.pid;
events {
    worker_connections  1024;
}
http {
    include       /etc/nginx/mime.types;
    default_type  application/octet-stream;
    log_format  main  '$remote_addr - $remote_user [$time_local] "$request" '
                      '$status $body_bytes_sent "$http_referer" '
                      '"$http_user_agent" "$http_x_forwarded_for"';
    access_log  /var/log/nginx/access.log  main;
    sendfile        on;
```

```
    #tcp_nopush     on;
    keepalive_timeout  65;
    gzip  on;                    # 设置采用 gzip 压缩，减少发送的数据量
    include /etc/nginx/conf.d/*.conf;
}
```

（2）编辑默认虚拟主机的配置文件/etc/nginx/conf.d/default.conf。

```
[root@wordpress ~]# vi /etc/nginx/conf.d/default.conf
```

① 配置 location / { }块。将网站根目录设置为/wwwroot，添加网站首页 index.php。

② 配置 location ~ \.php$ { }块。删除本配置块前面的“#”注释符，将网站根目录设置为/wwwroot，将参数 SCRIPT_FILENAME 的值设置为$document_root$fastcgi_script_name。

配置完毕的 default.conf 文件内容如下。

```
server {
    listen       80;
    server_name  localhost;
    #charset koi8-r;
    #access_log  /var/log/nginx/host.access.log  main;

    location / {
        root   /wwwroot;                                  # 修改网站的根目录为 /wwwroot
        index  index.php index.html index.htm;            # 添加网站首页 index.php
    }

    error_page  404              /404.html;               # 删除本行前面的注释符“#”

    # redirect server error pages to the static page /50x.html
    #
    error_page   500 502 503 504  /50x.html;
    location = /50x.html {
        root   /usr/share/nginx/html;
    }
    # （因篇幅有限，省略若干行注释内容）
    # 删除 location ~ \.php$ { } 块每一行前面的注释符“#”
    location ~ \.php$ {
        root           /wwwroot;                          # 修改网站的根目录为 /wwwroot
        fastcgi_pass   127.0.0.1:9000;
        fastcgi_index  index.php;
        # 设置 SCRIPT_FILENAME 参数值为 $document_root$fastcgi_script_name
        fastcgi_param  SCRIPT_FILENAME  $document_root$fastcgi_script_name;
        include        fastcgi_params;
    }
}
```

（3）测试配置文件语法正确性，命令如下。

```
[root@wordpress ~]# nginx -t
nginx: the configuration file /etc/nginx/nginx.conf syntax is ok
nginx: configuration file /etc/nginx/nginx.conf test is successful
```

如果命令执行结果显示“test is successful”，则表示配置文件语法测试通过。

（4）更新 nginx 配置。

```
[root@wordpress ~]# nginx -s reload
```

3. 配置 php-fpm 服务

（1）编辑 php-fpm 默认进程池的配置文件/etc/php-fpm.d/www.conf。

```
[root@wordpress ~]# vi /etc/php-fpm.d/www.conf
```

在 www.conf 文件中，将运行 php-fpm 子进程的用户和用户组都修改为 nginx，设置初始进程数为 2，最小空闲进程数为 2，最大空闲进程数为 10，配置完毕的文件内容如下。

```
[www]                                       # 进程池名称 www
listen = 127.0.0.1:9000                     # php-fpm 监听的本机的 9000 号端口
listen.allowed_clients = 127.0.0.1          # 允许本机上的 nginx 服务访问 php-fpm 进程
user = nginx                                # 将运行 php-fpm 子进程的用户修改为 nginx
group = nginx                               # 将运行 php-fpm 子进程的用户组修改为 nginx
pm = dynamic                                # 设置为动态控制子进程
pm.max_children = 50                        # 子进程最大数
pm.start_servers = 2                        # 将启动时的进程数设置为 2
pm.min_spare_servers = 2                    # 将最小空闲进程数设置为 2
pm.max_spare_servers = 10                   # 将最大空闲进程数设置为 10
slowlog = /var/log/php-fpm/www-slow.log                          # 慢请求记录日志
php_admin_value[error_log] = /var/log/php-fpm/www-error.log      # 错误日志路径
php_admin_flag[log_errors] = on                                  # 记录错误
php_value[session.save_handler] = files                          # 使用文件存储php会话
php_value[session.save_path] = /var/lib/php/session              # php 会话文件存储路径
```

（2）重启 php-fpm 服务，使新配置生效。

```
[root@wordpress ~]# systemctl restart php-fpm
```

（3）查看 nginx 和 php-fpm 进程。

```
[root@wordpress ~]# ps aux | grep ^nginx
nginx  4071  0.0  0.1  49016  2144 ?   S   06:39   0:00 nginx: worker process
nginx  4072  0.0  0.1  49016  2144 ?   S   06:39   0:00 nginx: worker process
nginx  4085  0.0  0.3 267684  6308 ?   S   06:39   0:00 php-fpm: pool www
nginx  4086  0.0  0.3 267684  6308 ?   S   06:39   0:00 php-fpm: pool www
```

命令执行结果显示，nginx 开启了两个 worker process（工作进程），php-fpm 进程池（www）在初始状态也开启了两个进程。

4. 配置 mariadb

（1）运行 mysql_secure_installation 安全设置向导，将 root 密码设置为 000000。

```
[root@wordpress ~]# mysql_secure_installation
......
Enter current password for root (enter for none):  # 直接按 Enter 键
......
Set root password? [Y/n] y                          # 输入 y ，设置 root 密码
New password:                                       # 输入 000000
Re-enter new password:                              # 输入 000000
......
Remove anonymous users? [Y/n] y                     # 输入 y，删除匿名用户
......
Disallow root login remotely? [Y/n] y               # 输入 y，禁止 root 远程登录
......
Remove test database and access to it? [Y/n] y      # 输入 y，删除 test 数据库
......
Reload privilege tables now? [Y/n] y                # 输入 y，重新载入配置
......
```

（2）使用 root 登录 mariadb，创建 wordpress 数据库，然后创建 wp 用户（密码为 123456），并授予 wp 用户对 wordpress 数据库的全部权限。

```
[root@wordpress ~]# mysql -uroot -p000000
Welcome to the MariaDB monitor.  Commands end with ; or \g.
```

```
Your MariaDB connection id is 10
Server version: 5.5.56-MariaDB MariaDB Server
Copyright (c) 2000, 2017, Oracle, MariaDB Corporation Ab and others.
Type 'help;' or '\h' for help. Type '\c' to clear the current input statement.

MariaDB [(none)]> create database wordpress;  # 执行 SQL 语句创建 wordpress 数据库
Query OK, 1 row affected (0.01 sec)

MariaDB [(none)]> grant all on wordpress.* to 'wp'@'localhost' identified by '123456';
Query OK, 0 rows affected (0.00 sec)

MariaDB [(none)]> exit;
Bye
```

14.5.3 部署 WordPress 网站

LNMP 网站环境配置完毕，便可开始部署 WordPress 网站。

1. 获取 WordPress 安装包

WordPress 中文网站提供了不同打包格式的 WordPress 安装包，使用 wget 命令将.tar.gz 格式的安装包 wordpress-5.0-zh_CN.tar.gz 下载到/root 目录中。

也可以在物理机中下载 WordPress 安装包，再通过 SSH 服务传送到 wordpress 节点虚拟机上。

2. 解压 WordPress 安装包到网站根目录

（1）查看下载到/root 目录中的 WordPress 安装包。

```
[root@wordpress ~]# ls -l /root | grep *.tar.gz
-rw-r--r--. 1 root root 12924846 6月  11 07:37 wordpress-5.0-zh_CN.tar.gz
```

（2）将 wordpress-5.0-zh_CN.tar.gz 安装包解压到/root 目录中，解压后得到 wordpress 目录。

```
[root@wordpress ~]# tar -zxvf wordpress-5.0-zh_CN.tar.gz
[root@wordpress ~]# ls -ld /root/wordpress/
drwxr-xr-x. 5 1006 1006 4096 6月  11 07:35 /root/wordpress/
```

（3）将/root/wordpress 目录中的所有文件和子目录复制到网站根目录/wwwroot 中。

```
[root@wordpress ~]# cp -r /root/wordpress/* /wwwroot/
```

3. 配置 WordPress 网站

（1）将工作目录切换到/wwwroot 中，将 WordPress 安装包的模板配置文件 wp-config-sample.php 复制为 wp-config.php。

```
[root@wordpress ~]# cd /wwwroot
[root@wordpress wwwroot]# cp wp-config-sample.php wp-config.php
```

（2）编辑/wwwroot/wp-config.php 文件，命令和文件内容如下。

```
[root@wordpress wwwroot]# vi /wwwroot/wp-config.php
```

在 wp-config.php 文件中，将 WordPress 网站的数据库名称配置为“wordpress”，将数据库用户名配置为“wp”，将数据库密码配置为“123456”。配置完毕的 wp-config.php 文件主要内容如下。

```
/** WordPress 数据库的名称为 wordpress */
define('DB_NAME', 'wordpress');
/** MySQL 数据库用户名为 wp */
define('DB_USER', 'wp');
/** MySQL 数据库密码为 123456 */
```

```
define('DB_PASSWORD', '123456');
/** MySQL 主机 */
define('DB_HOST', 'localhost');
/** 创建数据表时默认的文字编码 */
define('DB_CHARSET', 'utf8');
/** 数据库整理类型。如不确定请勿更改 */
define('DB_COLLATE', '');
......
```

4. 测试 WordPress 网站

在物理机的浏览器地址栏中输入“http://192.168.200.18”进行访问，会出现 WordPress 五分钟安装程序，填写必要的信息，然后单击界面左下角的“安装 WordPress”按钮，安装 WordPress，如图 14-6 所示。

安装完毕，使用刚设置好的用户名和密码登录 WordPress 网站系统，如图 14-7 所示。

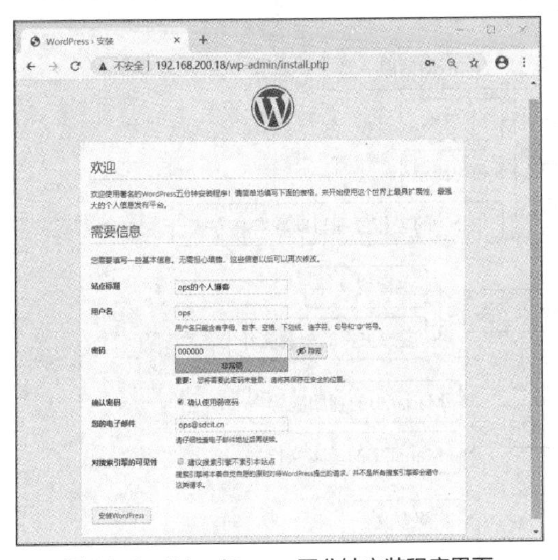

图 14-6 WordPress 五分钟安装程序界面

图 14-7 WordPress 网站系统登录界面

登录系统后台，显示 WordPress 仪表盘界面，如图 14-8 所示。

在 WordPress 仪表盘界面的左上角，单击图标，进入 WordPress 的个人博客首页，如图 14-9 所示。

图 14-8 WordPress 仪表盘界面

图 14-9 WordPress 的个人博客首页

至此，基于单节点 LNMP 的 WordPress 网站部署完成。

小结

通过学习本项目，了解了 LNMP 架构的特点和工作原理，掌握了 Nginx 服务器、MySQL 和 PHP-FPM 服务的安装与配置方法，会使用 LNMP 架构部署动态网站环境和搭建 WordPress、phpMyAdmin 等开源项目。

LNMP 是常用的 Web 服务器架构之一，由 Linux、Nginx、MySQL、PHP 组成的 LNMP 动态网站环境高效、稳定，最重要的是它是免费的。相信通过本项目的学习，我们已经能使用 LNMP 架构熟练搭建起自己的博客网站，并以此为平台，将自己在工作中积攒的 Linux 系统的相关经验及技巧分享给更多人，为美好的开源世界贡献自己的力量。

本项目涉及的各个知识点的思维导图如图 14-10 所示。

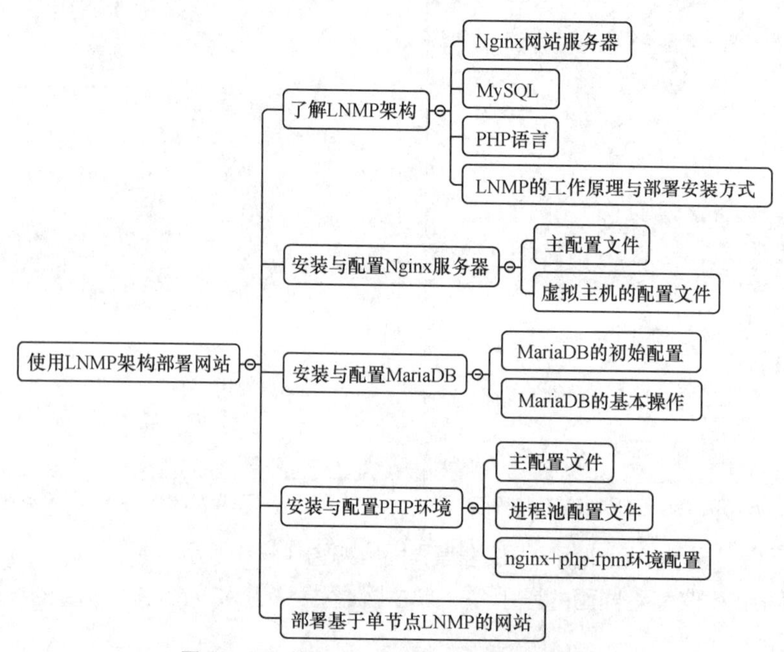

图 14-10 使用 LNMP 架构部署网站思维导图

项目实训 基于 LNMP 部署 phpMyAdmin

微课 14-3：基于 LNMP 部署 phpMyAdmin

（一）项目背景

phpMyAdmin 是一款用 PHP 语言开发的 MySQL 数据库管理工具，通过 phpMyAdmin 可以使用 B/S 方式管理 MySQL 数据库服务器。小乔准备在 Linux 服务器上部署 LNMP 环境，并部署 phpMyAdmin，实现对 MySQL 的图形化管理。

（二）工作任务

1. 服务器与网络配置

（1）使用一台以最小化方式安装 RHEL 7.4 的虚拟机作为服务器。

（2）将虚拟机网卡的连接模式设置为 NAT 模式，NAT 模式网络使用网段 192.168.200.0/24。

（3）设置服务器静态 IP 地址为 192.168.200.128/24。

2. 安装 LNMP 和 phpMyAdmin 软件包

（1）基于 RHEL 7.4 系统安装光盘配置本地 yum 仓库。

（2）配置 nginx 官方 yum 仓库。

（3）配置 EPEL 源和 Remi 源。

（4）安装 nginx、mariadb-server 软件包。

（5）安装 php-fpm、php-common、php-mysql 和 phpMyAdmin 软件包。

使用下面的 yum 命令安装支持 PHP 5.4 版本的 phpMyAdmin。

```
yum install -y --enablerepo=remi-php54 php-common php-fpm php-mysql phpmyadmin
```

3. 配置防火墙，放行 TCP 80 号端口

4. 关闭 SELinux 安全子系统

5. 启动相关服务

（1）启动 nginx、mariadb 和 php-fpm 服务，并分别设置为开机自启。

（2）查看 80、3306、9000 号端口的监听状态。

6. 配置 Nginx 服务器和 MariaDB

（1）配置 Nginx 服务器。编辑/etc/nginx/conf.d/default.conf 文件，在 server 配置块中添加以下配置代码。

```
server {
  listen       80;
  server_name  localhost;
  error_page   404  /404.html;
  location = /50x.html {
       root   /usr/share/nginx/html;
  }

  location /phpmyadmin {                 # uri 为/phpmyadmin
       alias /usr/share/phpMyAdmin;      # 通过别名设置 phpMyAdmin 默认安装路径
       index index.php;                  # phpMyAdmin 的首页是 index.php
  }

  location ~ /phpmyadmin/.+\.php$ {    # /phpmyadmin 路径下的.php 文件
    if ($fastcgi_script_name ~ /phpmyadmin/(.+\.php.*)$) {
      set $valid_fastcgi_script_name $1; # 符号$1 表示路径正则表达式匹配的第一个参数
    }
    include fastcgi_params;
    fastcgi_pass 127.0.0.1:9000;       # 由本机的 php-fpm 服务解析 PHP 程序
    fastcgi_index index.php;
  fastcgi_param SCRIPT_FILENAME /usr/share/phpMyAdmin/$valid_fastcgi_script_name;
  }
}
```

（2）重启 nginx 服务，使新配置生效。

（3）使用 mysql_secure_installation 工具对 MariaDB 进行初始化配置。

7. 访问 phpMyAdmin

在客户端上打开浏览器，输入地址“http://192.168.200.128/phpmyadmin”显示 phpMyAdmin 登录页，如图 14-11 所示。在登录页中输入数据库中的合法用户名和密码，即可登录 phpMyAdmin。

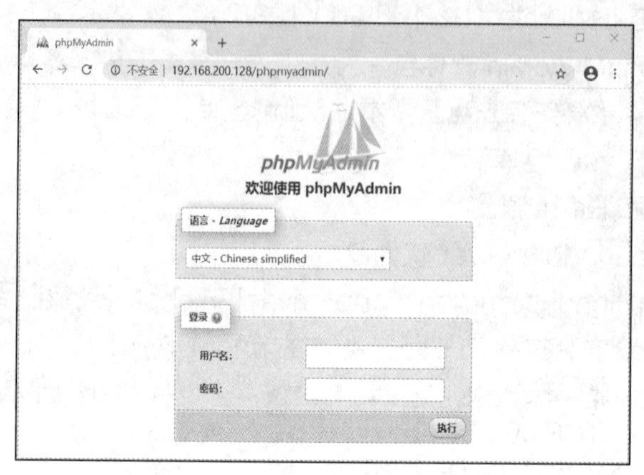

图 14-11 phpMyAdmin 的登录页面

习题

一、选择题

1. 下面哪一个是 Nginx 服务器的最佳用途？（　　）

A. 数据库管理　　B. 网络存储

C. 提供高性能的 Web 服务　　D. 高性能运算

2. Nginx 服务器的主配置文件 nginx.conf 所在目录是（　　）。

A. /usr/local/nginx/conf/　　B. /var/local/nginx/conf/

C. /local/nginx/conf/　　D. /etc/nginx

3. 在 MySQL 中，以下用于删除数据库中一个表的 SQL 命令是（　　）。

A. drop table　　B. delete table

C. destroy table　　D. remove table

4. 使用 firewall-cmd 命令永久开放 FTP 服务，以下使用的命令正确的是（　　）。

A. firewall-cmd --add-service=ftp --permanent

B. firewall-cmd --set-service=ftp --permanent

C. firewall-cmd --add-service=ftp

D. firewall-cmd --set-service=ftp

二、填空题

1. 设置 firewalld 防火墙规则的命令是__________。

2. Nginx 服务器如果支持 PHP 程序，则当 Nginx 服务器接收到 PHP 请求时，将处理请求发给后端的__________程序处理。